普通高等教育"十一五"国家级规划教材

21世纪计算机科学与技术实践型教程

丛书主编 陈明

王 预 主编

王智钢 陈爱萍 王旭辉 编著

数据库原理及应用教程

清华大学出版社

北京

内容简介

本书以关系数据库为基础,围绕数据库的设计、编程与实现,系统、全面地介绍了数据库系统的基本概念、原理、方法以及应用技术。全书分为 13 章,主要内容包括数据库系统引论、关系数据库、关系数据库标准语言——SQL、数据库的安全性、数据库的完整性、关系数据库的规范化、数据库设计、数据库恢复技术、并发控制、数据库应用程序的开发系统案例分析、数据库应用程序课程设计指导、数据库系统原理实验及其实验教案、习题答案等。

本书的主要特点是:内容新颖、系统全面;突出重点、概念清晰、分析深入浅出;例题丰富、有习题解答;实验分析透彻、有实验教案;数据库应用开发的案例分析透彻、实用性强;书中配有多媒体课件。本书是高等院校计算机及其相关专业本科生数据库课程的教材及参考书,也可作为其他专业本科生数据库课程的教材。对于从事数据库研制、开发和应用的有关人员,本书也是一本很好的参考书。

图书在版编目(CIP)数据

数据库原理及应用教程/王预主编. —北京:清华大学出版社,2014(2020.6重印)

21 世纪计算机科学与技术实践型教程

ISBN 978-7-302-35032-3

Ⅰ. ①数…　Ⅱ. ①王…　Ⅲ. ①数据库系统—高等学校—教材　Ⅳ. ①TP311.13

中国版本图书馆 CIP 数据核字(2013)第 071947 号

责任编辑:谢　琛　薛　阳
封面设计:常雪影
责任校对:焦丽丽
责任印制:刘海龙

出版发行:清华大学出版社
　　　　　网　　　址:http://www.tup.com.cn,http://www.wqbook.com
　　　　　地　　　址:北京清华大学学研大厦 A 座　　　邮　　编:100084
　　　　　社　总　机:010-62770175　　　　　　　　　邮　　购:010-62786544
　　　　　投稿与读者服务:010-62776969,c-service@tup.tsinghua.edu.cn
　　　　　质　量　反　馈:010-62772015,zhiliang@tup.tsinghua.edu.cn
　　　　　课　件　下　载:http://www.tup.com.cn,010-62795954
印　装　者:三河市龙大印装有限公司
经　　销:全国新华书店
开　　本:185mm×260mm　　　　印　张:21.5　　　字　　数:491 千字
版　　次:2014 年 5 月第 1 版　　　　印　次:2020 年 6 月第 7 次印刷
定　　价:45.00 元

产品编号:053296-02

《21世纪计算机科学与技术实践型教程》

序

21世纪影响世界的三大关键技术：以计算机和网络为代表的信息技术；以基因工程为代表的生命科学和生物技术；以纳米技术为代表的新型材料技术。信息技术居三大关键技术之首。国民经济的发展采取信息化带动现代化的方针，要求在所有领域中迅速推广信息技术，导致需要大量的计算机科学与技术领域的优秀人才。

计算机科学与技术的广泛应用是计算机学科发展的原动力，计算机科学是一门应用科学。因此，计算机学科的优秀人才不仅应具有坚实的科学理论基础，而且更重要的是能将理论与实践相结合，并具有解决实际问题的能力。培养计算机科学与技术的优秀人才是社会的需要、国民经济发展的需要。

制订科学的教学计划对于培养计算机科学与技术人才十分重要，而教材的选择是实施教学计划的一个重要组成部分，《21世纪计算机科学与技术实践型教程》主要考虑了下述两方面。

一方面，高等学校的计算机科学与技术专业的学生，在学习了基本的必修课和部分选修课程之后，立刻进行计算机应用系统的软件和硬件开发与应用尚存在一些困难，而《21世纪计算机科学与技术实践型教程》就是为了填补这部分空白。将理论与实际联系起来，使学生不仅学会了计算机科学理论，而且也学会了应用这些理论解决实际问题。

另一方面，计算机科学与技术专业的课程内容需要经过实践练习，才能深刻理解和掌握。因此，本套教材增强了实践性、应用性和可理解性，并在体例上做了改进——使用案例说明。

实践型教学占有重要的位置，不仅体现了理论和实践紧密结合的学科特征，而且对于提高学生的综合素质，培养学生的创新精神与实践能力有特殊的作用。因此，研究和撰写实践型教材是必需的，也是十分重要的任务。优秀的教材是保证高水平教学的重要因素，选择水平高、内容新、实践性强的教材可以促进课堂教学质量的快速提升。在教学中，应用实践型教材可以增强学生的认知能力、创新能力、实践能力以及团队协作和交流表达能力。

实践型教材应由教学经验丰富、实际应用经验丰富的教师撰写。此系列教材的作者不但从事多年的计算机教学，而且参加并完成了多项计算机类的科研项目，他们把积累的经验、知识、智慧、素质融于教材中，奉献给计算机科学与技术的教学。

我们在组织本系列教材过程中，虽然经过了详细的思考和讨论，但毕竟是初步的尝试，不完善甚至缺陷不可避免，敬请读者指正。

本系列教材主编　陈明
2005年1月于北京

前　　言

　　数据库技术是现代信息技术的重要组成部分。随着计算机技术的广泛应用与发展，无论是在数据库技术的基础理论、数据库技术应用、数据库系统开发，还是数据库商品软件推出方面，数据库技术都有着长足的、迅速的进步与发展。同时数据库技术也是目前IT行业中发展最快的领域之一，已经广泛应用于各类型数据处理系统之中。了解并掌握数据库知识已经成为对各类科技人员和管理人员的基本要求。目前，"数据库原理与应用"课程已逐渐成为各级各类院校计算机、信息管理等专业的一门重要专业课程，该课程既具有较强的理论性，又具有很强的实践性。由于教材建设滞后，相关课程一直面临没有合适教材的问题。为了配合教学，解决教材缺乏的迫切问题，我们决定编写本教材。

　　本书选用了网络环境广泛使用且技术解决方案非常成熟的SQL Server 2005作为数据库系统实验平台，系统地介绍了数据库技术的基础理论、实现方法、设计过程与开发应用等内容。为了全面体现教育信息化发展趋势，配备了丰富的数字化资源，尤其是配备了教学知识各章的PPT。在内容编排上采用了以案例驱动的方式，将设计实现《酒店住宿及消费管理系统》的案例贯穿第10章，将理论与技能合理地组织，以提高学生解决实际问题的专业技能为中心，理论上在保证够用的同时，尽量深入浅出，使理论知识易于理解和吸收，希望本书介绍的概念、知识和技术帮助学生成功地参与到现在和多年后的数据库项目中。学生能否运用所学的知识非常重要，因此每章都提供了重要的习题及其解答，如果学生阅读并理解了每一章的内容，就应该能掌握每个重要术语的含义、能完成习题。练习题要求学生将每章所讲的概念应用到具体的小问题或任务中，对所学知识融会贯通。

　　本书的内容由浅入深，循序渐进，通俗易懂，适合自学，力求具有实用性、可操作性和简单性。书中提供了大量案例，通过数据库应用开发案例的透彻分析，有助于读者理解概念、巩固知识、掌握使用数据库专业知识解决实际问题的技能。为编好本教材，编写团队依托所在学校的精品课程、网络课程的改革成果，做了出版前大量的准备工作。全书分为13章，具体的内容如下：

　　第1章　数据库系统引论，主要介绍数据库系统的重要概念、数据管理技术的发展、数据库系统的特点、数据模型的概念、概念模型、层次模型、网状模型、关系模型、数据库体系结构、数据库技术的新发展，是全书的基础。

　　第2章　关系数据库，主要介绍关系模型的基本术语及形式化定义、关系的完整性、关系代数及其运算。

　　第3章　关系数据库标准语言——SQL，主要介绍SQL的产生、发展、特点，掌握数据的定义、数据库、基本表、索引的创建与管理,介绍数据库中数据查询与更新操作,突出了多种形式数据集成的特点,使学生掌握数据操纵的技能,介绍视图的定义、查询、更新,存储过程及其使用。

第4章　数据库的安全性,主要介绍数据库系统实现"合法的用户"、"合法的使用数据"的数据库安全管理机制,通过提供用户标识与鉴别、存取控制、授权与回收、数据库角色和权限的管理控制手段解决数据库与数据的安全问题,还介绍了视图机制、审计、数据加密、统计数据库安全性等的方法,从而实现了数据的稳定和安全。

第5章　数据库的完整性,主要介绍对数据库中数据的实体完整性、参照完整性、用户定义的完整性、完整性约束命名子句、触发器的设计与实现的方法,它们是实现数据合法性的强有力的保证。

第6章　关系数据库的规范化,主要介绍规范化理论的基本概念、异常问题、函数依赖、范式、关系模式的分解和技巧,规范化的基本思想是逐步消除数据依赖中不合适的部分,使模式中的各关系模式达到某种程度的"分离",规范化过程是通过对关系模式的分解来实现的。

第7章　数据库设计,主要介绍数据库设计概述、需求分析、概念结构设计、逻辑结构设计、数据库的物理设计、数据库的实施、数据库运行与维护,整个数据库设计过程体现了结构特征与行为特征的紧密结合。

第8章　数据库恢复技术,主要介绍数据库恢复概述、恢复的实现技术与策略、具有检查点的恢复技术、数据库镜像。

第9章　并发控制,主要介绍并发控制概述、封锁、并发调度的可串行性、两段锁协议、封锁的粒度,并发控制机制是衡量一个数据库管理系统性能的重要指标之一。

第10章　数据库应用程序的开发系统案例分析,本章作为本书的综合实训部分主要介绍"酒店住宿及消费管理系统"数据库系统的分析过程,从需求分析入手、进行案例的数据库设计、案例的应用程序设计、系统实现、数据库与应用系统的实施、运行维护、用户系统使用说明书,全面分析该案例的设计与开发实现的各个环节。

第11章　"数据库应用程序课程设计"实验指导,主要介绍课程设计的目的和要求、课程设计的实验内容,本课程设计任务是:按照需求分析、总体模块设计、详细设计、编码和测试、调试、评价总结等步骤进行,最后给出了课程设计参考课题。

第12章　"数据库系统原理"实验,主要介绍实验教学大纲、介绍开设的7个实验,分别是:熟悉 SQL Server 2005 环境及数据库文件管理、表和表数据的操作、关系索引和视图、约束、默认和规则、T-SQL 程序设计、存储过程和触发器、数据库备份、恢复、安全管理。"数据库系统原理"实验课程教案。

第13章　习题答案,给出了第1～9章所有理论课的全部习题的详细答案。

在编写中,主要是结合实际的案例分析,案例驱动、项目化教学讨论等形式进行阐述,本书内容体系的组织形式符合现代信息技术的教育理念,旨在引导和培养学习者提高综合实践与创新能力。通过本书,学习者不仅可以系统地掌握数据库技术的基础理论、设计方法,还可以系统地掌握现代数据库系统的开发技术。本书作为教材不仅可以使学生学会运用系统的理论指导实践,而且也方便教师的教学需求,更好地为应用和开发服务;而理论基础指导下的应用与开发,不仅能有效地为企业的发展和前进铺路筑桥,也能提高数据库系统应用与技术开发的水平。

本书的主编是王预,参与编写的人员有:王预、陈爱萍、王智钢、王旭辉、胡盈盈。其中第1、2、8章由陈爱萍编写,第3章由王智钢编写,第5、6章由王旭辉编写,第4、9章由胡盈盈编写,第7、10、11、12章由王预编写,第13章的习题答案由各章的编者编写,全书由王预统稿。参与编写本书的编者是金陵科技学院的数据库系统原理教学团队的核心成员,他们多年从事"数据库系统原理与应用"课程的一线教学工作,积累了丰富的教学经验,同时也都具备开发应用系统的经历,掌握大量的工程开发经验。在教材编写中注重知识的系统性,同时注重引入新技术的应用。为了便于教学,尽量避免复杂的公式推导,做到通俗易懂,易教易学。参与本书的编写工作也正是总结教学与系统设计结合的过程,凝结了大量的心血。

由于时间仓促,且水平有限,书中疏漏、不足之处在所难免,恳请专家和广大读者批评指正。

编者

2013 年 10 月

目　　录

第 1 章　数据库系统引论

　　数据库技术产生于 20 世纪 60 年代末,经历了三十余年的发展,已成为计算机科学的一个重要分支。数据库技术也是信息系统的核心和基础,它的出现极大地促进了计算机应用向各行各业的渗透。如今,数据库的建设规模、数据库信息量的大小和使用频度已成为衡量一个国家信息化程度的重要标志。

　　数据库(Database)是按照数据结构来组织、存储和管理数据的仓库,随着信息技术和市场的发展,特别是 20 世纪 90 年代以后,数据管理不再仅仅是存储和管理数据,而转变成了用户所需要的各种方式的数据管理。数据库有多种类型,从最简单的存储有各种数据的表格到能够进行海量数据存储的大型数据库系统都在各个方面得到了广泛的应用。

　　从概念上来说,数据库是"按照数据结构来组织、存储和管理数据的仓库"。在经济管理的日常工作中,常常需要把某些相关的数据放进这样的"仓库",并根据管理的需要进行相应的处理。例如,企业或事业单位的人事部门常常要把本单位职工的基本情况(职工号、姓名、年龄、性别、籍贯、工资、简历等)存放在表中,这张表就可以看成是一个数据库。有了这个"数据仓库"我们就可以根据需要随时查询某职工的基本情况,也可以查询工资在某个范围内的职工人数等。这些工作如果都能在计算机上自动进行,那我们的人事管理就可以达到很高的水平。此外,在财务管理、仓库管理、生产管理中也需要建立众多的这种"数据库",使其可以利用计算机实现财务、仓库、生产的自动化管理。

　　J. Martin 给数据库下了一个比较完整的定义,数据库是存储在一起的相关数据的集合,这些数据是结构化的,无有害的或不必要的冗余,并为多种应用服务;数据的存储独立于使用它的程序;对数据库插入新数据,修改和检索原有数据均能按一种公用的和可控制的方式进行。当某个系统中存在结构上完全分开的若干个数据库时,该系统就包含一个"数据库集合"。

1.1　数据库系统概述

　　目前几乎所有行业和部门都存在并且不断产生大量数据。以下是数据管理的典型案例。

- 零售业:管理产品、客户和购买信息。
- 银行业:管理客户、账户和存贷款信息。

- 制造业：管理供应、订单、库存、销售等信息。
- 交通：例如，航空公司管理航班和订票信息，铁路部门管理客车和火车票销售信息，公路交通部门管理班车和客车票销售信息。
- 电信业：管理通信网络信息、存储通话记录、维护电话卡余额。
- 图书馆：管理图书资料、读者和借阅信息。
- 政府部门：例如，税务部门需要管理纳税人信息和纳税信息，交管部门需要管理车辆信息和驾驶员信息。
- 学校：管理学生、教师、课程信息和学生成绩。

要将如此纷繁复杂的数据存储在计算机系统中，必须合理地进行结构的组织。将数据以数据库形式进行存储管理，有如下优点。

1. 管理大量数据

数据库市场上最先进的数据库产品能支持 10TB 的数据。10TB 的数据是 10 个、995 个、116 个、277 个、760 个字节大小，可以存储 5 个、497 个、558 个、138 个、880 个汉字；

在航空售票系统中，大约可以存储 183 亿个航班信息；

在超市的销售系统中，大约可以存储 26 亿个商品信息；

在图书管理系统中，可以存储 2800 万本 400 页厚的图书的全部内容。

2. 数据库定义功能

为了存储数据，需要定义数据库和数据库中的各种架构及数据库对象，例如数据库、表、视图、索引等。

数据定义语言（Data Definition Language，DDL）。一种专门用来建立数据库的语言。可以指定数据库的结构，并且可以对数据库及数据库的结构进行修改和删除。

在 MS SQL Server 数据库系统中，可以使用 Transact-SQL 语句中的下列语句定义数据库和数据库中的各种对象。

CREATE DATABASE，创建数据库；

ALTER DATABASE，修改数据库；

DROP DATABASE，删除数据库；

CREATE TABLE，创建表；

ALTER TABLE，修改表；

DROP TABLE，删除表；

CREATE VIEW，创建视图；

ALTER VIEW，修改视图；

DROP VIEW，删除视图；

CREATE INDEX，创建索引；

DROP INDEX，删除索引。

3. 数据查询功能

为了使用数据库中的数据，需要使用数据查询语言，这种语言也可以称为数据操纵语言（Data Manipulation Language，DML）。可在数据库中执行如下操作，检索指定的数据、插入需要的数据、修改变化的或错误的数据、删除无用的数据等。

在 MS SQL Server 中,实现数据查询功能的 Transact-SQL 语句包括如下的语句。

SELECT——检索数据;

INSERT——插入数据;

UPDATE——修改数据;

DELETE——删除数据。

4. 控制多用户访问

两层含义,第一,不同的用户只能使用适合自己需要的数据和执行允许自己执行的操作,第二,不同用户的操作互不影响。

例如:航空售票系统,有两类用户。一是内部用户;二是外部用户。内部用户可以查询、修改航班、票价等信息;外部用户,只能查询指定日期的航班、指定区间的航班、票价等信息。另一方面,不同地理位置的许多代理商可能会同时使用系统,必须确保各代理商可以得到正确的结果,不能卖出同一张票。

从第一层含义来说,用户可以分成业务人员和经理人员;行政管理人员和数据库管理人员;一般人员和专业人员。不同的人员具有不同的操作数据库数据的权限范围。

1.1.1　几个重要概念

信息、数据、数据库、数据库管理系统、数据库系统、数据库管理员。

1. 信息及数据

信息(Information)是指有新内容、新知识的消息,是经过加工以后、对客观世界产生影响的数据。具有事实性、时效性、不相关性、等级性。

数据(Data)是记录客观事物的、可鉴别的符号。数据本身无意义,具有客观性。

信息与数据既有联系,又有区别,主要表现在以下几点。

1) 信息是加工后的数据

信息是一种经过选摘、分析、综合的数据,它使用户可以更清楚地了解正在发生什么事。所以,数据是原材料,信息是产品,信息是数据的含义。

2) 数据和信息是相对的

在一张表中,一些数据对某些人来说是信息,而对另外一些人而言则可能只是数据。例如,在运输管理中,运输单对司机来说是信息,这是因为司机可以从该运输单上知道什么时候要为什么客户运输什么物品。而对负责经营的管理者来说,运输单只是数据,因为从单张运输单中,他无法知道本月的经营情况,他并不能掌握现有的可用司机、运输工具等信息。

3) 信息是观念上的

因为信息是加工了的数据,所以采用什么模型(或公式)、多长的信息间隔时间来加工数据,以获得信息,是受人对客观事物变化规律的认识制约,由人确定的。因此,信息用于揭示数据内在的含义,是观念上的。

数据是存放在数据库中的基本对象,数据的形式多种多样,可以有数字、文本、图形、图像、音频、视频、学生的档案记录、货物的运输情况……

注意：

① 数据是描述事物的符号记录。

② 数据与其语义是不可分的，需要经过语义解释。

2. 数据库

数据库（Database,DB）。数据库是依照某种数据模型组织起来并可以永久存放的数据集合。这种数据集合具有如下特点：尽可能不重复，以最优方式为某个特定组织的多种应用服务；其数据结构独立于使用它的应用程序，对数据的增、删、改和检索由统一软件进行管理和控制；是持久储存在计算机中、有组织的、可共享的大量数据的集合。

对于数据库，给出一个较为严格的定义是长期储存在计算机内、有组织的、可共享的大量数据集合。

数据库具备如下特点。

- 数据按一定的数据模型组织、描述和储存；
- 可为各种用户共享；
- 具有较小的冗余度；
- 较高的数据独立性；
- 易扩展。

在数据库中，使用数据模型对数据建模，所产生的设计结果称为数据库模式，数据库模式描述数据库的数据结构（型），具有相对稳定性，特定时刻数据库中的数据称为数据库的实例（值）。

3. 数据库管理员

数据库管理员（Database Administrator,DBA）是负责数据库的设计、规划、协调的专职人员。一个小的软件开发工作室和一个分工高度细致的大公司相比，DBA 的职责来得更加宽泛一些。一个公司，不管它是自己开发应用软件，还是购买第三方的应用软件，只要涉及数据库，就需要确定是否雇佣一个或几个 DBA。知道 DBA 这个职位有哪些要求，对于企业内部这个职位的定义或者对于那些未来的 DBA 将是至关重要的。

管理员的职责主要表现在以下几点。

① 决定数据库中的信息内容和结构。数据库中要存放哪些信息，DBA 要参与决策。

② 决定数据库的存储结构和存取策略。DBA 要综合用户的应用要求，和数据库设计人员共同决定数据的存储结构和存取策略，以求获得较高的存取效率和存储空间利用率。

③ 定义数据的安全性要求和完整性约束条件。

DBA 的重要职责是保证数据库的安全性和完整性。因此 DBA 负责确定各个用户对数据库的存取权限、数据保密级别和完整性约束条件。

④ 监控数据库的使用和运行。

DBA 还有一个重要职责就是影视数据库系统的运行情况，及时处理运行过程中出现的问题。其间数据库管理员需要进行周期性转储数据库，转储包括利用数据文件和日志文件进行转储。并且当数据库发生故障时对其进行系统故障恢复和介质故障恢复。

⑤ 数据库的改进和重组。

DBA 还负责在系统运行时监视系统的空间利用率、处理效率等性能指标，对运行情况进行记录、统计分析，依靠工作实践并根据实际应用环境，不断改进数据库设计。

在数据库运行过程中，大量数据的不断插入、删除、修改，时间长了会影响系统的性能。因此 DBA 还要定期对数据库进行重组织，以提高系统的性能。

⑥ 数据库重构。

当用户的需求增加和改变时，DBA 还要对数据库进行较大的改造，包括修改部分设计，即数据库的重构造。

1.1.2 数据管理技术的发展

数据管理就是对数据进行分类、组织、编码、存储、检索和维护，是数据处理的中心问题。

随着计算机技术的发展，特别是在计算机软件、硬件与网络技术发展的前提下，人们的数据处理要求不断提高，在此情况下，数据管理技术也在不断改进。

数据管理的水平是和计算机硬件、软件的发展相适应的，是随着计算机技术发展的。人们的数据管理技术经历了三个阶段的发展（人工管理阶段、文件系统阶段、数据库系统阶段）。

1. 人工管理阶段

20 世纪 50 年代中期以前，计算机主要用于科学计算。硬件方面，计算机的外存只有磁带、卡片、纸带，没有磁盘等直接存取的存储设备，存储量非常小；软件方面，没有操作系统，没有高级语言，数据处理的方式是批处理，也即机器一次处理一批数据，直到运算完成为止，然后才能进行另外一批数据的处理，中间不能被打断，原因是此时的外存如磁带、卡片等只能顺序输入。

人工管理阶段的数据具有以下的几个特点。

① 数据不保存。由于当时计算机主要用于科学计算，数据保存上并不做特别要求，只是在计算某一个课题时将数据输入，用完就退出，对数据不做保存，有时对系统软件也是这样。

② 数据不独立。数据是输入程序的组成部分，即程序和数据是一个不可分割的整体，数据和程序同时提供给计算机运算使用。对数据进行管理，就像现在的操作系统可以以目录、文件的形式管理数据。程序员不仅要知道数据的逻辑结构，也要规定数据的物理结构，程序员对存储结构，存取方法及输入输出格式有绝对的控制权，要修改数据必须修改程序。要对 100 组数据进行同样的运算，就要给计算机输入 100 个独立的程序，因为数据无法独立存在。

③ 数据不共享。数据是面向应用的，一组数据对应一个程序。不同应用的数据之间是相互独立、彼此无关的，即使两个不同应用涉及相同的数据，也必须各自定义，无法相互利用，互相参照。数据不但高度冗余，而且不能共享。

④ 由应用程序管理数据。数据没有专门的软件进行管理,需要应用程序自己进行管理,应用程序中要规定数据的逻辑结构和设计物理结构(包括存储结构、存取方法、输入/输出方式等)。因此程序员负担很重。综上所述,所以有人也称这一数据管理阶段为无管理阶段。

2. 文件系统阶段

20 世纪 50 年代后期到 20 世纪 60 年代中期,数据管理发展到文件系统阶段。此时的计算机不仅用于科学计算,还大量用于管理。外存储器有了磁盘等直接存取的存储设备。在软件方面,操作系统中已有了专门的管理数据软件,称为文件系统。从处理方式上讲,不仅有了文件批处理,而且能够联机实时处理,联机实时处理是指在需要的时候随时从存储设备中查询、修改或更新,因为操作系统的文件管理功能提供了这种可能。这一时期的特点如下。

① 数据长期保留。数据可以长期保留在外存上反复处理,即可以经常进行查询、修改和删除等操作,所以计算机大量用于数据处理。

② 数据的独立性。由于有了操作系统,利用文件系统进行专门的数据管理,使得程序员可以集中精力在算法设计上,而不必过多地考虑细节。比如要保存数据时,只需给出保存指令,而不必所有的程序员都精心设计一套程序,控制计算机物理地实现数据保存。在读取数据时,只要给出文件名,而不必知道文件的具体存放地址。文件的逻辑结构和物理存储结构由系统进行转换,程序与数据有了一定的独立性。数据的改变不一定会引起程序的改变。保存的文件中有 100 条记录,使用某一个查询程序。当文件中有 1000 条记录时,仍然使用保留的这一个查询程序。

③ 可以实时处理。由于有了直接存取设备,也有了索引文件、链接存取文件、直接存取文件等,所以既可以采用顺序批处理,也可以采用实时处理方式。数据的存取以记录为基本单位。

上述各点都比第一阶段有了很大的改进,但这种方法仍有很多缺点,主要如下。

① 数据共享性差,冗余度大。当不同的应用程序所需的数据有部分相同时,仍需建立各自的独立数据文件,而不能共享相同的数据。因此,数据冗余大,空间浪费严重。并且相同的数据重复存放,各自管理,当相同部分的数据需要修改时比较麻烦,稍有不慎,就会造成数据的不一致。

② 数据和程序缺乏足够的独立性。文件中的数据是面向特定应用的,文件之间是孤立的。不能反映现实世界事物之间的内在联系。在上面的学籍文件与成绩文件之间没有任何的联系,计算机无法知道两个文件中的哪两条记录是针对同一个人的。要对系统进行功能的改变是很困难的。文件管理系统在数据量相当庞大的情况下,已经不能满足需要了。

3. 数据库系统阶段

数据管理技术进入数据库阶段的标志是 20 世纪 60 年代末的三件大事。

1968 年美国 IBM 公司推出层次模型的 IMS 系统。

1969 年美国 CODASYL 组织发布了 DBTG 报告,总结了当时各式各样的数据库,提出网状模型。

1970 年美国 IBM 公司的 E. F. Codd 连续发表论文,提出关系模型,奠定了关系数据库的理论基础。

这一时期计算机管理的规模日益庞大,应用越来越广泛,数据量急剧增长,数据要求共享的呼声越来越高。这种共享的含义是多种应用、多种语言互相覆盖地共享数据集合。此时的计算机有了大容量磁盘,计算能力也非常强。硬件价格下降,编制软件和维护软件的费用相对在增加。在实际处理时联机实时处理的要求更多,并开始提出和考虑并行处理。

在这样的背景下,数据管理技术进入数据库系统阶段。

现实世界是复杂的,反映现实世界的各类数据之间必然存在错综复杂的联系。为反映这种复杂的数据结构,让数据资源能为多种应用需要服务,并为多个用户所共享,同时为让用户能更方便地使用这些数据资源,在计算机科学中,逐渐形成了数据库技术这一独立分支。计算机中的数据及数据的管理统一由数据库系统来完成。

1.1.3　数据库系统的特点

在数据库系统阶段,数据管理具有下面的优点。

① 数据结构化。数据结构化是数据库系统与文件系统的根本区别。在文件系统中,相互独立的文件记录内部是有结构的,传统文件最简单的形式是等长同格式的记录集合。这样就可以节省许多储存空间。

数据的结构化是数据库的主要特征之一。这是数据库与文件系统的根本区别。至于这种结构化是如何实现的,则与数据库系统采用的数据模型有关,后面会有较详细的描述。

② 数据共享性高,冗余度小,易扩充。从整体的观点来看待数据库和描述数据,数据不再是面向某一应用,而是面向整个系统的。这样就减小了数据的冗余,节约了存储空间,缩短了存取时间,避免了数据之间的不相容和不一致。对数据库的应用可以很灵活,面向不同的应用,存取相应的数据库子集。当应用需求改变或增加时,只要重新选择数据子集或者加上一部分数据,便可以满足更多更新的要求,也就保证了系统的易扩充性。

③ 数据独立性高。数据库提供数据的存储结构与逻辑结构之间的映像或转换功能,使得当数据的物理存储结构改变时,数据的逻辑结构可以不变,从而程序也不用改变。这就是数据与程序的物理独立性。也就是说,程序面向逻辑数据结构,不去考虑物理的数据存放形式。数据库可以保证数据的物理改变而不引起逻辑结构的改变。

④ 统一的数据管理和控制功能,包括数据的安全性控制、数据的完整性控制及并发控制、数据库恢复。

数据库是多用户共享的数据资源。对数据库的使用经常是并发的。为保证数据的安全可靠和正确有效,数据库管理系统必须提供一定的功能来保证。

数据库的安全性是指防止非法用户非法使用数据库而提供的保护。比如,不是学校的成员不允许使用学生管理系统,学生允许读取成绩但不允许修改成绩等。

数据的完整性是指数据的正确性和兼容性。数据库管理系统必须保证数据库的数据满足规定的约束条件,常见的有对数据值的约束条件。

数据的并发控制是多用户共享数据库必须解决的问题。要说明并发操作对数据的影响，必须首先明确，数据库是保存在外存中的数据资源，而用户对数据库的操作是先读入内存操作，修改数据时，是在内存修改读入的数据副本，然后再将这个副本写回到储存的数据库中，实现物理的改变。

由于数据库的这些特点，它的出现使信息系统的研制从围绕加工数据的程序为中心转变到围绕共享的数据库来进行。便于数据的集中管理，也提高了程序设计和维护的效率。提高了数据的利用率和可靠性。当今的大型信息管理系统均是以数据库为核心的。数据库系统是计算机应用中的一个重要阵地。

1.2 数据模型

对于模型，人们并不陌生。一张地图，一组建筑设计沙盘，一架精致的航模飞机都是模型，一眼望去，就会使人联想到真实生活中的事物。模型是现实世界特征的模拟和抽象。数据模型(Data Model)也是一种模型，它是现实世界数据特征的抽象。也就是说，数据模型是用来描述数据、组织数据和对数据进行操作的。

1.2.1 数据模型的概念

数据模型是用来描述数据、组织数据和对数据进行操作的。根据模型应用的不同目的，可以将这些模型划分为两类，它们分属于两个不同的层次。第一类模型是概念模型，也称信息模型，它是按用户的观点来对数据和信息建模的，主要用于数据库设计。另一类模型是逻辑模型和物理模型，逻辑模型主要包括网状模型、层次模型、关系模型、面向对象模型等，它是按计算机系统的观点对数据建模的，主要用于 DBMS 的实现；物理模型是对数据最低层的描述，描述数据在系统内部的表示方式和存取方法，在磁盘或磁带上的存储方式和存取方法，是面向计算机系统的。物理模型的具体实现是 DBMS 的任务，一般用户不必考虑物理级的细节。

数据模型是严格定义的一组概念的集合。这些概念精确地描述了系统的静态特性、动态特性和完整性约束条件。因此数据模型通常由数据结构、数据操作和完整性约束三部分组成。

1. 数据结构

数据结构描述数据库的组成对象以及对象之间的联系。数据结构描述的内容包括两类，一类是与对象的类型、内容、性质有关的，例如网状模型中的数据项、记录，关系模型中的域、属性、关系等；一类是与数据之间联系有关的对象，例如网状模型中的系型(Set Type)。

数据结构用于刻画一个数据模型性质最重要的方面。因此在数据库系统中，人们通常按照其数据结构的类型来命名数据模型。例如层次结构、网状结构和关系结构的数据模型分别命名为层次模型、网状模型和关系模型。

总之，数据结构是所研究的对象类型的集合，是对系统静态特性的描述。

2. 数据操作

数据操作是指对数据库中各种对象(型)的实例(值)允许执行的操作的集合,包括操作及有关的操作规则。数据库主要有查询和更新(包括插入、删除、修改)两大类操作。数据模型必须定义这些操作的确切含义、操作符号、操作规则(如优先级)以及实现操作的语言。

数据操作是对系统动态特性的描述。

3. 数据的完整性约束条件

数据的完整性约束条件是一组完整性规则的集合。完整性规则是给定的数据模型中数据及其联系所具有的制约和依存规则,用以限定符合数据模型的数据库状态以及状态的变化,以保证数据的正确、有效、相容。

数据模型应该反映和规定本数据模型必须遵守的基本的通用的完整性约束条件。例如,在关系模型中,任何关系必须满足实体完整性和参照完整性两个条件(第 2 章将详细讨论这两个完整性约束条件)。

此外,数据模型还应该提供定义完整性约束条件的机制,以反映具体应用所涉及的数据必须遵守的特定的语义约束条件。例如,在学校的数据库中规定大学生入学年龄不得超过 30 岁,硕士研究生入学年龄不得超过 38 岁,学生累计成绩不得有三门以上不及格等。

1.2.2 概念模型

概念模型用于信息世界的建模,是现实世界到信息世界的第一层抽象,是数据库设计人员进行数据库设计的有力工具,也是数据库设计人员和用户之间进行交流的语言,因此概念模型一方面应该具有较强的语义表达能力,能够方便、直接地表达应用中的各种语义知识,另一方面它还应该简单、清晰、易于用户理解。

描述概念模型的有力工具是 E-R 模型。下面对有关 E-R 模型的基本概念进行介绍。信息世界涉及的概念主要有以下几点。

(1) 实体(Entity)

客观存在并可相互区别的事物称为实体。实体可以是具体的人、事、物,也可以是抽象的概念或联系,例如,一幢大楼、一间教室、一个部门、一门课程、学生的一次选课、部门的一次订货、做过的梦等都是实体。

(2) 属性(Attribute)

实体所具有的某一特性称为属性。一个实体可以由若干个属性来刻画。例如商品信息实体可以由商品编号、商品名称、品牌、型号、销售单价属性组成。

(110101,钢笔,英雄,K1,5.2)这些属性组合起来表征了一个商品。

(3) 码(Key)

唯一标识实体的属性集称为码。例如商品编号是商品信息这个实体的码。

(4) 域(Domain)

属性的取值范围称为该属性的域。例如,课程的域为 6 位整数,姓名的域为字符串集合,年龄的域为小于 38 的整数,性别的域为(男,女)等。

（5）实体型（Entity Type）

具有相同属性的实体必然具有共同的特征和性质。用实体名及其属性名集合来抽象和刻画同类实体，称为实体型。例如，商品信息实体（商品编号，商品名称，品牌、型号，销售单价）就是一个实体型。

（6）实体集（Entity Set）

同型实体的集合称为实体集。例如，全体商品信息组合就是一个实体集。

（7）联系（Relationship）

在现实世界中，事物内部以及事物之间是有联系的，这些联系在信息世界中反映为实体（型）内部的联系和实体（型）之间的联系。实体内部的联系通常是指组成实体的各属性之间的联系。实体之间的联系通常是指不同实体集之间的联系。

两个实体集之间的联系可以分为三类。

① 一对一联系（1∶1）。

如果对于实体集 A 中的每一个实体，实体集 B 中至多有一个（也可以没有）实体与之联系，反之亦然，则称实体集 A 与实体集 B 具有一对一联系，记为 1∶1。

例如，我国的政策下，夫妻关系里面，一个丈夫只有一个妻子，而一个妻子只有一个丈夫，则妻子与丈夫之间具有一对一联系。

② 一对多联系（1∶n）。

如果对于实体集 A 中的每一个实体，实体集 B 中有 n 个实体（$n \geqslant 0$）与之联系，反之，对于实体集 B 中的每一个实体，实体集 A 中至多只有一个实体与之联系，则称实体集 A 与实体集 B 有一对多联系，记为 1∶n。

例如，一名导师可以带若干名研究生，而一个研究生只能跟一名导师，则导师与研究生之间具有一对多联系。

③ 多对多联系（$m∶n$）。

如果对于实体集 A 中的每一个实体，实体集 B 中有 n 个实体（$n \geqslant 0$）与之联系，反之，对于实体集 B 中的每一个实体，实体集 A 中也有 m 个实体（$m \geqslant 0$）与之联系，则称实体集 A 与实体集 B 具有多对多联系，记为 $m∶n$。

例如，一个银行可以有多名储户来存储，一名储户也可以到多家银行存款，则银行与储户之间具有多对多联系。

实际上，一对一联系是一对多联系的特例，而一对多联系又是多对多联系的特例。

可以用图形来表示两个实体集之间的这三类联系，如图 1.1 所示。

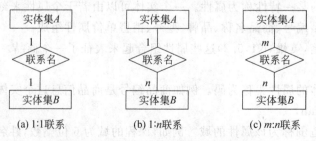

图 1.1 两个实体集之间的三种联系

一般地,两个以上的实体集之间也存在着一对一、一对多、多对多的联系。

若实体集 $E_1,E_2,\cdots,E_n$ 存在联系,对于实体集 $E_j(j=1,2,\cdots,i-1,i+1,\cdots,n)$ 中的给定实体,最多只和 E_i 中的一个实体相联系,则说 E_i 与 $E_1,E_2,\cdots,E_{i-1},E_{i+1},\cdots,E_n$ 之间的联系是一对多的。

例如,对于课程、教师与参考书三个实体集,如果一门课程可以有若干个教师讲授,使用若干本参考书,而每一个教师只讲授一门课程,每一本参考书只供一门课程使用,则课程与教师、参考书之间的联系是一对多的,如图 1.2(a)所示。

又如,有供应商、项目、零件三个实体集,一个供应商可以供给多个项目多种零件,而每个项目可以使用多个供应商供应的零件,每种零件可由不同供应商供给,由此看出供应商、项目、零件三者之间是多对多的联系,如图 1.2(b)所示。要注意,三个实体集之间多对多的联系和三个实体集两两之间的(三个)多对多联系的语义是不同的。

同一个实体集内的各实体之间也可以存在一对一、一对多、多对多的联系。例如职工实体集内部具有领导与被领导的联系,即某一职工(干部)“领导”若干名职工,而一个职工仅被另外一个职工直接领导,因此这是一对多的联系,如图 1.3 所示。

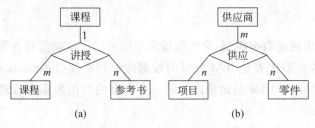
图 1.2　三个实体集之间的联系示例

图 1.3　一个实体集之间的一对
多联系示例

概念模型的表示方法。

概念模型是对信息世界建模,所以概念模型应该能够方便、准确地表示出上述信息世界中的常用概念。概念模型的表示方法很多,其中最为著名最为常用的是 P. P. S. Chen 于 1976 年提出的实体-联系方法 (Entity-Relationship Approach)。该方法用 E-R 图来描述现实世界的概念模型,E-R 方法也称为 E-R 模型。

E-R 图提供了表示实体集、属性和联系的方法如下。

- 实体集。用矩形表示,矩形框内写明实体名。
- 属性。用椭圆形表示,并用无向边将其与相应的实体连接起来。

例如:商品信息实体具有商品编号、商品名称、品牌、型号、销售单价属性,用 E-R 图表示如图 1.4 所示。

图 1.4　商品信息实体及其属性

- 联系。用菱形表示，菱形框内写明联系名，并用无向边分别与有关实体连接，同时在无向边旁标上联系的类型（1：1，1：n 或 m：n）。

需要注意的是，如果一个联系具有属性，则这些属性也要用无向边与该联系连接起来。

例如图 1.2（b）中，用"供应量"来描述联系"供应"的属性，表示某供应商供应了多少数量的零件给某个项目。那么这三个实体及其之间联系的 E-R 图可表示为如图 1.5 所示。

目前，数据库领域中最常用的数据模型有 4 种，它们是：

- 层次模型（Hierarchical Model）。
- 网状模型（Network Model）。
- 关系模型（Relational Model）。
- 面向对象模型（Object Oriented Model）。

其中层次模型和网状模型统称为格式化模型。

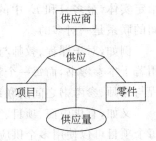

图 1.5 联系的属性示例

1.2.3 层次模型

层次模型是数据库系统中最早出现的数据模型，层次数据库系统采用层次模型作为数据的组织方式。层次数据库系统的典型代表是 IBM 公司的数据库管理系统（Information Management System，IMS），这是 1968 年 IBM 公司推出的第一个大型的商用数据库管理系统，曾经得到广泛的使用。

层次模型用树状结构来表示各类实体以及实体间的联系。现实世界中许多实体之间的联系本来就呈现出一种很自然的层次关系，如行政机构、家族关系等。

满足下面两个条件的基本层次联系的集合为层次模型。

① 有且只有一个结点没有双亲结点，这个结点称为根结点。

② 根以外的其他结点有且只有一个双亲结点。

1.2.4 网状模型

网状数据库系统采用网状模型作为数据的组织方式。网状数据模型的典型代表是 DBTG 系统，亦称 CODASYL 系统。这是 20 世纪 70 年代数据系统语言研究会（Conference On Data System Language，CODASYL）下属的数据库任务组（Data Base Task Group，DBTG）提出的一个系统方案。DBTG 系统虽然不是实际的软件系统，但是它提出的基本概念、方法和技术具有普遍意义。它对于网状数据库系统的研制和发展起了重大的影响。后来不少的系统都采用 DBTG 模型或者简化的 DBTG 模型。例如，Cullinet software 公司的 IDMS、Univac 公司的 DMS1100、HoneyWell 公司的 IDS/2、HP 公司的 IMAGE 等。

满足下面两个条件的基本层次联系的集合为网状模型。

① 允许一个以上的结点无双亲；

② 一个结点可以有多于一个的双亲。

1.2.5 关系模型

关系模型是目前最重要的一种数据模型。关系数据库系统采用关系模型作为数据的组织方式。1970年美国IBM公司San Jose研究室的研究员E.F.Codd首次提出了数据库系统的关系模型,开创了数据库关系方法和关系数据理论的研究,为数据库技术奠定了理论基础。由于E.F.Codd的杰出工作,他于1981年获得ACM图灵奖。

关系模型与以往的模型不同,它是建立在严格的数学概念的基础上的。严格的定义将在第2章给出。这里只简单勾画一下关系模型。在用户观点下,关系模型中数据的逻辑结构是一张二维表,它由行和列组成。现在以商品信息表(如表1.1所示)为例,介绍关系模型中的一些术语。

表 1.1 商品信息表

商品编号	商品名称	品牌	型号	销售单价/元
110101	钢笔	英雄	K1	5.2
110102	钢笔	英雄	M2	10.8
110207	钢笔	永生	S6	7.6
110208	钢笔	永生	S7	8.8
210114	牙膏	佳洁士	120g	12.6
210256	牙膏	高露洁	80g	6.8
223798	牙刷	三笑	软毛	2
316001	矿泉水	娃哈哈	500mL	1.2
320209	可乐	可口可乐	1.2L	4.4
330303	果味汽水	醒目	500mL	2
410177	饼干	美味	200g	3
420278	面包	喜悦	300g	3.6

- 关系(Relation)。一个关系通常对应一张表,如表1.1所示的这张商品信息表。
- 元组(Tuple)。表中的一行即为一个元组。
- 属性(Attribute)。表中的一列即为一个属性,给每一个属性起一个名称即属性名。如表1.1有5列,对应的5个属性分别是商品编号、商品名称、品牌、型号、销售单价。
- 主码(Key)。表中的某个属性组,它可以唯一确定一个元组,如表1.1所示的商品编号,可以唯一确定一种商品,也就成为本关系的主码。
- 域(Domain)。属性的取值范围。
- 分量:元组中的一个属性值。
- 关系模式:对关系的描述,一般表示为

关系名(属性1,属性2,…,属性n)。

在关系模型中,实体以及实体间的联系都是用关系来表示的。

关系模型要求关系必须是规范化的,即要求关系必须满足一定的规范条件,这些规范条件中最基本的一条就是,关系的每一个分量必须是一个不可分的数据项,也就是说,不允许表中还有表。

表 1.2 中工资是可分的数据项,工资可分为基本工资、工龄工资和职务工资,因此,表 1.2 就不符合关系模型要求。

表 1.2　员工表

员工编号	性别	职务	基本工资/元			密码
			基本	工龄	职务	
110001	女	柜员	800	200	800	110001
110002	女	柜员	800	400	600	110002
110003	女	柜员	1000	400	1200	110003
120001	男	柜员	1000	400	800	120001

关系数据模型具有下列优点。

* 关系模型与非关系模型不同,它是建立在严格的数学概念的基础上的。
* 关系模型的概念单一。无论实体还是实体之间的联系都用关系表示。对数据的检索结果也是关系(即表)。所以其数据结构简单、清晰,用户易懂易用。
* 关系模型的存取路径对用户透明,从而具有更高的数据独立性、更好的安全保密性,也简化了程序员的工作和数据库开发建立的工作。

所以,关系数据模型诞生以后发展迅速,深受用户的喜爱。

当然,关系数据模型也有缺点,其中最主要的缺点是,由于存取路径对用户透明,查询效率往往不如格式化数据模型。因此为了提高性能,必须对用户的查询请求进行优化,但这无疑增加了开发数据库管理系统的难度。

1.3　数 据 库 体 系 结 构

从用户角度,数据库系统的外部结构可以分为如下几种。

单用户结构。最简单的结构是单用户数据库系统,整个数据库系统(包括应用程序、DBMS、数据)都安装在一台计算机上,为一个用户所独占,不同机器之间不能共享数据,单用户系统是一种早期的数据库系统,目前已经不再流行。

主从式结构:主从式结构的数据库系统是一种一台主机带多个终端的多用户系统,应用程序、DBMS 和数据都集中存放在主机上,所有处理任务都由主机来完成,用户通过主机的终端并发地访问数据库,共享数据资源。

优点是:系统简单、数据易于管理、易于维护。

缺点是:当终端用户数目增加到一定程度后,主机的任务就会过度繁重,成为瓶颈,导致系统性能大幅度下降,系统的可靠性不高,当主机出现故障时,整个系统就都不能使用了。

分布式结构:分布式结构的数据库系统由分布于多个计算机结点上的若干个数据库系统组成,它提供有效的存取手段来操纵这些结点上的子数据库。

优点是:更适合分布式的管理;具有灵活的体系结构;系统经济,可靠性高,可用性好;在一定条件下响应速度加快;可扩展性好,易于集成现有系统,也易于扩充。

缺点是：通信开销较大，故障率高；数据的存取结构复杂；数据的安全性和保密性较难控制。

客户/服务器结构：客户/服务器结构的数据库系统把 DBMS 的功能和应用分开，网络中某些结点上的计算机专门用于执行 DBMS 功能，称为数据库服务器（简称服务器），其他结点上的计算机安装 DBMS 的外围应用开发工具，支持用户的应用，称为客户机。

有两种客户/服务器结构。集中的服务器结构仅有一台数据库服务器，而客户机有多台分布的服务器结构是客户/服务器与分布式数据库的结合，网络中有多台数据库服务器浏览器/应用服务器/数据库服务器结构。优点是：客户端的用户请求被传送到数据库服务器，数据库服务器进行处理后只将结果返回给用户，从而显著减少了数据传输量，数据库更加开放。客户与服务器一般都能在多种不同的硬件和软件平台上运行，可以使用不同厂商的数据库应用开发工具，应用程序具有更强的可移植性，同时也可以减少软件维护开销，分布的服务器还使系统同时具有分布式系统的优点。

客户/服务器结构广泛采用的是数据库系统结构。大部分商品化的 DBMS 都支持这种结构。

数据库系统内部广泛采用三级模式和两级映像结构。

1.3.1 数据库系统模式的概念

模式结构的最外层是外模式，中间层是模式，而最内层是内模式，如图 1.6 所示。

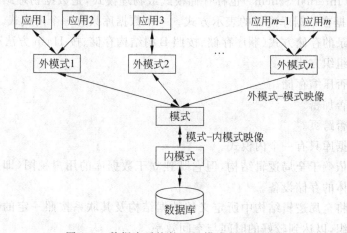

图 1.6 数据库系统的三级模式和两级映像

两级独立性即逻辑独立性、物理独立性。

① 外模式。外模式（External Schema）也称子模式或用户模式。

- 外模式介于模式与应用之间，是特定数据库用户的数据视图，是与某一具体应用相关的数据的局部逻辑结构描述。
- 外模式面向具体的应用程序，定义在模式之上，但独立于存储模式和存储设备。
- 通常，外模式是模式的子集。
- 在外模式中，同一数据对象的结构、类型、长度等都可以不同于模式。

- 一个数据库可以有多个外模式,反映不同用户的应用需求和看待数据的方式。
- 一个外模式可以被多个应用所使用,但是一个应用程序只能使用一个外模式。
- 理想地,所有的应用都建立在一个外模式上。但是实际上,DBMS 允许应用程序直接访问模式。
- 外模式与授权配合,限制用户只能访问所对应的外模式中的数据,可以提供一种保证数据库安全性的有力措施。
- 外模式与外模式-模式映像配合,可以实现一定程度的数据逻辑独立性。
- 外模式使用 DBMS 提供的子模式定义语言。

② 模式(Schema)也称逻辑模式,是数据库中全体数据的总体逻辑结构描述,是所有用户的公共数据视图。

- 模式综合了所有用户的数据需求,因此一个数据库只有一个模式。
- 模式处于数据库系统模式结构的中间层,与数据的物理存储细节和硬件环境无关,与具体的应用程序、开发工具及高级程序设计语言无关。
- 模式是数据库的中心与关键,设计数据库结构时应首先确定数据库的模式。
- 模式的定义包括:
  数据的逻辑结构(数据项的名字、类型、取值范围等)。
  数据之间的联系。
  数据有关的安全性和完整性要求。

③ 内模式(Internal Schema)也称存储模式或物理模式,是数据物理结构和存储方式的描述,定义数据在数据库内部的表示方式。一个数据库只有一个内模式。

- 文件记录的存储方式(顺序存储、按照 B 树结构存储、按 Hash 方法存储)。
- 索引的组织方式。
- 数据是否压缩存储。
- 数据是否加密。
- 记录是否跨页。
- 一个数据库只有一个内模式。
- 内模式依赖于全局逻辑结构,但它既独立于数据库的用户视图(即外模式),也独立于具体的存储设备。
- 内模式将全局逻辑结构中所定义的数据结构及其联系按照一定的物理存储策略进行组织,以达到较好的时间与空间效率。
- 内模式到物理存储器的映射可以由操作系统实现,或由 DBMS 实现。

1.3.2 数据库系统的三级模式和两级映像

数据库系统的两级独立性分别是逻辑独立性和物理独立性。

数据库系统的这两级独立性由数据库的两级映像来保证,两级映像分别是:外模式-模式映像和模式-内模式映像。

外模式-模式映像定义外模式与模式之间的对应关系,每一个外模式都有一个对应的外模式-模式映像,建立外模式中的数据对象与模式中的数据对象之间的对应关系,外模式-模式映像可以保证外模式的相对稳定性,模式改变时,数据库管理员可以修改有关的外模式-模式映像,使外模式保持不变,从而为数据的逻辑独立性提供保证。通常,外模式-模式映像定义包含在每个外模式的定义中。

模式-内模式映像。模式-内模式映像定义数据全局逻辑结构与存储结构之间的对应关系。

例如,模式-内模式映像要说明逻辑记录和字段在内部是如何表示的,一个数据库只有一个模式和一个内模式,也只有一个模式-内模式映像。模式-内模式映像可以保证模式,进而保证外模式的相对稳定性,当数据的存储结构(内模式)改变时(例如,选用了另一种存储结构),数据库管理员可以修改模式-内模式映像,使得模式保持不变,这为数据的物理独立性提供了保证。通常,模式-内模式映像定义包含在模式的定义中。

二级映像保证了数据库外模式的稳定性,从而从底层保证了应用程序的稳定性,除非应用需求本身发生变化,否则应用程序一般不会因数据逻辑结构和物理结构的改变而修改。

所谓数据独立性是指数据与应用程序相互独立,它包括数据的逻辑独立性和数据的物理独立性,数据的独立性靠三级模式、两级映像实现。数据独立性使得数据的定义和描述可以从应用程序中分离出去,减少了数据逻辑结构和物理结构的变化对程序的影响。

数据的逻辑独立性。是指应用程序与数据库的逻辑结构之间的相互独立性,当数据的逻辑结构改变时,通过修改外模式-模式映像,保持外模式不变,从而使得建立在外模式上的应用程序也可以不变。

实现方法如下。

① 建立对数据逻辑结构即数据之间关系的描述文件。

② 建立基于上述全局逻辑结构的子结构的描述文件,具体为应用程序服务。

产生效果如下。

当全局数据逻辑结构改变时,不一定要求修改程序,程序对数据使用的改变也不一定要求修改全局数据结构,使进一步实现深层次数据共享成为可能。

数据的物理独立性。是指应用程序与存储在磁盘上的数据库中的数据之间的相互独立性。

当数据的物理存储结构改变时,通过修改模式-内模式映像,保持模式不变。

由于外模式是定义在模式上的,模式不变,则外模式不需要改变,从而使得建立在外模式上的应用程序也可以不变。

实现方法如下。

利用文件管理系统建立数据文件。

产生效果如下。

数据存储结构与存取方法的改变不一定要求修改程序。使初步数据共享成为可能,只要知道数据存取结构,不同程序可共用同一数据文件。

1.3.3 数据库系统的组成

数据库系统的构成如图 1.7 所示。具体包括:

- 数据库。
- 数据库管理系统(及其开发工具)。

- 应用系统。
- 数据库管理员(和用户)。

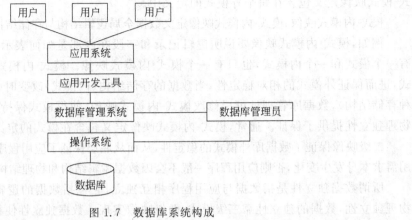

图 1.7　数据库系统构成

1.3.4　数据库管理系统(DBMS)的功能

数据库管理系统(Database Management System, DBMS)是一种重要的程序设计系统,它由一个相互关联的数据集合和一组访问这些数据的程序组成。DBMS 的基本目标是提供一个方便、有效访问这些信息的环境。DBMS 在数据库建立、运用和维护时对数据库进行统一控制,以保证数据的完整性、安全性,并在多用户同时使用数据库时进行并发控制,在发生故障后对系统进行恢复。

数据库管理系统(DBMS)的重要功能如下所述。

1. 数据定义

提供数据定义语言(DDL),用于定义数据库中的数据对象和它们的结构。

2. 数据操纵

提供数据操纵语言(DML),用于操纵数据,实现对数据库的基本操作(查询、插入、删除和修改)。

3. 事务管理和运行管理

统一管理数据、控制对数据的并发访问。

4. 保证数据的安全性、完整性

确保故障时数据库中数据不被破坏,并且能够恢复到一致状态。

5. 数据存储和查询处理

确定数据的物理组织和存取方式,提供数据的持久存储和有效访问,确定查询处理方法,优化查询处理过程。

6. 数据库的建立和维护

提供实用程序,完成数据库数据批量装载、数据库转储、介质故障恢复、数据库的重组和性能监测等。

7. 其他功能

包括 DBMS 与其他软件通信、异构数据库之间数据转换和互操作。

数据库系统(Database System,DBS)是指在计算机系统中引入数据库后的系统构成,一般由数据库、数据库管理系统(及其应用开发工具)、应用系统、数据库管理员和用户构成。

1.4　数据库技术的发展

数据库技术从诞生到现在,在不到半个世纪的时间里,形成了坚实的理论基础、成熟的商业产品和广泛的应用领域,吸引了越来越多的研究者加入,使得数据库成为一个研究者众多且被广泛关注的研究领域,随着信息管理内容的不断扩展和新技术的层出不穷,数据库技术面临着前所未有的挑战。面对新的数据形式,人们提出了丰富多样的数据模型(层次模型、网状模型、关系模型、面向对象模型、半结构化模型等),同时也提出了众多新的数据库技术(XML 数据管理、数据流管理、Web 数据集成、数据挖掘等)。

1.4.1　数据库发展特点

关系模型在关系数据库理论基本成熟后,各大学、研究机构和各大公司在关系数据库管理系统(RDBMS)的实现和产品开发中,都遇到了一系列技术问题。主要是在数据库的规模愈来愈大,数据库的结构愈来愈复杂,又有愈来愈多的用户共享数据库的情况下,如何保障数据的完整性、安全性、并发性以及故障恢复的能力,它成为数据库产品是否能够进入实用并最终为用户接受的关键因素。Jim Gray 在解决这些重大技术问题,使RDBMS 成熟并顺利进入市场的过程中,发挥了关键作用。概括地说,解决上述问题的主要技术手段和方法是:把对数据库的操作划分为"事务"的基本单位,一个事务要么全做,要么全不做(即 all-or-nothing 原则);用户在对数据库发出操作请求时,需要对有关的不同数据"加锁",防止不同用户的操作之间互相干扰;在事务运行过程中,采用"日志"记录事务的运行状态,以便发生故障时进行恢复;对数据库的任何更新都采用"两阶段提交"策略。以上方法及其他各种方法被总称为"事务处理技术"。

E.F Codd 和 Jim Gray 在关系模型和事务处理技术上的创造性思维和开拓性工作,使他们成为这一领域公认的权威,并分别于 1981 年和 1998 年成为图灵奖获得者。

在成熟的关系 DBMS 产品行销于世之后,数据库的研究困惑于如下的问题:DBMS本身的研究是不是已经没有问题了? 新的处理要求在哪里? 旗帜鲜明地提出这一思考的是 VLDB2000 会议,会议的主题是 Broadeningthe Database Field,会议的论文设置也截然分为两类,即 core database technology 和 information systems in frastructures,体现了在对传统问题关注的同时,着力寻求信息系统创新途径中所存在的数据管理问题。而信息系统创新途径的根本前提是 Web 时代的到来。于是,在 Web 大背景下的各种数据管理问题成为人们关注的热点,我们不妨把它笼统地称为"泛数据"研究。下面介绍两种前沿数据库技术。

1.4.2　分布式数据库系统

分布式数据库系统通常使用较小的计算机系统,每台计算机可单独放在一个地方,每台计算机中都有 DBMS 的一份完整拷贝副本,并具有自己局部的数据库,位于不同地点的许多计算机通过网络互相连接,共同组成一个完整的、全局的大型数据库。

这种组织数据库的方法克服了物理中心数据库组织的弱点。首先,降低了数据传送代价,因为大多数对数据库的访问操作都是针对局部数据库的,而不是对其他位置的数据库进行访问的;其次,系统的可靠性提高了很多,因为当网络出现故障时,仍然允许对局部数据库进行操作,而且一个位置的故障不影响其他位置的处理工作,只有当访问出现故障位置的数据时,在某种程度上才受影响;最后,为了便于系统的扩充,增加一个新的局部数据库,或在某个位置扩充一台适当的小型计算机,都很容易实现。然而有些功能要付出更高的代价。例如,为了调配在几个位置上的活动,事务管理的性能比在中心数据库时花费更高,甚至抵消了许多其他优点。

分布式软件系统(Distributed Software Systems)是支持分布式处理的软件系统,是在由通信网络互联的多处理机体系结构上执行任务的系统。它包括分布式操作系统、分布式程序设计语言及其编译(解释)系统、分布式文件系统和分布式数据库系统等。

分布式操作系统负责管理分布式处理系统资源和控制分布式程序运行。它和集中式操作系统的区别在于资源管理、进程通信和系统结构等方面。分布式程序设计语言用于编写运行于分布式计算机系统上的分布式程序。一个分布式程序由若干个可以独立执行的程序模块组成,它们分布于一个分布式处理系统的多台计算机上被同时执行。它与集中式的程序设计语言相比有三个特点:分布性、通信性和稳健性。分布式文件系统具有执行远程文件存取的能力,并以透明方式对分布在网络上的文件进行管理和存取。分布式数据库系统由分布于多个计算机结点上的若干个数据库系统组成,它提供有效的存取手段来操纵这些结点上的子数据库。分布式数据库在使用上可视为一个完整的数据库,而实际上它分布在地理分散的各个结点上。当然,分布在各个结点上的子数据库在逻辑上是相关的。

分布式数据库的主要特点如下。

- 多数处理就地完成;
- 各地的计算机由数据通信网络相联系;
- 克服了中心数据库的弱点,降低了数据传输的代价;
- 提高了系统的可靠性,局部系统发生故障,其他部分还可继续工作;
- 各个数据库的位置是透明的,方便系统的扩充;
- 为了协调整个系统的事务活动,事务管理的性能花费高。

1.4.3　XML 数据库

目前大量的 XML 数据以文本文档的方式存储,难以支持复杂高效的查询。用传统数据库存储 XML 数据的问题在于模式映射带来的效率下降和语义丢失。一些 Native

XML 数据库的原型系统已经出现(Taminon,Lore,Timber,OrientX(中国人民大学开发)等)。XML 数据是半结构化的,不像关系数据那样是严格的结构化数据,这样就给 Native XML 数据库中的存储系统带来了更大的灵活性,同时,也带来了更大的挑战。恰当的记录划分和簇聚,能够减少 I/O 次数,提高查询效率;反之,不恰当的划分和簇聚,则会降低查询效率。研究不同存储粒度对查询的支持也是 XML 存储面临的一个关键性问题。

当用户定义 XML 数据模型时,为了维护数据的一致性和完整性,需要指明数据的类型、标识,属性的类型,数据之间的对应关系(一对多,多对多等)、依赖关系和继承关系等。而目前半结构化和 XML 数据模型形成的一些标准(如 OEM,DTD,XML Schema 等)忽视了对这些语义信息和完整性约束方面的描述。ORA-SS 模型扩展了对象关系模型用于定义 XML 数据。这个模型用类似 E-R 图的方式描述 XML 数据的模式,对对象、联系和属性等不同类型的元素用不同的形状加以区分,并标记函数依赖、关键字和继承等。其应用领域包括指导正确的存储策略,消除潜在的数据冗余,创建和维护视图及查询优化等。

在 XML 数据查询处理研究中,存在下列焦点问题。

第一,如何定义完善的查询代数。众所周知,关系数据库统治数据管理领域长盛不衰的法宝就是描述性查询语言(SQL)和其运行基础关系代数。关系代数的目的之一是约束明确的查询语义,之二是用于支持查询优化。关系代数的优势来自简单明确的数据模型——关系,具有完善的数学基础和系统的转换规则。而 XML 数据模型本身具有的半结构化特点是定义完善的代数运算的最大障碍。XML 查询语言中的不确定性是另一个难以克服的困难。目前提出的 XQuery Formal Semantic 标准基于 Function Language 的思想,为查询优化带来了新的困难。

第二,复杂路径表达式是 XML 查询语句的核心,必须将复杂、不确定的路径表达式转换为系统可识别的、明确的形式。面向对象数据库中的模式支持的分解方法,不适应处理没有模式或者虽有模式信息但模式本身为半结构化和不确定性的 XML 路径分解的情况。并且,XML 数据的存储和索引方法与面向对象数据库不同,而这正是影响路径分解的重要因素。

第三,XML 数据信息统计和代价计算。传统的对值的统计对 XML 查询是不够的。XML 数据本身缺乏模式的支持,使对数据结构信息的统计显得更加重要。XML 数据中的数值分布在类似树状结构的树叶上,即使相同类型的数据,由于半结构化特点,其分布情况也可能完全不同。因此,需要把对结构的统计信息和对值的统计信息结合到一起,才能得到足够精确的统计信息。对 XML 查询代价的计算可以分为两个层次。上层为对查询结果集大小的估计。给定 XPath 路径,忽略方法的不同,只估计返回路径目标结点结果集的大小。这种方法普遍用于路径分解后确定查询片段的执行次序。下层为执行时间的估计。给定查询片断,估计不同的执行算法所需时间代价。

这种方法用于确定查询片段的执行方法。

目前,XML 数据索引按照用途可分为三种:简单索引、路径索引和连接索引。简单索引包括标记索引、值索引、属性索引等。路径索引抽取 XML 数据的结构,索引具有相同路径或者标记的结点用于导航查询时缩小搜索的范围。连接索引在元素的编码上建立特定的索引结构来辅助跳过不可能发生连接的结点,从而避免对这些结点的处理。可以利用的索引结构包括 B＋树、改进的 B＋树[25,26]、R 树和 XR 树等。利用索引提高查询效率实际上是空间换时间的做法。如何针对不同的查询需求建立、使用和维护合适的索引是研究者面临的一个问题。另一个问题是,不同的索引,索引目标也不相同,如何在一个查询中综合地使用不同的索引。随着 XML 数据在电子商务中的广泛应用,XML 数据更新需求迫切,更多的研究者开始关注如何动态地维护索引以适应不断的数据更新问题。

对于 XML 数据的更新操作,无论在语言,还是在操作方法上都没有一个统一的标准。更新操作在逻辑上是指:元素的插入、删除和更新。更新包括模式检查、结点定位、存储空间的分配和其他辅助数据的更新,比如索引、编码等。在 XML 文档中插入数据的问题需要移动所有插入点后面的数据。为了解决这个问题,引入了空间预留方法,在数据存储时,根据模式定义预留一部分空间给可能的插入点。当有数据插入时,如果预留空间足够,则无须移动数据。如果预留空间不够,则在新申请的页面中插入数据,原有数据也不需要移动。与此同时,为以后的数据插入预留了更多的空间。针对不同的存储策略,数据更新的方法也不同,非簇聚存储方法在更新时无须在物理上保持数据的有序性,更新代价较小。簇聚存储方法在更新时需要更多的无关数据移动以维护簇聚性。因此,对更新频繁的数据,不宜采用簇聚存储方法。

XML 数据处理面临的未解决的问题还包括:首先在查询处理上,是导航处理还是基于代数的一次一集合的处理? 这一直是 XML 查询优化研究的焦点,而如何在一个系统中把二者有机地结合起来以提高效率的研究还很不充分。目前对 XML 数据查询的各种不同的执行方法之间的孰优孰劣的比较工作还刚刚开始,并未形成共识性的规则。由于 XML 数据本身的灵活性,找到一些普遍适用的规律是很困难的。在今后的一段时间内,相信会有更多的研究工作在这方面展开。其次,实例化视图作为查询优化的一个重要手段并未在 XML 查询优化研究中得到足够的重视。最后,Native XML 数据库是否是合适的 XML 数据处理解决方案? 如果是的话,如何做到 XML 数据与传统数据库数据的互操作? 这些都是有待进一步研究的问题。

习　题　1

一、单项选择题

1. 在数据管理技术的发展过程中,经历了人工管理阶段、文件系统阶段和数据库系统阶段。在这几个阶段中,数据独立性最高的是_____阶段。

    A. 数据库系统　　　　B. 文件系统　　　　C. 人工管理　　　　D. 数据项管理

2. 数据库系统与文件系统的主要区别是_____。

    A. 数据库系统复杂,而文件系统简单

    B. 文件系统不能解决数据冗余和数据独立性问题,而数据库系统可以解决

    C. 文件系统只能管理程序文件,而数据库系统能够管理各种类型的文件

    D. 文件系统管理的数据量较少,而数据库系统可以管理庞大的数据量

3. 数据库的概念模型独立于_____。

    A. 具体的机器和 DBMS   B. E-R 图

    C. 信息世界   D. 现实世界

4. 数据库的基本特点是_____。

    A. 数据可以共享、数据独立性、数据冗余大,易移植、统一管理和控制

    B. 数据可以共享、数据独立性、数据冗余小,易扩充、统一管理和控制

    C. 数据可以共享、数据互换性、数据冗余小,易扩充、统一管理和控制

    D. 数据非结构化、数据独立性、数据冗余小,易扩充、统一管理和控制

5. 在数据库中,下列说法_____是不正确的。

    A. 数据库避免了一切数据的重复

    B. 若系统是完全可以控制的,则系统可确保更新时的一致性

    C. 数据库中的数据可以共享

    D. 数据库减少了数据冗余

6. 数据库中,数据的物理独立性是指_____。

    A. 数据库与数据库管理系统的相互独立

    B. 用户程序与 DBMS 的相互独立

    C. 用户的应用程序与存储在磁盘上数据库中的数据是相互独立的

    D. 应用程序与数据库中的数据的逻辑结构相互独立

7. 数据库系统的核心的是_____。

    A. 数据库   B. 数据库管理系统

    C. 数据模型   D. 软件工具

8. 数据库技术中采用分级方法将数据库的结构划分成多个层次,是为了提高数据库的_____和_____。

    A. 数据独立性   B. 逻辑独立性   C. 管理规范性   D. 数据的共享

    A. 数据独立性   B. 物理独立性   C. 逻辑独立性   D. 管理规范性

9. 在数据库技术中,为提高数据库的逻辑独立性和物理独立性,数据库的结构被划分成用户级、_____和存储级三个层次。

    A. 管理员级   B. 外部级   C. 概念级   D. 内部级

10. 数据库系统的最大特点是_____。

    A. 数据的三级抽象和二级独立性   B. 数据共享性

    C. 数据的结构化   D. 数据独立性

二、填空题

1. 数据管理技术经过了_____、_____和_____三个阶段。

2. 数据库是长期存储在计算机内、有_____的、可_____的数据集合。

3. 数据库系统包括数据库_____、_____和_____三个方面。

4. 开发、管理和使用数据库的人员主要有_____、_____、_____和最终用户4类相关人员。

5. 由_____负责全面管理和控制数据库系统。

6. 数据独立性是指_____与_____是相互独立的。

7. 数据独立性又可分为_____和_____。

8. 当数据的物理存储改变了,应用程序不变,而由 DBMS 处理这种改变,这是指数据的_____。

9. 根据数据模型的应用目的不同,数据模型分为_____和_____。

10. 数据模型由_____、_____和_____三部分组成。

11. 按照数据结构的类型来命令,数据模型分为_____、_____和_____。

12. _____是对数据系统静态特性的描述,_____是对数据库系统动态特性的描述。

13. 数据库体系结构按照_____、_____和_____三层结构进行组织。

14. 外模式是_____的子集。

15. 实体间的联系可抽象为三类,它们是_____、_____和_____。

三、简答题

1. 从程序和数据之间的关系分析文件系统和数据库系统之间的区别和联系。

2. 什么是数据库?

3. 什么是数据冗余? 数据库系统与文件系统相比怎样减少冗余?

4. 什么是数据库的数据独立性?

5. 数据库管理系统有哪些功能?

6. DBA 的职责是什么?

第 2 章　关 系 数 据 库

1970 年，IBM 的研究员，有"关系数据库之父"之称的埃德加·弗兰克·科德(Edgar Frank Codd 或 E. F. Codd)博士在刊物 *Communication of the ACM* 上发表了题为 *A Relational Model of Data for Large Shared Data banks*(大型共享数据库的关系模型)的论文，文中首次提出了数据库关系模型的概念，奠定了关系模型的理论基础。

1973 年 IBM 研究中心启动关系数据库实验系统 System R 项目，并于 20 世纪 70 年代末在 IBM 370 系列机上获得成功。

1977 年，美国加州大学柏克利分校开始研制 INGRES 关系数据库实验系统，于 1985 获得成功。

Codd 又陆续发表多篇文章，论述了范式理论和衡量关系系统的 12 条标准，用数学理论奠定了关系数据库的基础。IBM 的 Ray Boyce 和 Don Chamberlin 将 Codd 关系数据库的 12 条准则的数学定义以简单的关键字语法表现出来，里程碑式地提出了 SQL。由于关系模型简单明了、具有坚实的数学理论基础，所以一经推出就受到了学术界和产业界的高度重视和广泛响应，并很快成为数据库市场的主流。

三十多年来涌现出许多关系数据库管理系统(RDBMS)，著名的有 DB2、Oracle、Informix、Sybase、SQL Server、PostGreSQL 等。

关系数据库(Relational Database)是一个被组织成一组正式描述表格数据项的集合，这些表格中的数据能以许多不同的方式被存取或重新召集而不需要重新组织数据库表格。

标准用户和应用程序到一个关系数据库的接口是结构化查询语言(SQL)。SQL 声明被用来交互式查询来自一个关系数据库的信息和为报告聚集数据。

除了相对容易创建和存取之外，关系数据库具有容易扩充的重要优势。在最初的数据库创造之后，一个新的数据种类能被添加而不需要修改所有现有的应用软件。关系数据库因此也得到了长足的发展。

2.1　关系模型的基本术语及形式化定义

一般地讲，数据模型是严格定义的一组概念的集合。这些概念精确地描述了系统的静态特性、动态特性和完整性约束条件。因此数据模型通常由数据结构、数据操作和完整性约束三部分组成。

1. 数据结构

数据结构是所研究的对象类型的集合。这些对象是数据库的组成成分,它们包括两类,一类是与数据类型、内容、性质有关的对象,例如网状模型中的数据项、记录,关系模型中的域、属性、关系等;一类是与数据之间的联系有关的对象,例如网状模型中的系型(Set Type)。

数据结构用来刻画一个数据模型性质最重要的方面。因此在数据库系统中,人们通常按照其数据结构的类型来命名数据模型。例如层次结构、网状结构和关系结构的数据模型分别命名为层次模型、网状模型和关系模型。

数据结构是对系统静态特性的描述。

2. 数据操作

数据操作是指对数据库中各种对象(型)的实例(值)允许执行的操作的集合,包括操作及有关的操作规则。数据库主要有检索和更新(包括插入、删除、修改)两大类操作。数据模型必须定义这些操作的确切含义、操作符号、操作规则(如优先级)以及实现操作的语言。数据操作是对系统动态特性的描述。

3. 数据的约束条件

数据的约束条件是一组完整性规则的集合。完整性规则是给定的数据模型中数据及其联系所具有的制约和依存规则,用以限定符合数据模型的数据库状态以及状态的变化,以保证数据的正确、有效、相容。

数据模型应该反映和规定本数据模型必须遵守的基本的通用的完整性约束条件。此外,数据模型还应该提供定义完整性约束条件的机制,以反映具体应用所涉及的数据必须遵守的特定的语义约束条件。例如:在商品信息管理数据库中规定库存数量须大于0,商品信息表中的商品编号不可以为空值等。

2.1.1 基本术语

关系模型的数据结构比较单一,只有一种数据结构-关系,有时候也称之为二维表,如表 2.1 所示。

表 2.1 商品信息表

商品编号	商品名称	品　牌	型　　号	销售单价/元
110101	钢笔	英雄	K1	5.2
110102	钢笔	英雄	M2	10.8
110207	钢笔	永生	S6	7.6
110208	钢笔	永生	S7	8.8
210114	牙膏	佳洁士	120g	12.6
210256	牙膏	高露洁	80g	6.8
223798	牙刷	三笑	软毛	2
316001	矿泉水	娃哈哈	500mL	1.2

续表

商品编号	商品名称	品 牌	型 号	销售单价/元
320209	可乐	可口可乐	1.2L	4.4
330303	果味汽水	醒目	500mL	2
410177	饼干	美味	200g	3
420278	面包	喜悦	300g	3.6

关系数据结构的特点是：实体和联系都用关系(集合)这种单一的数据结构来实现。

关系的操纵如下。

并(Union)、交(Intersection)、差(Difference)、广义笛卡儿积(Cartesian Product)、选择(Select)、投影(Project)、连接(Join)、除(Divide)的操作对象和操作结果都是集合。

关系模型是建立在集合代数的基础上的,这里从集合论角度给出关系数据结构的形式化定义。

① 域(Domain)。一组具有相同数据类型的值的集合,如整数、字符串等。

② 笛卡儿积(Cartesian Product)。给定一组域 $D_1,D_2,\cdots,D_n$(可相同), $D_1,D_2,\cdots,D_n$ 上的笛卡儿积为:

$$D_1 \times D_2 \times \cdots \times D_n = \{(d_1,d_2,\cdots,d_n) \mid d_i \in D_i, i=1,2,\cdots,n\}$$

$(d_1,d_2,\cdots,d_n)$ 称为一个元组(Tuple)。

d_i 叫做元组$(d_1,d_2,\cdots,d_n)$ 的第 i 个分量(Component)。

例如,给定域 name＝{王小明,李莉},sex＝{男,女},则

name×sex＝{(王小明,男),(王小明,女),(李莉,男),(李莉,女)}

笛卡儿积的结果中有许多元组是无意义的,可以认为其中有意义的元组才构成关系,为实际的二维表。

③ 关系(Relation)。笛卡儿积 $D_1 \times D_2 \times \cdots \times D_n$ 的一个子集叫做域 $D_1,D_2,\cdots,D_n$ 上的一个关系。

定义在 n 个域上的关系称为 n 元关系。

④ 主码(Primary Key)。有一个或一组这样的属性,它的值能确定该关系中其他所有属性的值。

⑤ 候选码(Candidate Key)。能唯一标识元组的属性(组),选择其一作为主码。

⑥ 主属性(Prime Attribute)。候选码中的诸属性。

⑦ 非主属性(Non-Key Attribute)。不出现在任何候选码中的属性。

例如：在商品信息表中,商品编号为主码,也是主属性。其他属性如商品名称、品牌、型号、销售单价都是非主属性。

销售情况如表 2.2 所示。

表 2.2 销售情况表

成交编号	商品编号	销售数量	总金额/元	销售日期	员工编号
100002	110102	1	10.8	2002-10-29	110001
100003	210114	2	25.2	2002-10-28	110003

续表

成交编号	商品编号	销售数量	总金额/元	销售日期	员工编号
100004	330303	1	2	2002-11-30	110002
100005	110102	2	21.6	2002-11-29	120001
100005	110207	2	15.2	2002-11-30	120002
100006	316001	1	1.2	2002-12-1	220001
100007	110208	4	35.2	2002-11-2	210002
100008	110207	2	15.2	2002-11-2	110001
100008	210114	3	37.8	2002-11-2	110001

在该关系中,成交编号和商品编号一起作为主码,即主属性,其他属性如销售数量、总金额、销售日期、员工编号均为非主属性。

下面给出一个关系模式,请给出该关系的主码。

$$演奏(演奏者姓名,乐曲名,听者姓名)$$

该关系的主码是演奏者姓名,乐曲名,听者姓名这三者的组合,当所有属性都用来作为主码时,我们称之为全键(All Key)。

⑧ 关系的型与值。

关系(表)的型。关系的结构(字段名、字段个数、域等)。

关系(表)的值。关系中具体的元组,也称关系的实例(Instance)。

2.1.2 关系的概念及性质

关系(Relation)。笛卡儿积 $D_1 \times D_2 \times \cdots \times D_n$ 的一个子集叫做域 $D_1, D_2, \cdots, D_n$ 上的一个关系。

定义在 n 个域上的关系称为 n 元关系。

2.1.3 关系模式

在数据库中要区分型和值。关系数据库中,关系模式是型,关系是值。关系模式是对关系的描述,那么一个关系需要描述哪些方面呢?

首先,应该知道,关系实质上是一张二维表,表的每一行为一个元组,每一列为一个属性。一个元组就是该关系所涉及的属性集的笛卡儿积的一个元素。关系是元组的集合,因此关系模式必须指出这个元组集合的结构,即它由哪些属性构成,这些属性来自哪些域,以及属性与域之间的映像关系。

其次,一个关系通常是由赋予它的元组语义来确定的。元组语义实质上是一个 n 目谓词(n 是属性集中属性的个数)。凡是使该 n 目谓词为真的笛卡儿积中的元素(或者说凡是符合元组语义的那部分元素)的全体就构成了该关系模式的关系。

现实世界随着时间在不断地变化,因而在不同的时刻,关系模式的关系也会有所变化。但是,现实世界的许多已有事实限定了关系模式所有可能的关系必须满足一定的完整性约束条件。这些约束或者通过对属性取值范围的限定,例如职工年龄小于 65 岁(65

岁以后必须退休),或者通过属性值间的相互关联(主要体现于值的相等与否)反映出来。关系模式应当刻画出这些完整性约束条件。

因此一个关系模式应当是一个 5 元组。

关系模式(Relation Schema)的定义。

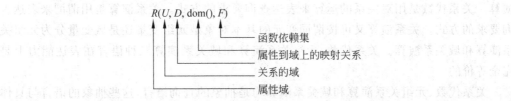

定义 2.1 关系的描述称为关系模式(Relation Schema)。它可以形式化地表示为

$$R(U, D, \text{dom}, F)$$

其中 R 为关系名，U 为组成该关系的属性名集合，D 为属性组 U 中属性所来自的域，dom 为属性向域的映像集合，F 为属性间数据的依赖关系集合。

例如，在销售情况表中，由于成交编号和商品编号出自同一个域，所以要取不同的属性名，并在模式中定义属性向域的映像，即说明它们分别出自哪个域，如

$$\text{dom}(销售情况表) = \text{dom}(cjbh - spbh)$$

关系模式通常可以简记为

$$R(U)$$

或

$$R(A_1, A_2, \cdots, A_n)$$

其中 R 为关系名，$A_1, A_2, \cdots, A_n$ 为属性名。而域名及属性向域的映像常常直接描述为属性的类型、长度。

关系是关系模式在某一时刻的状态或内容。关系模式是静态的、稳定的，而关系是动态的、随时间不断变化的，因为关系操作在不断地更新着数据库中的数据。但在实际当中，人们常常把关系模式和关系都称为关系，这不难从上下文中加以区别。

2.1.4 关系数据库

关系数据库系统是支持关系模型的数据库系统。关系模型由关系数据结构、关系操作集合和关系完整性约束三部分组成。

1. 单一的数据结构-关系

关系模型的数据结构非常单一。在关系模型中，现实世界的实体以及实体间的各种联系均用关系来表示。在用户看来，关系模型中数据的逻辑结构是一张二维表。

2. 关系操作

关系模型给出了关系操作的能力，但不对 RDBMS 语言给出具体的语法要求。

关系模型中常用的关系操作包括选择(Select)、投影(Project)、连接(Join)、除(Divide)、并(Union)、交(Intersection)、差(Difference)等查询(Query)操作和增加(Insert)、删除(Delete)、修改(Update)操作两大部分。查询的表达能力是其中最主要的部分。

关系操作的特点是集合操作方式,即操作的对象和结果都是集合。这种操作方式也称为一次一集合(set-at-a-time)的方式。相应地,非关系数据模型的数据操作方式则为一次一记录(record-at-a-time)的方式。

早期的关系操作能力通常用代数方式或逻辑方式来表示,分别称为关系代数和关系演算。关系代数是用对关系的运算来表达查询要求的方式。关系演算是用谓词来表达查询要求的方式。关系演算又可按谓词变元的基本对象是元组变量还是域变量分为元组关系演算和域关系演算。关系代数、元组关系演算和域关系演算三种语言在表达能力上是完全等价的。

关系代数、元组关系演算和域关系演算均是抽象的查询语言,这些抽象的语言与具体的 DBMS 中实现的实际语言并不完全一样。但它们能用作评估实际系统中查询语言能力的标准或基础。实际的查询语言除了提供关系代数或关系演算的功能外,还提供了许多附加功能,例如集函数、关系赋值、算术运算等。

关系语言是一种高度非过程化的语言,用户不必请求 DBA 为其建立特殊的存取路径,存取路径的选择由 DBMS 的优化机制来完成,此外,用户不必求助于循环结构就可以完成数据操作。

另外还有一种介于关系代数和关系演算之间的语言 SQL(Structured Query Language)。SQL 不仅具有丰富的查询功能,而且具有数据定义和数据控制功能,是集查询、DDL、DML 和 DCL 于一体的关系数据语言。它充分体现了关系数据语言的特点和优点,是关系数据库的标准语言。

因此,关系数据语言可以分为三类。这些关系数据语言的共同特点是,语言具有完备的表达能力,是非过程化的集合操作语言,功能强,能够嵌入高级语言中使用。

3. 关系的三类完整性约束

关系模型允许定义三类完整性约束:实体完整性、参照完整性和用户定义的完整性。其中实体完整性和参照完整性是关系模型必须满足的完整性约束条件,应该由关系系统自动支持。用户定义的完整性是应用领域需要遵循的约束条件,体现了具体领域中的语义约束。

2.2 关系的完整性

关系模型的完整性规则是对关系的某种约束条件。

什么是关系的完整性约束?关系的完整性约束是对关系的正确性和相容性的限定,通常与关系所表达的现实信息的约束相对应。

关系模型中可以有三类完整性约束:实体完整性、参照完整性和用户定义的完整性。其中实体完整性和参照完整性是关系模型必须满足的完整性约束条件,被称做关系的两个不变性,应该由关系系统自动支持。

关系的完整性约束的意义是:防止可预见的错误数据进入系统。

2.2.1 实体完整性

规则 2.1 实体完整性(Entity Integrity)规则 若属性 A 是基本关系 R 的主属性，则属性 A 不能取空值。

例如在关系"商品信息表(商品编号,商品名称,品牌,型号,销售单价)"中,"商品编号(spbh)"属性为主码,则"商品编号"不能取空值。

实体完整性规则规定基本关系的所有主属性都不能取空值,而不仅仅是主码整体不能取空值。例如销售情况表(成交编号,商品编号,销售数量,总金额,销售日期,员工编号)中,主码是(成交编号,商品编号),所以成交编号和商品编号都不可以取空值。对于实体完整性规则说明如下。

① 实体完整性规则是针对基本关系而言的。一个基本表通常对应现实世界的一个实体集。例如商品信息关系对应于所有商品的集合。

② 现实世界中的实体是可区分的,即它们具有某种唯一性标识。

③ 相应地,关系模型中以主码作为唯一性标识。

④ 主码中的属性即主属性不能取空值。所谓空值就是"不知道"或"无意义"的值。如果主属性取空值,就说明存在某个不可标识的实体,即存在不可区分的实体,这与第②点相矛盾,因此这个规则称为实体完整性。

2.2.2 参照完整性

现实世界中的实体之间往往存在某种联系,在关系模型中实体及实体间的联系都是用关系来描述的。这样就自然存在着关系与关系间的引用。

定义 2.2 设 F 是基本关系 R 的一个或一组属性,但不是关系 R 的码。如果 F 与基本关系 S 的主码 K 相对应,则称 F 是基本关系 R 的外码(Foreign Key),并称基本关系 R 为参照关系(Referencing Relation),基本关系 S 为被参照关系(Referenced Relation)或目标关系(Target Relation)。关系 R 和 S 不一定是不同的关系。

显然,目标关系 S 的主码 K 和参照关系的外码 F 必须定义在同一个(或一组)域上。

参照完整性(Referential Integrity)规则。若属性(或属性组) F 是基本关系 R 的外码,它与基本关系 S 的主码 K 相对应(基本关系 R 和 S 不一定是不同的关系),则对于 R 中每个元组在 F 上的值必须为:

(1) 或者取空值(F 的每个属性值均为空值)。

(2) 或者等于 S 中某个元组的主码值。

关于参照完整性约束的说明如下。

参照关系 R 和被参照关系 S 不一定是不同的关系(如 C 关系);

被参照关系 S 的主码 K 和参照关系的外码 F 必须定义在同一个(或一组)域上;

外码并不一定要与相应的主码同名,但当外码与相应的主码属于不同关系时,往往取相同的名字,以便于识别。

完整性约束一经定义,随后对数据进行更新操作(插入、删除、修改)时,DBMS 会验证更新数据是否满足约束条件；

完整性约束通常是在关系模式（表的结构）定义时定义的，也可以在以后任何时候定义或删除。

对已存在数据的关系定义完整性约束，只有在已有数据都满足约束时才能建立。

例如：商品信息实体和销售情况实体可以用下面的关系表示，其中主码用下划线标识。

$$\text{spxx}(\underline{\text{spbh}},\text{spmc},\text{pp},\text{xh},\text{xsdj})$$

其中 spbh 表示商品编号，spmc 表示商品名称，pp 表示品牌，xh 表示型号，xsdj 表示销售单价。

$$\text{xxqk}(\underline{\text{cjbh}},\text{spbh},\text{xssl},\text{zje},\text{xsrq},\text{gybh})$$

其中 cjbh 表示成交编号，spbh 表示商品编号，xssl 表示销售数量，zje 表示总金额，xsrq 表示销售日期，gybh 表示员工编号。

这两个关系之间存在着属性的引用，即销售情况关系引用了商品信息关系的主码"spbh（商品编号）"。显然，销售情况关系中的"商品编号"值必须是确实存在的商品信息的商品编号，即商品信息关系中有该编号的记录。这也就是说，销售情况关系中的某个属性的取值需要参照商品信息关系的属性取值。

再如，学生、课程、学生与课程之间的多对多联系可以用如下三个关系表示。

学生（<u>学号</u>，姓名，性别，专业号，年龄）

课程（<u>课程号</u>，课程名，学分）

选修（<u>学号</u>，<u>课程号</u>，成绩）

这三个关系之间也存在着属性的引用，即选修关系引用了学生关系的主码"学号"和课程关系的主码"课程号"。同样，选修关系中的"学号"值必须是确实存在的学生的学号，即学生关系中有该学生的记录；选修关系中的"课程号"值也必须是确实存在的课程的课程号；即课程关系中有该课程的记录。换句话说，选修关系中某些属性的取值需要参照其他关系的属性取值。

不仅两个或两个以上的关系间可能存在引用关系，同一关系内部属性间也可能存在引用关系。

例如：在关系学生（<u>学号</u>，姓名，性别，专业号，年龄，班长）中，"学号"属性是主码，"班长"属性表示该学生所在班级的班长的学号，它引用了本关系"学号"属性，即"班长"必须是确实存在的学生的学号。

2.2.3　用户定义的完整性

用户定义完整性（User-defined Integrity）。用户定义的完整性是针对某一具体关系数据库的约束条件，反映某一具体应用所涉及的数据必须满足的语义要求。如性别只能取"男"、"女"值，成绩必须在 0～100 分。

关系模型应提供定义和检验这类完整性的机制，以便用统一的系统的方法处理它们，而不要由应用程序承担这一功能。通常由 RDBMS 的 CHECK 约束提供这类检查。

2.3 关系代数

关系代数是一组施加于关系上的高级运算,每个运算都以一个或多个关系作为它的运算对象,并生成另一个关系作为该运算的结果。由于它的运算直接施加于关系之上而且其运算结果也是关系,所以也可以说它是对关系的操作;从数据操作的观点来看,也可以说关系代数是一种查询语言。

关系代数是一种抽象的查询语言,是关系数据操纵语言的一种传统表达方式,它是用对关系的运算来表达查询的。

任何一种运算都是将一定的运算符作用于一定的运算对象上,得到预期的运算结果。所以运算对象、运算符、运算结果是运算的三大要素。

关系代数的运算对象是关系,运算结果亦为关系。关系代数用到的运算符包括 4 类:集合运算符、专门的关系运算符、算术比较符和逻辑运算符,如表 2.3 所示。

表 2.3 关系代数运算符

运 算 符		含 义	运 算 符		含 义
集合运算符	∪	并	比较运算符	>	大于
	∩	差		⩾	大于等于
	−	交		<	小于
专门的关系运算符	×	广义笛卡儿积		⩽	小于等于
	σ	选择		=	等于
	Ⅱ	投影		≠	不等于
	∞	连接	逻辑运算符	¬	非
	÷	除		∧	与
				∨	或

关系代数的运算按运算符的不同可分为传统的集合运算和专门的关系运算两类。

其中传统的集合运算将关系看成元组的集合,其运算是从关系的"水平"方向即行的角度来进行的。而专门的关系运算不仅涉及行而且涉及列。比较运算符和逻辑运算符是用来辅助专门的关系运算符进行操作的。

2.3.1 传统的集合运算

传统的集合运算是二目运算,包括并、差、交、广义笛卡儿积 4 种运算。设关系 R 和关系 S 具有相同的目 n(即两个关系都有 n 个属性),且相应的属性取自同一个域,则可以定义并、差、交运算如下。

1. 并(Union)

关系 R 与关系 S 的并记作

$$R \cup S = \{t \mid t \in R \lor t \in S\}$$

其结果仍为 n 目关系,由属于 R 或属于 S 的元组组成,如图 2.1 所示。

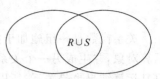

等式右边大括号中的 t 是一个元组变量,表示结果集合由元组 t 构成。竖线 | 右边是对 t 的约束条件,或者说是对 t 的解释。其他运算的定义方式类同。

并的结果关系中可能会有重复元组。如有重复元组应将重复的元组去掉。即在并的结果关系中,相同的元组只保留一个。

图 2.1 R 和 S 的并集

2. 差(Difference)

关系 R 与关系 S 的差记作

$$R - S = \{t \mid t \in R \land t \notin S\}$$

其结果关系仍为 n 目关系,由属于 R 而不属于 S 的所有元组组成,如图 2.2 所示。

3. 交(Intersection)

关系 R 与关系 S 的交记作

$$R \cap S = \{t \mid t \in R \land t \in S\}$$

其结果关系仍为 n 目关系,由既属于 R 又属于 S 的元组组成。关系的交可以用差来表示,即 $R \cap S = R - (R - S)$,如图 2.3 所示。

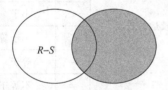
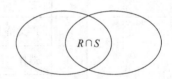

图 2.2 R 和 S 的差集   图 2.3 R 和 S 的交集

4. 广义笛卡儿积(Extended Cartesian Product)

两个分别为 n 目和 m 目的关系 R 和 S 的广义笛卡儿积是一个 $(n+m)$ 列的元组的集合。元组的前 n 列是关系 R 的一个元组,后 m 列是关系 S 的一个元组。若 R 有 K_1 个元组,S 有 K_2 个元组,则关系 R 和关系 S 的广义笛卡儿积有 $K_1 \times K_2$ 个元组,记作

$$R \times S = \{\widehat{t_r t_s} \mid t_r \in R \land t_s \in S\}$$

图 2.4(a)、图 2.4(b)分别为具有三个属性列的关系 R,S。图 2.4(c)为关系 R 与 S 的并。图 2.4(d)为关系 R 与 S 的交。图 2.4(e)为关系 R 和 S 的差。图 2.4(f)为关系 R 和 S 的笛卡儿积。

2.3.2   专门的关系运算

专门的关系运算包括选择、投影、连接、除等。为了叙述上的方便,先引入几个记号。

① 设关系模式为 $R(A_1, A_2, \cdots, A_n)$。它的一个关系设为 R;$t \in R$ 表示 t 是 R 的一个元组。$t[A_i]$ 则表示元组 t 中相应于属性 A_i 的一个分量。

② 若 $A = \{A_{i1}, A_{i2}, \cdots, A_{ik}\}$,其中 $A_{i1}, A_{i2}, \cdots, A_{ik}$ 是 $A_1, A_2, \cdots, A_n$ 中的一部分,则 A

A	B	C
a_1	b_1	c_1
a_1	b_2	c_2
a_2	b_2	c_1

(a) R

A	B	C
a_1	b_2	c_2
a_1	b_3	c_2
a_2	b_2	c_1

(b) S

A	B	C
a_1	b_1	c_1
a_1	b_2	c_2
a_2	b_2	c_1
a_1	b_3	c_2

(c) R∪S

A	B	C
a_1	b_2	c_2
a_2	b_2	c_1

(d) R∩S

A	B	C
a_1	b_1	c_1

(e) R-S

A	B	C	A	B	C
a_1	b_1	c_1	a_1	b_2	c_2
a_1	b_1	c_1	a_1	b_3	c_2
a_1	b_1	c_1	a_2	b_2	c_1
a_1	b_2	c_2	a_1	b_2	c_2
a_1	b_2	c_2	a_1	b_3	c_2
a_1	b_2	c_2	a_2	b_2	c_1
a_2	b_2	c_1	a_1	b_2	c_2
a_2	b_2	c_1	a_1	b_3	c_2
a_2	b_2	c_1	a_2	b_2	c_1

(f) R×S

图 2.4 传统集合运算举例

称为属性列或域列。

$t[A] = (t[A_{i1}], t[A_{i2}], \cdots, t[A_{ik}])$ 表示元组 t 在属性列 A 上诸分量的集合。$\overline{A}$ 则表示 $\{A_1, A_2, \cdots, A_n\}$ 中去掉 $\{A_{i1}, A_{i2}, \cdots, A_{ik}\}$ 后剩余的属性组。

③ R 为 n 目关系，S 为 m 目关系。$t_r \in R$，$t_s \in S$，$\widehat{t_r t_s}$ 称为元组的连接 (Concatenation)。它是一个 $n+m$ 列的元组，前 n 个分量为 R 中的一个 n 元组，后 m 个分量为 S 中的一个 m 元组。

④ 给定一个关系 $R(X, Z)$，X 和 Z 为属性组，定义，当 $t[X] = x$ 时，x 在 R 中的象集 (Images Set) 为

$$Z_x = \{t[Z] \mid t \in R, t[X] = x\}$$

它表示 R 中属性组 X 上的值为 x 的诸元组在 Z 分量上的集合。

下面给出这些专门关系运算的定义。

1. 选择（Selection）

选择又称为限制（Restriction）。它是在关系 R 中选择满足给定条件的诸元组，记作

$$\sigma_F(R) = \{t \mid t \in R \wedge F(t) = \text{'真'}\}$$

其中 F 表示选择条件，它是一个逻辑表达式，取逻辑值"真"或"假"。

逻辑表达式 F 由逻辑运算符 ¬、∧、∨ 连接各算术表达式组成。算术表达式的基本形式为

$$X_1 \theta Y_1$$

其中 θ 表示比较运算符，它可以是 $>$、$\geqslant$、$<$、$\leqslant$、$=$ 或 $\neq$。X_1，Y_1 等是属性名，或为常量，或为简单函数；属性名也可以用它的序号来代替。

选择运算实际上是从关系 R 中选取使逻辑表达式 F 为真的元组。这是从行的角度进行的运算。

2. 投影（Projection）

关系 R 上的投影是从 R 中选择出若干属性列组成新的关系，记作

$$\pi_A(R) = \{t[A] \mid t \in R\}$$

其中 A 为 R 中的属性列。

投影操作是从列的角度进行的运算。

由于投影只是将指定的那些列投射下来构成一个新关系，这个新关系中的元组会比原来的元组"短些"，因此，投影的结果关系中可能会有重复元组。投影的结果关系中如有重复元组应将重复的元组去掉。也就是说，在结果关系中，相同的元组只保留一个。

3. 连接（Join）

连接也称为 θ 连接。它是从两个关系的笛卡儿积中选取属性间满足一定条件的元组，记作

$$R \underset{A\theta B}{\bowtie} S = \{\widehat{t_r t_s} \mid t_r \in R \wedge t_s \in S \wedge t_r[A]\theta t_s[B]\}$$

其中 A 和 B 分别为 R 和 S 上度数相等且可比的属性组。θ 是比较运算符。连接运算从 R 和 S 的广义笛卡儿积 $R \times S$ 中选取（R 关系）在 A 属性组上的值与（S 关系）在 B 属性组上的值满足比较关系 θ 的元组。

连接运算中有两种最为重要也最为常用的连接，一种是等值连接（Equal Join），另一种是自然连接（Natural Join）。

θ 为 = 的连接运算称为等值连接。它是从关系 R 与 S 的广义笛卡儿积中选取 A，B 属性值相等的那些元组，即等值连接为

$$R \underset{A=B}{\bowtie} S = \{\widehat{t_r t_s} \mid t_r \in R \wedge t_s \in S \wedge t_r[A] = t_s[B]\}$$

自然连接（Natural Join）是一种特殊的等值连接，它要求两个关系中进行比较的分量必须是相同的属性组，并且在结果中把重复的属性列去掉。即若 R 和 S 具有相同的属性组 B，则自然连接可记作

$$R \bowtie S = \{\widehat{t_r t_s} \mid t_r \in R \wedge t_s \in S \wedge t_r[B] = t_s[B]\}$$

一般的连接操作是从行的角度进行运算。但自然连接还需要取消重复列，所以是同时从行和列的角度进行运算。

4. 除（Division）

从学习者的角度来看，有两个概念是必须弄清楚的。一个是记号 $t[A]$，另一个是"象集"。

1）关于记号 $t[A]$

其中 t 表示元组变量。$t[A]$ 表示元组 t 在属性列 A 上诸分量的集合。换言之，$t[A]$ 表示元组 t 在属性列 A 上的"短"元组，说它短，是因为它只是元组 t 的一部分。

例如，设关系 R 为

A_1	A_2	A_3	A_4
a	3	b	4
a	3	b	5
b	2	a	1
b	2	c	2
c	1	c	2

设 $A=\{A_1,A_2\}$，则有 $t[A]=(t[A_1],t[A_2])$，其中 $t[A_1]$ 表示元组 t 在分量 A_1 上的取值，$t[A_2]$ 表示元组 t 在分量 A_2 上的取值。

令 $t=(a,3,b,4)$，则 $t[A]=(a,3),t[A_1]=(a),t[A_2]=(3)$。

令 $t=(a,3,b,5)$，则 $t[A]=(a,3),t[A_1]=(a),t[A_2]=(3)$。

令 $t=(b,2,a,1)$，则 $t[A]=(b,2),t[A_1]=(b),t[A_2]=(2)$。

$\vdots$

2）关于"象集"

象集的定义。给定一个关系 $R(X,Z)$，X 和 Z 为属性组，定义，当 $t[X]=x$ 时，x 在 R 中的象集为

$$Z_x=\{t[Z]\mid t\in R,t[X]=x\}$$

表示 R 中的属性组 X 上值为 x 的诸元组在 Z 分量上的集合。

X		Z	
A_1	A_2	A_3	A_4
A	3	b	4
A	3	b	5
B	2	a	1
B	2	c	2
C	1	c	2

设 $X=\{A_1,A_2\}$，$Z=\{A_3,A_4\}$。

当 X 的值 $x=(a,3)$ 时，$(a,3)$ 在 R 中的象集 Z_x 为

$$Z_x=\{(b,4),(b,5)\},$$

即

A_3	A_4
B	4
B	5

当 X 的值 $x=(b,2)$ 时，$(b,2)$ 在 R 中的象集 Z_x 为

$$Z_x=\{(a,1),(c,2)\},$$

即

A_3	A_4
A	1
C	2

给定关系 $R(X,Y)$ 和 $S(Y,Z)$，其中 X,Y,Z 为属性组。R 中的 Y 与 S 中的 Y 可以有不同的属性名，但必须出自相同的域集。R 与 S 的除运算得到一个新的关系 $P(X)$，P 是 R 中满足下列条件的元组在 X 属性列上的投影。元组在 X 上的分量值 x 的象集 Y_x 包含 S 在 Y 上投影的集合，记作

$$R \div S = \{t_r[X] \mid t_r \in R \wedge \pi_y(S) \subseteq Y_x\}$$

其中 Y_x 为 x 在 R 中的象集，$x = t_r[X]$。

除操作是同时从行和列的角度进行运算的。

例如：设关系 R、S 分别如图 2.5(a) 和图 2.5(b) 所示。

R	A	B	C
	a_1	b_1	5
	a	3	b
	b	2	a
	b	2	c
	c	1	c

(a)

S	B	E
	b_1	3
	b_2	7
	b_3	10
	b_3	2
	b_5	2

(b)

图 2.5　R 和 S

在关系 R 中，A 可以取 4 个值 $\{a_1, a_2, a_3, a_4\}$。其中，

a_1 的象集为 $\{(b_1, c_2), (b_2, c_3), (b_2, c_1)\}$。

a_2 的象集为 $\{(b_3, c_7), (b_2, c_3)\}$。

a_3 的象集为 $\{(b_4, c_6)\}$。

a_4 的象集为 $\{(b_6, c_6)\}$。

S 在 (B, C) 上的投影为 $\{(b_1, c_2), (b_2, c_1), (b_2, c_3)\}$。

显然只有 a_1 的象集 (B, C) 包含了 S 在 (B, C) 属性组上的投影，所以

$$R \div S = \{a_1\}$$

以下内容介绍关系代数表达式，关系代数表达式的步骤如下。

① 确定已知条件所在的关系。

② 确定输出内容所在的关系。

③ 写出查询条件的表达。

下面以商品销售管理数据库为例，该数据库中包括商品信息表（spxx）、销售情况表（xxqk）、库存表（kc），如表 2.4、表 2.5 和表 2.6 所示。

表 2.4　商品信息表

商品编号	商品名称	品牌	型号	销售单价/元
110101	钢笔	英雄	K1	5.2
110102	钢笔	英雄	M2	10.8
110207	钢笔	永生	S6	7.6
110208	钢笔	永生	S7	8.8
210114	牙膏	佳洁士	120g	12.6
210256	牙膏	高露洁	80g	6.8
223798	牙刷	三笑	软毛	2

续表

商品编号	商品名称	品牌	型号	销售单价/元
316001	矿泉水	娃哈哈	500mL	1.2
320209	可乐	可口可乐	1.2L	4.4
330303	果味汽水	醒目	500mL	2
410177	饼干	美味	200g	3
420278	面包	喜悦	300g	3.6

表 2.5 销售情况表

成交编号	商品编号	销售数量	总金额/元	销售日期	员工编号
100002	110102	1	10.8	2002-10-29	110001
100003	210114	2	25.2	2002-10-28	110003
100004	330303	1	2	2002-11-30	110002
100005	110102	2	21.6	2002-11-29	120001
100005	110207	2	15.2	2002-11-30	120002
100006	316001	1	1.2	2002-12-1	220001
100007	110208	4	35.2	2002-11-2	210002
100008	110207	2	15.2	2002-11-2	110001
100008	210114	3	37.8	2002-11-2	110001

表 2.6 库存表

商品编号	供货商编号	进货日期	进货价/元	库存数量
110101	101	2002-12-8	4.9	99
110102	102	2002-12-7	9.5	86
110207	201	2002-12-22	6.8	45
110208	102	2002-11-7	7.2	101
210114	101	2002-10-5	11	205
210256	201	2002-12-14	6	48
223798	201	2002-10-25	1.2	66
316001	101	2002-12-23	0.9	75
320209	102	2002-12-20	4	62
330303	102	2002-12-22	1.6	48
410177	102	2002-12-22	2.6	69
420278	201	2002-12-22	3.2	7

spxx(spbh,spmc,pp,xh,xsdj)

其中 spbh 表示商品编号,spmc 表示商品名称,pp 表示品牌,xh 表示型号,xsdj 表示销售单价。

xxqk(cjbh,spbh,xssl,zje,xsrq,gybh)

其中 cjbh 表示成交编号,spbh 表示商品编号,xssl 表示销售数量,zje 表示总金额,xsrq 表示销售日期,gybh 表示员工编号。

kc(spbh,ghsbh,jhrq,jhj,kcsl)

其中 spbh 表示商品编号，ghsbh 表示供货商编号，jhrq 表示进货日期，jhj 表示进货价，kcsl 表示库存数量。

【例 2.1】 查询所有钢笔的详细信息。

商品的详细信息在 spxx 表中，因此回答该查询需要从 spxx 表中选择商品名称为"钢笔"的商品信息。

$$(\sigma_{spmc='钢笔'}(spxx))$$

【例 2.2】 查询所有商品的商品编号，商品名称，品牌，型号。

这是一个无条件查询。商品编号，商品名称，品牌，型号都是 spxx 表的属性，因此该查询只需要将这几个属性投影出来。

$$\pi_{spbh,spmc,pp,xh}(spxx)$$

【例 2.3】 查询库存量小于 50 的商品编号和供货商编号。

对于该查询，首行要按查询条件"库存量小于 50"对 kc 表进行选择，然后再投影到所需要的属性上。

$$\pi_{spbh,ghsbh}(\sigma_{kcsl<50}(kc))$$

【例 2.4】 查询牙膏和牙刷的商品信息。

对于该查询，我们要考虑牙膏和牙刷都是 spmc 的取值，这是一个"或"的关系，不是"与"的关系。

$$\sigma_{spmc='牙膏'\vee spmc='牙刷'}(spxx)$$

以上所涉及的都是单独一个关系的查询，但在现实中，更多的是涉及两个或两个以上关系的查询。这就要用到关系的连接。

【例 2.5】 查询库存量小于 50 的商品名称。

库存数量在库存关系中，而商品名称在商品信息关系中，这两个关系有一个共有的属性是商品编号，首先通过库存关系中，找出库存数量小于 50 的元组，得到相应的商品编号，再通过这个商品编号，到商品信息关系中，找到相对应的商品名称。

$$\pi_{spmc}(\sigma_{kcsl<50}(kc)\infty\pi_{spbh,spmc}(spxx))$$

【例 2.6】 查询库存中的钢笔的供货商编号。

钢笔信息在商品信息关系中，而供货商编号在库存关系中，这两个关系有一个共有的属性是商品编号，我们首先通过商品信息查找到钢笔的商品编号，再通过这个商品编号，到库存关系中，找到相应的供货商编号。

$$\pi_{ghsbh}(\sigma_{spmc='钢笔'}(spxx)\infty\pi_{spbh,ghsbh}(kc))$$

【例 2.7】 查询没有销售记录的商品编号。

所有的商品编号在商品信息关系中，对商品编号进行投影，而有销售记录的在销售情况关系中，对商品编号进行投影，得到有销售记录的商品编号，这两个投影作一个差集，就是没有销售记录的商品编号。

$$\pi_{spbh}(spxx)-\pi_{spbh}(xxqk)$$

【例 2.8】 在库存中查询出提供所有商品的供货商编号。

所有的商品编号在商品信息关系中，对商品编号进行投影，在库存表中投影出供应商编号和商品编号这两列，如果能够与前面的投影做除法运算，则表示该供应商提供了所有的商品。

$$\pi_{spbh}(kc) \div \pi_{spbh}(spxx)$$

习 题 2

一、选择题

1. 关系数据库管理系统应能实现的专门关系运算包括_____。

    A. 排序、索引、统计   B. 选择、投影、连接

    C. 关联、更新、排序   D. 显示、打印、制表

2. 关系模型中,一个关键字_____。

    A. 可由多个任意属性组成

    B. 至多由一个属性组成

    C. 可由一个或多个其值能唯一标识该关系模式中任何元组的属性组成

    D. 以上都不是

3. 在一个关系中如果有这样一个属性存在,它的值能唯一地标识关系中的每一个元组,称这个属性为_____。

    A. 关键字   B. 数据项   C. 主属性   D. 主属性值

4. 同一个关系模型的任两个元组值_____。

    A. 不能全同   B. 可全同   C. 必须全同   D. 以上都不是

5. 一个关系数据库文件中的各条记录_____。

    A. 前后顺序不能任意颠倒,一定要按照输入的顺序排列

    B. 前后顺序可以任意颠倒,不影响库中的数据关系

    C. 前后顺序可以任意颠倒,但排列顺序不同,统计处理的结果就可能不同

    D. 前后顺序不能任意颠倒,一定要按照关键字段值的顺序排列

6. 在关系代数的传统集合运算中,假定有关系 R 和 S,运算结果为 W。如果 W 中的元组属于 R,或者属于 S,则 W 为_____运算的结果。如果 W 中的元组属于 R 而不属于 S,则 W 为_____运算的结果。如果 W 中的元组既属于 R 又属于 S,则 W 为_____运算的结果。

    A. 笛卡儿积   B. 并   C. 差   D. 交

7. 在关系代数的专门关系运算中,从表中取出满足条件的属性的操作称为_____;从表中选出满足某种条件的元组的操作称为_____;将两个关系中具有共同属性值的元组连接到一起构成新表的操作称为_____。

    A. 选择   B. 投影   C. 连接   D. 扫描

8. 关系模式的任何属性_____。

    A. 不可再分   B. 可再分

    C. 命名在该关系模式中可以不唯一   D. 以上都不是

9. 在关系代数运算中,5 种基本运算为_____。

    A. 并、差、选择、投影、自然连接   B. 并、差、交、选择、投影

　　C. 并、差、选择、投影、乘积　　　　　　D. 并、差、交、选择、乘积

10. 关系数据库用_____来表示实体之间的联系,其任何检索操作的实现都是由_____三种基本操作组合而成的。

　　A. 层次模型　　　　B. 网状模型　　　C. 指针链　　　　　　D. 表格数据

　　A. 选择、投影和扫描　　　　　　　　　B. 选择、投影和连接

　　C. 选择、运算和投影　　　　　　　　　D. 选择、投影和比较

二、填空题

1. 关系操作的特点是_____操作。

2. 一个关系模式的定义格式为_____。

3. 一个关系模式的定义主要包括_____、_____、_____、_____和_____。

4. 关系数据库中可命名的最小数据单位是_____。

5. 在一个实体表示的信息中,称_____为关键字。

6. 关系代数运算中,传统的集合运算有_____、_____、_____和_____。

7. 关系代数运算中,基本的运算是_____、_____、_____、_____和_____。

8. 关系代数运算中,专门的关系运算有_____、_____和_____。

9. 传统的集合"并、交、差"运算施加于两个关系时,这两个关系的_____必须相等,_____必须取自同一个域。

10. 已知系(系编号,系名称,系主任,电话,地点)和学生(学号,姓名,性别,入学日期,专业,系编号)两个关系,系关系的主关键字是_____。系关系的外关键字是_____,学生关系的主关键字是_____,外关键字是_____。

三、综合题

1. 设有如图 2.6 所示的关系 R 和 S,计算:

(1) $R_1 = R - S$

(2) $R_2 = R \cup S$

(3) $R_3 = R \cap S$

(4) $R_4 = R \times S$

R	A	B	C
	a	b	c
	b	a	f
	c	b	d

S	A	B	C
	b	a	f
	d	a	d

图 2.6　综合题 1

2. 设有如图 2.7 所示的关系 R, S,计算:

(1) $R_1 = R - S$

(2) $R_2 = R \cup S$

（3）$R_3 = R \cap S$

（4）$R_4 = \pi_{A,B}(\sigma_{B=b_1}(R))$

R	A	B	C
	a_1	b_1	c_1
	a_1	b_2	c_2
	a_2	b_2	c_1

S	A	B	C
	a_1	b_2	c_2
	a_2	b_2	c_1
	a_1	b_3	c_2

图 2.7　综合题 2

3. 设有如图 2.8 所示的三个关系 S、C 和 SC。请用关系代数表达式表示出下面的查询。

（1）检索籍贯为上海的学生的姓名、学号和选修的课程号。

（2）检索选修操作系统的学生姓名、课程号和成绩。

（3）检索选修了全部课程的学生姓名和年龄。

S

学号	姓名	年龄	性别	籍贯
98601	王晓燕	20	女	北京
98602	李 波	23	男	上海
98603	陈志坚	21	男	长沙
98604	张 兵	20	男	上海
98605	张 兵	22	女	武汉

C

课程号	课程名	教师姓名	办公室
C601	高等数学	周振兴	416
C602	数据结构	刘建平	415
C603	操作系统	刘建平	415
C604	编译原理	王志伟	415

SC

学号	课程号	成绩
98601	C601	90
98601	C602	90
98601	C603	85
98601	C604	87
98602	C601	90
98603	C601	75
98603	C602	70
98603	C604	56
98604	C601	90
98604	C604	85
98605	C601	95
98605	C603	80

图 2.8　综合题 3

第3章 关系数据库标准 语言——SQL

3.1 SQL 概述

SQL 是 Structured Query Language(结构化查询语言)的缩写。查询是 SQL 的重要组成部分,但不是全部,SQL 还包含数据定义、数据操纵和数据控制功能。SQL 是一个功能强大的关系数据库语言,SQL 语句已经成为关系数据库的标准语言,所以现在所有的关系数据库管理系统都支持 SQL。

3.1.1 SQL 的产生与发展

结构化查询语言是 1974 年由 Chamberilin 和 Boyce 提出的,美国 IBM 公司经过修改,将它用于自己的原型关系数据库系统 System R 中。在此基础上,IBM 公司将其商品化,并把它命名为 SQL。

核心 SQL 主要包括 4 个部分。

① 数据定义语言(DDL):用于定义 SQL 模式、基本表、视图、索引等结构。

② 数据操纵语言(DML):数据操纵分成数据查询和数据更新两类,其中数据更新又分成插入、删除和修改三种操作。

③ 数据控制语言(DCL):这一部分包括对基本表和视图的授权、完整性规则的描述、事务控制等内容。

④ 嵌入式 SQL 语言:涉及 SQL 语句嵌入在宿主语言程序中的规则。

3.1.2 SQL 的特点

SQL 语言具有如下主要特点。

① SQL 是一种一体化的语言,它包含了数据定义、数据查询、数据操纵和数据控制等方面的功能,可以完成数据库活动中的全部工作。

② SQL 语言是一种高度非过程化的语言,它没有必要告诉计算机“如何”去做,而只需要描述清楚用户要“做什么”,SQL 语言就可以将要求反馈给系统,自动完成全部工作。

③ SQL 语言非常简洁。虽然 SQL 功能很强,但它只有为数不多的几条命令,而且

SQL 语句的语法也非常简单,它很接近自然语言,因此容易学习和掌握。

④ SQL 语句可以直接以命令方式交互使用,也可以嵌入到程序语言中以程序方式使用。

⑤ SQL 语言采用集合操作方式,不仅查找结果可以是元组的集合,而且一次插入、删除、更新操作的对象也可以是元组的集合。

表 3.1 为 SQL 语言的功能。

表 3.1 SQL 语言的功能

SQL 功能	实现语句	SQL 功能	实现语句
数据定义	CREATE,DROP,ALTER	数据操纵	INSERT,UPDATE,DELETE
数据查询	SELECT	数据控制	GRANT,REVOKE

3.2 数据的定义

标准 SQL 的数据定义功能非常广泛,一般包括数据库的定义、表的定义、视图的定义、存储过程的定义、规则定义等,本节主要介绍模式、表的定义和视图的定义。表 3.2 为 SQL 的数据定义语句。

表 3.2 SQL 的数据定义语句

操作对象	操作方式		
	创建	删除	修改
表	CREATE TABLE	DROP TABLE	ALTER TABLE
视图	CREATE VIEW	DROP VIEW	
索引	CREATE INDEX	DROP INDEX	

3.2.1 模式的定义与删除

模式本身就是数据库中的一个对象。它可以使用 CREATE SCHEMA 语句(或者使用控制中心)显式地创建,并且将一个用户确定为模式的所有者。模式名称(Schema Name)会用来作为由两部分组成的对象名称的高端部分。

所有对象的名称都有模式部分和对象部分,但是并不总会全部显示这两个部分。显式使用了两个部分的对象名称会得到充分限定(Fully Qualifed),只使用一个部分的对象名称会由模式名称隐式限定(Implicitly Qualified)。当没有为数据库对象提供显式模式的时候,就会使用隐式限定。

1. 定义模式

SQL 模式可用 CREATE SCHEMA 语句定义,其基本句法如下。

```
CREATE SCHEMA <模式名> AUTHORIZATION <用户名>;
```

如果没有指定<模式名>,则<模式名>隐含为<用户名>。需要注意的是,要创建模式,调用该命令的用户必须拥有 DBA 权限,或者获得了 DBA 授予的 CREATE

SCHEMA 的权限。

【例 3.1】 定义一个商品-销售模式 SP_XS。

```
CREATE SCHEMA "SP_XS" AUTHORIZATION dbo;
```

注意：在 SQL Server 2005 中，给＜模式名＞加双引号和不加双引号都是可以的。

定义好的模式，可在数据库中"安全性"下面的"架构"中看到，如图 3.1 所示。

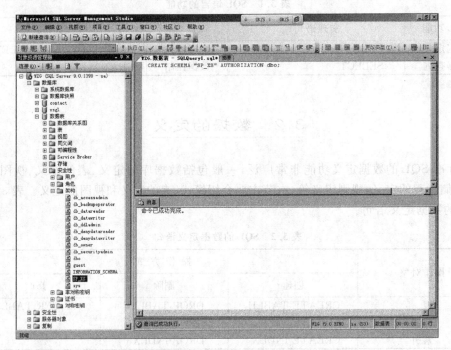

图 3.1 定义模式 SP_XS

模式实际上是一个命名空间，定义一个模式实际上也就是定义了一个命名空间，在这个命名空间中可以进一步定义该模式包含的数据库对象，例如基本表、视图、索引等。

2. 删除模式

删除模式使用 DROP SCHEMA 语句，DROP SCHEMA 语句的句法如下。

```
DROP SCHEMA<模式名>;
```

【例 3.2】 删除模式 SP_XS。

```
DROP SCHEMA SP_XS;
```

该语句将会删除模式 SP_XS。在 Microsoft SQL Server 2005 中要求被删除的架构不能包含任何对象，如果架构包含对象，则 DROP SCHEMA 语句将失败。

3.2.2 基本表的定义、删除与修改

1. 数据类型

数据类型是数据的一种属性，表示数据所表示信息的类型。任何一种计算机语言都

定义了自己的数据类型。不同的程序语言都具有不同的特点,所定义的数据类型的种类和名称都或多或少有些不同。以 SQL Server 为例,常用的数据类型如表 3.3 所示。

表 3.3 常用数据类型

数据类型	描 述
Char(n)	长度为 n 的字符串
Varchar(n)	最大长度为 n 的可变长度字符串
Nchar(n)	长度为 n 的 Unicode 数据
Nvarchar(n)	最大长度为 n 的可变长度 Unicode 数据
Int	长整数
Numeric(p,s)	定点数,p 参数指示可以存储的最大位数,s 参数指示小数点右侧存储的最大位数
Smallmoney	短货币数据
Money	长货币数据
Float	浮动精度数字数据
bit	允许 0、1 或 NULL
Date	仅存储日期数据
Time	仅存储时间数据
Timestamp	存储唯一的数字,每当创建或修改某行时,该数字会更新
Timestamp	基于内部时钟,不对应真实时间
XML	存储 XML 格式化数据
Table	存储结果集,供稍后处理

2. 基本表的定义

表的定义可用 CREATE TABLE 语句,语句基本格式如下。

```
CREATE TABLE <表名>(列名 1 数据类型(宽度),列名 2 数据类型(宽度),…)
```

定义表中列的同时,还可以定义有关的完整性约束条件,例如为某列设置验证规则、验证信息和默认值等,此时 CREATE TABLE 语句的格式如下。

```
CREATE TABLE <表名>(列名 1 数据类型(宽度) PRIMARY KEY,
              列名 2 数据类型(宽度) CHECK <规则>
                               ERROR <信息>
                               DEFAULT <默认值>…)
```

【例 3.3】 建立供货商表。

```
CREATE TABLE ghs (
     [ghsbh] [Varchar](6) ,
     [ghsmc] [Varchar] (20),
     [szd] [Varchar] (10),
     [lxdh] [Varchar] (20));
```

【例 3.4】 建立员工表,并同时设置相关完整性约束条件。

```
CREATE TABLE yg(
```

```
        [ygbh] [Varchar](6) NOT NULL,
        [xb] [Varchar](2) NOT NULL DEFAULT ('男'),
        [jbgz] [Money] NOT NULL,
        [zw] [Varchar](4) NULL,
        [mm] [Varchar](6) NOT NULL,
    PRIMARY KEY CLUSTERED ([ygbh] ASC)
);
```

3. 基本表的修改

基本表定义好后,有时需要对其进行修改,SQL 语言用 ALTER TABLE 语句修改基本表,ALTER TABLE 语句的一般格式为

```
ALTER TABLE <表名>
        [ ADD <新列名><数据类型>[完整性约束] ]
        [ DROP COLUMN <列名>]
        [ DROP <完整性约束>]
        [ ALTER COLUMN <列名><数据类型>];
```

其中<表名>指明要修改的基本表的名字,ADD 子句可用于增加新列和新的完整性约束条件,DROP 子句用于删除列或者完整性约束条件,ALTER COLUMN 子句用于修改原有的列定义,包括修改列名和数据类型。

【例 3.5】 为员工(yg)表增加家庭住址列。

```
ALTER TABLE yg ADD jtzz Varchar(100);
```

【例 3.6】 删除员工(yg)表中的家庭住址列。

```
ALTER TABLE yg DROP COLUMN jtzz;
```

【例 3.7】 将员工(yg)表中职务列(zw)的宽度改为 10。

```
ALTER TABLE yg ALTER COLUMN zw Varchar(10);
```

【例 3.8】 为员工(yg)表性别列(xb)增加完整性约束条件 xbcheck:性别只能是男或者女。

```
ALTER TABLE yg ADD CONSTRAINT xbcheck
    CHECK (xb='男' or xb='女');
```

增加的完整性约束条件 xbcheck,可在 yg 表的"约束"中看到如图 3.2 所示。

4. 基本表的删除

可以使用 DROP TABLE 语句删除已不需要的基本表,DROP TABLE 语句的一般格式为

```
DROP TABLE <表名>;
```

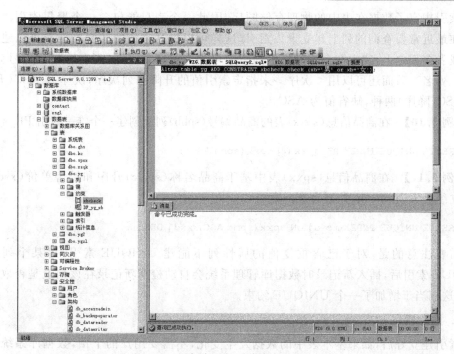

图 3.2 增加完整性约束条件 xbcheck

【例 3.9】 删除员工(yg)表。

```
DROP TABLE yg;
```

表被删除后,表的定义和表中的数据都将不复存在,因此,执行删除基本表的操作时需要慎重。

3.2.3 索引的定义与删除

索引是行位置的列表,按一个或多个指定列的内容来排序。索引通常用于加速对表的存取。索引数据可以与表数据存储在相同的表空间中,或存储在包含索引数据的单独表空间中。

索引的作用包括加快查询速度,这也是创建索引最主要的原因;通过创建唯一性索引,可以保证数据库表中每一行数据的唯一性。

1. 创建索引

在 SQL 语言中,建立索引使用 CREATE INDEX 语句,其一般格式为

```
CREATE [UNIQUE] [CLUSTER] INDEX <索引名>
    ON <基本表名>(<列名>[<次序>],[,<列名>[<次序>]]…);
```

其中,UNIQUE 表明要建立的是唯一索引,即每个索引值只对应唯一的数据记录。CLUSTER 表示建立的是聚集索引,聚集索引是指索引项的顺序与表中记录的物理顺序一致的索引组织,也就是说该索引中键值的逻辑顺序就是表中相应行的物理顺序。由于

聚集索引规定了数据在表中的物理存储顺序,因此一个表只能包含一个聚集索引。用户可以在最近常要查询的列上建立聚集索引,这样可以提高查询的效率。索引可以建立在一列或者多列之上,建立在多个列之上的索引可称为组合索引,各列名之间用逗号分隔。每个<列名>后面还可以用<次序>来指定索引值的升降排列次序,次序有 ASC(升序)或 DESC(降序)两种,缺省值为 ASC。

【例 3.10】 在商品信息(spxx)表的商品编号(spbh)列上创建一个唯一索引 PK_spxx。

```
CREATE UNIQUE INDEX PK_spxx ON spxx(spbh ASC);
```

【例 3.11】 在商品信息(spxx)表中基于商品名称(spmc)升序和销售单价(xsdj)降序建立组合索引 mc_dj,类型为唯一索引。

```
CREATE UNIQUE INDEX mc_dj ON spxx(spmc ASC, xsdj DESC);
```

需要注意的是,对于已含重复值的属性列不能建 UNIQUE 索引,对某个列建立 UNIQUE 索引后,插入新记录时数据库管理系统会自动检查新记录在该列上是否取了重复值,这相当于增加了一个 UNIQUE 约束。

2. 删除索引

索引建立好后,如果基本表中的数据发生变化,不需要用户的干预,数据库系统会自动维护索引,以保证索引的正确性。建立索引的目标是为了提高查询的效率,减少查询操作所需要的时间,但如果数据增加、删除、修改等操作很频繁,则系统需要花费很多时间来维护索引,此时可以删除一些不必要的索引,以减少系统维护索引所需要的开销。

在 SQL 中,用于删除索引的语句为 DROP INDEX,语句格式为

```
DROP INDEX <索引名>;
```

【例 3.12】 删除商品信息(spxx)表中的索引 mc_dj。

```
DROP INDEX spxx.mc_dj;
```

需要注意的是,DROP INDEX 语句格式中没有单独的<表名>,所以需要在索引名前加上表名,以指定是对哪个表进行操作。删除索引时,系统会从数据字典中删去有关该索引的描述。

3.3 数据查询

SQL 语言的核心是查询。SQL 语言的查询语句为 SELECT,它的基本形式由 SELECT…FROM…WHERE 查询块组成,多个查询块可以嵌套执行。SELECT 语句格式如下。

```
SELECT [ALL|DISTINCT] <目标列表达式>[,<目标列表达式>] …
        FROM <表名或视图名>[,<表名或视图名>] …
        [WHERE <条件表达式>]
        [GROUP BY <列名 1>[HAVING <条件表达式>]]
        [ORDER BY <列名 2>[ASC|DESC]];
```

SELECT ＜目标列表达式＞子句。指定要显示的属性列，ALL 和 DISTINCT 为二选一参数，ALL 表示输出所有满足条件的元组也就是行，DISTINCT 表示去掉重复的元组，默认为 ALL。

FROM ＜表名或视图名＞子句。指定查询对象（基本表或视图），也就是指定原始数据的来源，指明从哪个或者哪些对象中去查询满足条件的元组。

WHERE ＜条件表达式＞子句。指定查询条件。

GROUP BY ＜列名1＞［HAVING ＜条件表达式＞］子句。对查询结果按指定列的不同取值分组，该属性列值相等的元组为一个组。进行分组的目的通常是为了在每组中使用聚集函数。HAVING 短语可用于筛选出满足指定条件的组。

ORDER BY ＜列名2＞［ASC│DESC］子句。对查询结果按指定列值的升序或降序排序。

SELECT 语句用法非常灵活，可以实现一些简单的查询，也可以完成非常复杂的查询功能。下面我们从简单到复杂，逐步来学习 SELECT 语句的使用。

3.3.1 单表查询

所谓单表查询，是指查询的数据来源只有一张表或者视图，也就是 FROM ＜表名或视图名＞子句中指定的表名或视图名只有一个。

1. 指定要显示的属性列

指定查询结果中要显示的属性列，有两种情况，一是直接从原始数据中选择列，这相当于关系代数中的投影运算，二是通过表达式来得出需要显示的列。

1）查询选定列

表或视图中的属性列可以有许多个，很多情况下用户只需要查看其中的一部分列，这时可以通过在 SELECT 子句的＜目标列表达式＞中指定要显示的列名。

【例 3.13】 查询员工（yg）表中所有员工的编号、职务。

```
SELECT ygbh,zw FROM yg;
```

【例 3.14】 查询库存表（kc）表中所有库存商品的商品编号、进货价和库存数量。

```
SELECT spbh,jhj,kcsl FROM kc;
```

2）查询全部列

如果需要查询表或视图中的全部列，可使用 * 号指代，而不必逐一列出所有的列名。

【例 3.15】 查询员工（yg）表中所有列。

```
SELECT * FROM yg;
```

【例 3.16】 查询库存表（kc）表中所有列。

```
SELECT * FROM kc;
```

3）使用列别名改变查询结果的列标题

如果需要改变查询结果的列标题，可用 AS 关键字指定列标题。

【例 3.17】　查询员工(yg)表中所有员工的编号、职务,并且显示汉字列标题。

```
SELECT ygbh AS 员工编号, zw AS 职务 FROM yg;
```

4) 查询需要经过计算得出的列

SELECT 语句不仅具有我们通常所理解的从原始数据中按条件抽取数据得到查询结果的直接查询能力,而且还有对原始数据进行计算得到查询结果的计算查询能力,比如查询商品的平均价格、某种商品的最高单价等统计性数据,这些信息数据在表或视图中并没有直接存储,但可以通过表达式计算来实现查询输出。

【例 3.18】　查询商品信息(spxx)表中商品在国庆九五折促销活动中的促销价格,输出商品编号、商品名称和促销价格。

```
SELECT spbh,spmc,xsdj * 0.95 AS 促销价格 FROM spxx;
```

在表达式中除可以使用加减乘除等运算之外,还可以使用聚集函数,为增强查询功能,SQL 提供了许多聚集函数,主要有以下几种。

① 计数。

```
count([DISTINCT|ALL] * )            统计元组的个数
count([DISTINCT|ALL] <列名>)        统计某一列中不同值的个数
```

② 求和。

```
sum([DISTINCT|ALL] <列名>)          统计某一列中值的总和
```

③ 计算平均值。

```
avg([DISTINCT|ALL] <列名>)          统计某一列中值的均值
```

④ 求最大值。

```
max([DISTINCT|ALL] <列名>)          求某一列中的最大值
```

⑤ 求最小值。

```
min([DISTINCT|ALL] <列名>)          求某一列中的最小值
```

如果带 DISTINCT 短语,则在计算时要取消指定列中的重复值;带 ALL 短语,则不取消重复值。ALL 为缺省值。

【例 3.19】　查询员工(yg)表中的员工人数。

```
SELECT count(*) AS 员工人数 FROM yg;
```

【例 3.20】　统计销售情况表中的总销售金额。

```
SELECT sum (zje) AS 总销售金额 FROM xsqk;
```

2. 筛选元组

表或视图中的元组(行)可以有很多,有时我们并不需要查看所有的元组,此时可以通过筛选来选定需要查询输出的元组。

1) 消除重复行

基本表中一般而言是不会出现重复行的,但本来并不完全相同的元组,经过列筛选(投影运算)后可能就变得相同了,此时可用 DISTINCT 来消除重复值。

【例 3.21】 查询商品信息(spxx)表中所有的商品名称品种。

```
SELECT DISTINCT spmc FROM spxx;
```

2) 查询满足条件的元组

查询满足条件的元组,可以通过 SELECT 语句中的 WHERE <条件表达式> 子句来实现,WHERE 子句可包括各种条件运算符。

① 比较运算符(大小比较)。>、>=、=、<、<=、<>、!>、!<。

② 范围运算符(表达式值是否在指定的范围)。

BETWEEN…AND…

NOT BETWEEN…AND…

如 Age BETWEEN 10 AND 30 相当于 Age>=10 AND Age<=30。

③ 列表运算符(判断表达式是否为列表中的指定项)。

IN (项 1,项 2,…)

NOT IN (项 1,项 2,…)

如 Country IN ('Germany','China')。

④ 模式匹配符(判断值是否与指定的字符通配格式相符)。

LIKE、NOT LIKE

⑤ 空值判断符(判断表达式是否为空)。

IS NULL、NOT IS NULL

如 Age IS NULL。

⑥ 逻辑运算符(用于多条件的逻辑连接)。

NOT、AND、OR

逻辑运算符的优先级次序为 NOT、AND、OR。

模式匹配常用于模糊查找,它判断列值是否与指定的字符串格式相匹配,可用于 Char、Varchar、Text、Ntext、Datetime 和 Smalldatetime 等类型查询。

模式匹配可使用以下通配字符。

百分号%。可匹配任意类型和长度的字符,如果是中文,请使用两个百分号即%%。

下划线_。匹配单个任意字符,它常用来限制表达式的字符长度。

例如:

限制以"牙膏"结尾,使用 LIKE '%牙膏'。

限制以"王"开头,使用 LIKE '王%'。

限制以"王"开头除外,使用 NOT LIKE '王%'。

【例 3.22】 查询员工资料(ygzl)表中的刘姓员工人数。

```
SELECT count ( * ) AS 刘姓员工人数 FROM ygzl WHERE xm LIKE '刘%';
```

3. 排序

在 SQL 的 SELECT 语句中,使用 ORDERY BY 子句对查询结果排序,并可以用

ASC 指出升序排序(默认),用 DESC 指出按降序排序,可以按一列或多列排序。

【例 3.23】 查询所有库存商品,先按照商品编号升序,再按照销售单价降序排列。

```
SELECT * FROM kc ORDERY BY spbh, xsdj DESC;
```

4. 分组

在含有 sum()、count()等聚集函数的查询中,如果不分组,则聚集函数的统计范围是查询基表中的所有记录,聚集函数会对所有数据进行聚集计算,压缩得到一条结果记录输出。这往往并不是我们想要的结果,例如例 3.24。

【例 3.24】 统计每一种商品的平均价格。

```
SELECT avg(xsdj) AS 平均价格 FROM spxx;    /*没有分组的错误实例*/
```

输出结果只有一条,计算出来的实际上是所有商品的平均价格,而不是每一种商品的平均价格。如果要统计每一种商品的平均价格,正确的语句如下。

```
SELECT spmc, avg(xsdj) AS 平均价格 FROM spxx GROUP BY spmc;
```

所谓分组,就是指在含有 sum()、count()等聚集函数的查询中,将查询基表中的数据按照某种依据分成不同的组,聚集函数就各组分别进行统计,相应地,查询结果中的行数与所分的组数是相等的,因为分在同一组中的基表记录经聚集函数统计后会压缩成一行数据。

设商品信息表(spxx)中的数据如表 3.4 所示。

表 3.4 商品信息表(spxx)中的数据

商品编号	商品名称	品牌	销售单价/元	商品编号	商品名称	品牌	销售单价/元
110101	钢笔	英雄	5.2	210114	牙膏	佳洁士	12.6
210256	牙膏	高露洁	6.8	110207	钢笔	永生	7.6
110208	钢笔	永生	8.8	110102	钢笔	英雄	10.8

现要查询每一种商品的平均价格,查询语句见例 3.24,查询的执行过程如下。

① 获取基表数据,如表 3.4 所示。

② 将基表数据按照商品名称(spmc)分组,分组结果如表 3.5 所示。

表 3.5 将数据按照商品名称(spmc)分组

商品编号	商品名称	品牌	销售单价/元
110101	钢笔	英雄	5.2
110208	钢笔	永生	8.8
110207	钢笔	永生	7.6
110102	钢笔	英雄	10.8
210256	牙膏	高露洁	6.8
210114	牙膏	佳洁士	12.6

③ 对分在同一组的记录的销售单价(xsdj)计算平均值,就可得到每一种商品的平均价格,查询结果如表 3.6 所示。

通过对查询执行过程的实例模拟,可以直观地看到,分在同一组中的基表记录经过聚集函数统计后会压缩成一行数据。

对于一个复杂的,含有聚集函数的查询,如何确定其分组依据呢? 总的来说,要确定查询的分

表 3.6　平均价格查询结果

spmc(商品名称)	平均价格/元
钢笔	8.1
牙膏	9.7

组依据最根本的办法就是先手工模拟查询过程,即根据查询要求基于原始数据尝试手工计算得到查询结果,在这种尝试中不难发现需要将数据按照怎样的规则分成哪些不同的组。有一种很简单的方法能在一定程度上帮助我们快速找到查询的分组依据,这就是“关键字法”。通常跟在“各”、“每”等关键字后面的就是分组依据。例如,统计每位学生的总成绩,跟在“每”后面的是学生,而能唯一标识学生的字段是学号,所以分组依据应当是学号。当然,用“关键字法”确定分组依据只是从表面现象把握问题,只能起一个辅助作用,但这对初学者还是很直观和有用的。

我们知道,可以在 SELECT 语句的 WHERE 子句中设置查询条件,除此之外,还可以在 GROUP BY 子句中通过 HAVING 短语设置查询条件,两者的区别是 WHERE 子句中设置的是对原始数据的筛选条件,GROUP BY 子句中 HAVING 短语设置的是对计算结果的筛选条件。下面通过一个例题来具体说明。

【例 3.25】　查询销售均价超过 8 元的钢笔的品牌。

【分析】　查询要求中实际上有两个条件:

① 商品名称为钢笔;

② 销售均价超过 8 元。

这两个条件的性质并不一样。条件①是对原始数据的筛选,在提取原始数据时就可以实现,只提取商品名称为钢笔的数据。条件②是对计算结果的筛选,只有在计算出结果之后,才知道需要去掉哪些品牌。

```
SELECT spmc, pp, avg(xsdj) AS 销售均价 FROM spxx
            WHERE spmc='钢笔'
    GROUP BY pp HAVING 销售均价>8;
```

3.3.2　联接查询

如果一个查询的数据来自两个以上的表或者视图,或者说一个查询同时涉及两个以上的表或者视图,就需要建立联接,把多个表或者视图关联起来,这类查询被称为联接查询。

表的联接一般都是有条件的,当两张表进行无条件联接时,两张表中的元组交叉组合后所形成的查询结果包含的新元组的个数将是原来两张表中元组数的乘积,在多数情况下,得到这样的联接结果是没有实际意义的。

联接的条件通常是两张表中相关的公共字段值相等,两张表中的公共字段也被称为联接字段,它们表示相同的内容,但字段名可以不同。

常用的联接类型有 4 种,分别是内联接、左外联接、右外联接和完全联接。内联接是

将两张表联接字段值相等的元组联接在一起,左外联接是指保留左边表中的全部元组,然后将右边表中元组按照联接字段值相等的规则联接到左边表对应的元组上,右外联接是指保留右边表中的全部元组,然后将左边表中元组按照联接字段值相等的规则联接到右边表对应的元组上,完全联接是指将两张表联接字段值相等的元组联接在一起,联接字段值不相等的元组也保留,并将联接后缺失的属性列值赋值为 NULL 值(空值)。

设员工资料(ygzl)表中元组如表 3.7 所示,员工(yg)表中元组如表 3.8 所示。

表 3.7 员工资料(ygzl)表数据

ygbh	xm
110001	张成
110002	李政

表 3.8 员工(yg)表数据

ygbh	mm
110001	110001
110003	110003

员工资料(ygzl)表和员工(yg)表以 ygbh 为联接字段,内联接后只有一个元组,如表 3.9 所示。

左外联接后有两个元组,如表 3.10 所示。

表 3.9 内联接结果

ygbh	xm	mm
110001	张成	110001

表 3.10 左外联接结果

ygbh	xm	mm
110001	张成	110001
110002	李政	NULL

右外联接后有两个元组,如表 3.11 所示。

完全联接后有三个元组,如表 3.12 所示。

表 3.11 右外联接结果

ygbh	xm	mm
110001	张成	110001
110003	NULL	110003

表 3.12 完全联接结果

ygbh	xm	mm
110001	张成	110001
110002	李政	NULL
110003	NULL	110003

【例 3.26】 基于商品信息(spxx)表和库存(kc)表,查询各种商品的库存数量。

```
SELECT spxx.spbh,spxx.spmc,spxx.pp,spxx.xh,kc.kcsl
    FROM spxx INNER JOIN kc
        ON spxx.spbh= kc.spbh;
```

本例中,SELECT 子句和 ON 子句中的属性名前面都加上了表名前缀,这是为了避免混淆,因为多个表中可能有相同的属性名,如果属性名在参加联接的各表中是唯一的,则可以省略表名前缀。

3.3.3 嵌套查询

嵌套查询是指在一个 SELECT 语句的 WHERE 子句或 HAVING 子句中嵌套另一

个 SELECT 语句的查询。嵌套查询是 SQL 语句的扩展,其语句形式如下。

```
SELECT <目标列表达式 1>[,…]
FROM <表或视图名 1>
[WHERE [表达式] (SELECT <目标列表达式 2>[,…]
                    FROM <表或视图名 2>)]
[GROUP BY <列名 1>
[HAVING [<表达式>比较运算符] (SELECT <目标表达式 2>[,…]
                        FROM <表或视图名 2>)]]
```

嵌套查询由两个 SELECT 语句块组成,即内层查询和外层查询,内层查询的结果作为外层查询的条件使用。内层查询也叫子查询。需要注意的是,子查询中不能使用 ORDER BY 子句。

根据子查询的查询条件是否依赖于父查询,子查询可分为不相关子查询和相关子查询。子查询的查询条件没用引用父查询表中的属性值,不依赖于父查询的称为不相关子查询。子查询的查询条件引用了父查询表中的属性值,依赖于父查询的称为相关子查询。

不相关子查询的处理过程是由里向外逐层处理的。即每个子查询在上一级查询处理之前求解,子查询的结果,用于建立其父查询的查询条件。

而相关子查询的处理为:首先取外层查询中表的第一个元组,把与内层查询相关的属性值代入并处理内层查询,若 WHERE 子句返回值为真,则取此元组放入结果表;然后再取外层表的下一个元组;重复这一过程,直至外层表全部检查完为止。

下例为不相关子查询。

【例 3.27】 在员工(yg)表中查询职务与员工编号为 110001 的员工相同的所有员工。

```
SELECT *
    FROM yg
    WHERE zw =
        (SELECT zw                    / * 不相关子查询 * /
            FROM yg
            WHERE ygbh='110001');
```

下例为相关子查询。

【例 3.28】 查询职务为经理的员工的姓名。

```
SELECT xm
FROM ygzl
WHERE EXISTS
    (SELECT *
    FROM yg                          / * 相关子查询 * /
    WHERE ygbh=ygzl.ygbh AND zw='经理');
```

可用三种语法来创建子查询。

```
comparison [ANY|ALL|SOME] (sqlstatement)
expression [NOT] IN (sqlstatement)
[NOT] EXISTS (sqlstatement)
```

其中,comparison 是一个表达式及一个比较运算符,表示将表达式与子查询的结果作比较;expression 是一个要在子查询的结果集中搜索的表达式;sqlstatement 是一个 SELECT 语句,遵从与其他 SELECT 语句相同的格式及规则,但由于此处是子查询,所以它必须被括在括号之中。

1. 基本的带有比较运算符的子查询

当能确切知道内层查询返回单值时,可用比较运算符,比较运算符可以是>,<,=,>=,<=,!=或<>。

【例 3.29】　在供货商(ghs)表中,查询与远东公司在同一所在地的所有公司。

```
SELECT *
    FROM ghs
    WHERE szd =
        (SELECT szd FROM ghs WHERE ghsmc='远东公司');
```

2. 带有比较运算符和谓词的子查询

比较运算符可以与 ANY(有的系统中用 SOME)或 ALL 谓词配合使用。子查询返回单值时可以用比较运算符,返回多值时必须结合使用 ANY 或 ALL 谓词。ANY 表示任意一个,ALL 表示所有。

比较运算符可与 ANY、ALL 谓词配合使用如下。

> ANY,大于子查询结果中的某个值;

> ALL,大于子查询结果中的所有值;

< ANY,小于子查询结果中的某个值;

< ALL,小于子查询结果中的所有值;

>= ANY,大于等于子查询结果中的某个值;

>= ALL,大于等于子查询结果中的所有值;

<= ANY,小于等于子查询结果中的某个值;

<= ALL,小于等于子查询结果中的所有值;

= ANY,等于子查询结果中的某个值;

=ALL,等于子查询结果中的所有值(没有实际意义);

!=(或<>)ANY,不等于子查询结果中的某个值(没有实际意义);

!=(或<>)ALL,不等于子查询结果中的任何一个值。

使用 ANY 谓词表示,主查询中的记录只需要与子查询中检索到的任一记录作比较,满足条件即可。

【例 3.30】　查询销售单价比某一矿泉水低的可乐。

```
SELECT *
    FROM spxx
```

```
        WHERE xsdj < ANY (SELECT xsdj
                            FROM spxx
                          WHERE spmc='矿泉水')
        AND spmc='可乐';              /* 注意这是父查询块中的条件 */
```

使用 ALL 谓词表示,主查询中的记录需要与子查询中检索到的所有记录作比较,满足条件才行。

【例 3.31】 查询销售单价比所有矿泉水都低的可乐。

```
SELECT *
    FROM spxx
    WHERE xsdj < ALL (SELECT xsdj
                        FROM spxx
                      WHERE spmc='矿泉水')
        AND spmc='可乐';             /* 注意这是父查询块中的条件 */
```

用 ANY 和 ALL 谓词实现的功能,有时也可以用聚集函数来实现。

【例 3.32】 查询销售单价比所有矿泉水都低的可乐(用聚集函数来实现)。

```
SELECT *
    FROM spxx
    WHERE xsdj < (SELECT MIN ( xsd )
                    FROM spxx
                  WHERE spmc='矿泉水')
        AND spmc='可乐';             /* 注意这是父查询块中的条件 */
```

用聚集函数实现子查询通常比直接用 ANY 或 ALL 查询效率要高,因为前者通常能够减少比较次数。

3. 带有 IN 谓词的子查询

用 IN 谓词可以实现,只在主查询中检索那些在子查询的某些记录中也包含和它们相同值的记录。

【例 3.33】 查询所在地为南京的所有供货商供应的所有商品库存情况。

```
SELECT *
    FROM kc
    WHERE ghsbh IN (SELECT ghsbh
                      FROM ghs
                    WHERE szd='南京');
```

相反,可用 NOT IN 实现只在主查询中检索那些在子查询中的某些记录中不包含和它们相同值的记录。

4. 带有 EXISTS 谓词的子查询

EXISTS 谓词代表存在量词∃,表示存在满足这样条件的数据,类似地,可用 NOT EXISTS 谓词表示不存在。带有 EXISTS 谓词的子查询不返回任何数据,只产生逻辑真值 true 或逻辑假值 false。若内层查询结果非空,则返回真值,若内层查询结果为空,则返回假值。由 EXISTS 引出的子查询,其目标列表达式通常都用 *,因为带 EXISTS 的子查询只返回真值或假值,给出列名并无实际意义。

【例 3.34】　查询基本工资大于等于 800 的员工的姓名。

```
SELECT xm
    FROM ygzl
    WHERE EXISTS
            (SELECT *
                FROM yg
                WHERE ygbh=ygzl.ygbh AND jbgz>=800);
```

【例 3.35】　查询除远东公司之外,来自于其他供货商的库存商品情况。

```
SELECT *
    FROM kc
    WHERE NOT EXISTS
            (SELECT *
                FROM ghs
                WHERE ghsbh=kc.ghsbh AND ghsmc='远东公司');
```

3.3.4　集合查询

每一个 SELECT 语句的执行都能获得一个元组的集合(可能是空集合)。若要把多个 SELECT 语句的执行结果合并为一个结果,可采用集合操作来完成。集合操作主要包括并操作(UNION)、交操作(INTERSECT)和差操作(EXCEPT)。需要注意的是,参加集合操作的各查询结果的数据项数目必须相同;对应项的数据类型也必须相同。

UNION 集合运算符会把两个或两个以上查询结果合并成一个结果,合并时系统会自动去掉重复的元组,如果要保留重复元组,可使用 UNION ALL。

【例 3.36】　查询库存表(kc)中进货价大于 5 元的商品和库存量大于 100 的商品。

```
SELECT * FROM kc WHERE jhj >5
UNION
SELECT * FROM kc WHERE kcsl>100;
```

INTERSECT 集合运算符用于实现集合的交集运算,返回由多个查询结果集的共有元组生成的一个结果集。

【例 3.37】　查询供货商编号为 101 和 102 的两个供货商所供应的商品的交集。

```
SELECT spbh FROM kc WHERE ghsbh='101'
INTERSECT
SELECT spbh FROM kc WHERE ghsbh='102';
```

EXCEPT 集合运算符用于实现集合的差集运算,将前面查询结果集合中去掉后面查询结果集合中返回的所有行包括在内(但不计第二个以及其后的所有查询)生成一个结果表。

【例 3.38】 查询供货商编号为 101 的供货商提供而供货商 102 不提供的商品。

```
SELECT spbh FROM kc WHERE ghsbh='101'
EXCEPT
SELECT spbh FROM kc WHERE ghsbh='102';
```

3.3.5 SELECT 语句的书写规范

SELECT 语句是 SQL 的核心语句,从上面的例子可以看到其语句成分丰富多样,下面给出它们的一般格式。

SELECT 语句的一般格式为

```
SELECT[ALL|DISTINCT]<目标列表达式>[别名][,<目标列表达式>[别名]…
FORM<表名或视图名><别名>[,<表名或视图名>[别名]…
[WHERE<条件表达式>]
[GROUP BY<列名 1>[HAVING<条件表达式>]]
[ORDER BY<列名 2>[ASC|DESC]];
```

(1) 目标列表达式有以下可选格式。

① ＊

② ＜表名＞

③ (count[DISTINCT|ALL]＊)

④ [＜表名＞.]＜属性列名表达式＞[,[＜表名＞.＜属性列名表达式＞]…]

其中＜属性列名表达式＞可以是由属性列、作用于属性列的聚集函数和常量的任意算术运算(＋,－,＊,/)组成的运算公式。

(2) 聚集函数的一般格式为

$$\left.\begin{matrix} \text{count} \\ \text{sum} \\ \text{avg} \\ \text{max} \\ \text{min} \end{matrix}\right\} \text{([ALL|DISTINCT]<列名>)}$$

(3) WHERE 子句的条件表达式有以下可选格式。

① ＜属性列名＞θ $\left\{\begin{matrix} \text{<属性列名>} \\ \text{<常量>} \\ \text{[ANY/ALL](SELECT 语句)} \end{matrix}\right\}$ θ为关系运算符

② ＜属性列名＞[NOT] BETWEEN $\left\{\begin{matrix} \text{<属性列名>} \\ \text{<常量>} \\ \text{(SELECT 语句)} \end{matrix}\right\}$ AND $\left\{\begin{matrix} \text{<属性列名>} \\ \text{<常量>} \\ \text{(SELECT 语句)} \end{matrix}\right\}$

③ ＜属性列名＞[NOT] IN $\left\{\begin{matrix} \text{(<值 1> [,<值 2>]…)} \\ \text{(SELECT 语句)} \end{matrix}\right\}$

④ ＜属性列名＞[NOT] LIKE ＜匹配串＞

⑤ ＜属性列名＞IS [NOT] NULL

⑥ [NOT] EXISTS(SELECT 语句)

⑦ <条件表达式> $\begin{Bmatrix} AND \\ OR \end{Bmatrix}$ <条件表达式> $\left(\begin{Bmatrix} AND \\ OR \end{Bmatrix} \text{<条件表达式>} \right)$ …

3.4　数据的更新

SQL 的操作功能是指对数据库中数据的操作功能,主要包括数据的插入、更新和删除等功能。

3.4.1　数据的插入

SQL 中用于实现数据插入操作的语句为 INSERT 语句。有两种插入数据的方式,一种是插入一个元组,另一种是插入子查询结果,后者一次可以插入多个元组。

1. 插入单个元组

插入元组的 INSERT 语句格式为

```
INSERT
INTO <表名>[(<属性列 1>[,<属性列 2>…)]]
VALUES (<常量 1>[,<常量 2>] … )
```

以上语句的功能为:将新元组插入指定表中,分别用常量 1、常量 2 等为属性列 1、属性列 2 等赋值。其中,<表名>指定要插入新元组的表;<属性列>是可选项,指定待添加数据的列;VALUES 子句指定添加到属性列上的具体数据值。列名的排列顺序不一定要和表定义时的顺序一致。但当指定属性列名时,VALUES 子句中各个常量的排列顺序必须和属性列名的排列顺序一致,个数相等,并且数据类型一一对应。INTO 语句中没有出现的列名,添加的新元组在这些列上将取空值(在表定义时指定了不能取空值(NOT NULL)的属性列除外)。如果 INTO 子句没有带任何属性列名,则插入的新元组必须在每个属性列上均有值。

【例 3.39】 在供货商表中插入一个新元组,供货商编号为 402,供货商名称为新华工贸公司,所在地为南京。

```
INSERT
INTO ghs (ghsbh, ghsmc, szd)
VALUES ('402', '新华工贸公司', '南京')
```

2. 插入子查询结果

要向一个表中一次插入多个元组,可用使用 INSERT 语句的另一种形式,在这种形式中先通过子查询来生成要插入的批量数据,然后用 INSERT 语句插入到指定的表中。

用于将子查询结果批量插入到表中的 INSERT 语句的格式为

```
INSERT
INTO <表名>[(<属性列 1>[,<属性列 2>… )]]
```

子查询

【例 3.40】 将供货商表中所在地为南京的供货商信息插入到南京供货商表中(nj_ghs),该表结构和供货商表相同。

```
INSERT
INTO nj_ghs
SELECT *
    FORM ghs
    WHERE szd='南京';
```

3.4.2 数据的修改

SQL 语言中,可以使用 UPDATE 语句对表中的一个或多个元组的某些列值进行修改。UPDATE 语句的一般格式为

```
UPDATE <表名>
SET <列名>=<表达式> [,<列名>=<表达式>]…
[WHERE <条件>];
```

语句格式中,<表名>是指要修改的表;SET 子句给出要修改的列及其修改后的值;WHERE 子句指定待修改的元组应当满足的条件,WHERE 子句省略时,则修改表中的所有元组。

UPDATE 语句修改数据的方式可以有三种。

* 修改某一个元组。
* 修改多个元组。
* 带子查询的修改。

1. 修改某一个元组的值

【例 3.41】 将供货商表中供货商编号为 101 的供货商的联系电话修改为025-66666666。

```
UPDATE ghs SET lxdh='025-66666666 ' WHERE ghsbh='101';
```

2. 修改多个元组

【例 3.42】 将商品信息表中所有牙膏涨价 10%。

```
UPDATE spxx SET xsdj=xsdj * 1.1 WHERE spmc='牙膏';
```

3. 带子查询的修改

【例 3.43】 将销售情况表中没有销售记录的商品降价 10%。

```
UPDATE spxx SET xsdj=xsdj * 0.9
    WHERE spbh NOT IN
        (SELECT spbh FROM xsqk);
```

3.4.3 数据的删除

在 SQL 中,可使用 DELETE 语句删除表中的一个或多个元组。DELETE 语句的格式如下:

```
DELETE
FROM <表名>
[WHERE <条件>];
```

语句格式中,<表名>指定要删除数据的表,WHERE 子句指定要删除的元组应满足的条件,只删除满足条件的数据。如果没有 WHERE 子句则表示要删除表中的所有元组。需要注意的是,DELETE 语句删除的是表中的数据,而不是关于表的定义。

DELETE 语句删除数据的方式可以有三种。

- 删除某一个元组。
- 删除多个元组。
- 带子查询的删除。

1. 删除某一个元组

【例 3.44】 删除编号为 402 的供货商。

```
DELETE FROM ghs
    WHERE ghsbh ='402';
```

2. 删除多个元组

【例 3.45】 删除南京供货商表中的所有数据。

```
DELETE FROM nj_ghs;
```

该语句执行后,会删除 nj_ghs 表中的所有数据,但表仍然存在,只是表中没有数据。

3. 带子查询的删除

【例 3.46】 删除库存表中由供货商远东公司供应的所有库存商品。

```
DELETE FROM kc
    WHERE ghsbh =
        (SELECT ghsbh FROM ghs
            WHERE ghs. ghsmc ='远东公司');
```

3.5 视 图

在 SQL 中,视图是基于 SQL 语句结果集的可视化表。可通过定义 SELECT 语句从其他数据源中提取数据来创建视图,定义视图中的 SELECT 语句引用的数据表称为视图的基表。在 SQL Server 2005 系统中,可以把视图分为三种类型,即标准视图,索引视图和分区视图。

视图可以被看成虚拟表或存储查询。对于一个视图而言,通过视图访问的数据不作为单独的对象存储在数据库内,数据库内存储的是视图的定义,而不是视图中的实际数据。视图包含行和列,就像一个真实的表,但实际上这些数据来自数据源中的真实表,当这些基表中的数据发生变化时,从视图中看到的数据也会随之改变。视图一经定义,就可以和基本表一样被查询、被删除。

通过使用 SQL 视图,可以满足以下数据访问需求。

① 将用户的数据访问权限限定在表中特定的元组或者属性列上,看不到其他信息。

② 将多个基表中的列连接起来,使它们看起来像一个表,便于用户跨表访问数据。

③ 提供基表中并不直接存储的统计聚合信息。

3.5.1　视图的定义

1. 创建视图

在 SQL 中,创建视图可使用 CREATE VIEW 语句,格式为

```
CREATE VIEW <视图名>[(<列名>[,<列名>]…)]
    AS <子查询>[WITH CHECK OPTION]
```

数据库管理系统在执行 CREATE VIEW 语句时只是把视图的定义存入数据字典,并不立即执行其中的 SELECT 语句,当以后对视图进行查询时,才会按视图的定义从基本表中将数据查询出来。组成视图的属性列名或者全部省略或者全部指定。如果全部省略,则视图包含的列由子查询中 SELECT 目标列中的诸字段组成。

视图不仅可以建立在一个或多个基本表上,也可以建立在一个或多个已定义好的视图上,也就是说在视图的基础上可以再建视图。

如果视图带有 WITH CHECK OPTION 参数,透过视图进行数据增删改操作时,不得破坏视图定义中的谓词条件(即子查询中的条件表达式)。

【例 3.47】 建立员工信息视图(V_ygxx),要求能看到员工的编号、姓名、基本工资和职务。

```
CREATE VIEW V_ygxx (ygbh,xm,jbgz,zw)
    AS
    SELECT ygzl.ygbh,ygzl.xm,yg.jbgz,yg.zw
    FROM yg,ygzl
    WHERE yg.ygbh=ygzl.ygbh;
```

【例 3.48】 建立党员信息视图(V_dy),要求能看到党员员工的编号、姓名、性别。

```
CREATE VIEW V_dy (ygbh,xm,xb )
    AS
    SELECT ygzl.ygbh,ygzl.xm,yg.xb
    FROM yg,ygzl
    WHERE yg.ygbh=ygzl.ygbh AND dy='true';
```

2. 删除视图

可以使用 DROP VIEW 语句来删除视图,语句格式如下。

```
DROP VIEW <视图名>
```

删除基表时,由该基表导出的所有视图定义虽然仍在数据字典中,但已无法使用,都必须用 DROP VIEW 语句显式删除。

【例 3.49】 删除党员信息视图(V_dy)。

```
DROP VIEW V_dy;
```

3.5.2 视图的查询

从用户的角度来说,视图定义好后,查询视图与查询基本表是相同的。

【例 3.50】 从员工信息视图(V_ygxx)中查询职务为经理的员工信息。

```
SELECT * FROM V_ygxx
    WHERE zw='经理'
```

【例 3.51】 从党员信息视图(V_dy)中查询男性党员信息。

```
SELECT * FROM V_dy
    WHERE xb='男'
```

3.5.3 视图的更新

视图和查询的一个显著不同点在于,查询是只读的,而视图中的数据是可以更新的。更新视图与更新基本表基本相同,只是指定 WITH CHECK OPTION 子句后,DBMS 在更新视图时会进行检查,防止用户通过视图对不属于视图范围内的基本表数据进行更新。但并不是所有的视图都是可更新的,例如视图中的数据是统计数据。

【例 3.52】 在员工信息视图(V_ygxx)中将员工陈平的姓名改为陈小平。

```
UPDATE V_ygxx
    SET xm='陈小平'
    WHERE xm='陈平';
```

3.5.4 视图的作用

通过使用视图,可以带来以下益处。

1. 用户操作的简单性

可以将用户常用的数据定义成一个视图,让用户直接使用,不必关心这些数据实际来自哪些基本表,也不必每次使用时都书写 SQL 代码来从多个基本表中获取这些数据。

2. 数据共享的便利性

视图能让多个用户从不同角度来看待和使用同一数据,使得多个用户既能共享数据,又能保持各自的相对独立性和使用的便利性。

3. 模式重构的可能性

数据库在长期的使用中,可能由于各种原因需要重新组织各个基本表等,通过使用视图可以使得数据库逻辑结构发生改变时不会影响用户对数据的使用,也就是说通过使用视图可以保持用户看到的数据和数据的实际逻辑结构之间保持一定程度的独立性,这为数据库的模式重构提供了可能性。

4. 数据访问的可控性

视图能够对机密数据提供安全保护,将用户的数据访问权限限定在表中特定的元组或者属性列上,看不到其他信息。

5. 间接数据的直接性

能提供基表中并不直接存储的间接信息、聚合信息,并将这些间接信息通过视图以类似于基表的方式直接提供给用户使用。

3.6　存　储　过　程

3.6.1　存储过程的概念、优点与分类

存储过程(Stored Procedure)是一组为了完成特定功能的 SQL 语句集,经编译后存储在数据库中。用户通过指定存储过程的名字并给出参数(如果该存储过程带有参数)来执行它。存储过程是数据库中的一个重要对象,任何一个设计良好的数据库应用程序都应该用到存储过程。

存储过程可以接收参数、返回状态值和参数值,并可以嵌套调用。

使用存储过程的优点如下。

(1) 执行速度快。

存储过程一般是编译后存储在数据库中的,执行存储过程比执行 SQL 语句更有效率。

(2) 提高工作效率。

存储过程可以将经常使用的 SQL 语句封装起来,这样可以避免重复编写相同的 SQL 语句。

(3) 规范程序设计。

(4) 提高系统的安全性。

(5) 减少网络传输的所需时间。

存储过程的类型有以下几种。

(1) 用户定义的存储过程。

用户定义的存储过程是由用户根据自己的需要定义的存储过程,用户定义的存储过程中封装了可重用的代码模块,方便用户重复多次使用。

（2）扩展存储过程。

SQL Server 支持在 SQL Server 和外部程序之间提供一个接口以实现各种维护活动的系统存储过程。这些扩展存储程序使用 xp_前缀。

扩展存储过程是 SQL Server 实例可以动态加载和运行的 DLL。扩展存储过程是使用 SQL Server 扩展存储过程（API）编写的，可直接在 SQL Server 实例的地址空间中运行。

（3）系统存储过程。

数据库系统提供了许多系统存储过程，可以用来帮助用户了解数据库的信息和管理数据库。

3.6.2　创建存储过程

创建存储过程的权限默认属于数据库所有者，该所有者可将此权限授予其他用户。存储过程是数据库对象，其名称必须遵守标识符规则。只能在当前数据库中创建存储过程。

可以使用 CREATE PROCEDURE 语句来创建存储过程，语句格式如下。

```
CREATE PROC [EDURE] procedure_name [; number]
[{ @parameter data_type }
   [OUTPUT]
[WITH
{ RECOMPILE | ENCRYPTION …}]
   AS sql_statement […n]
```

【例 3.53】　创建一个存储过程，用于按照商品编号来查询该商品的信息。

```
CREATE PROCEDURE spmc_spxx
@var_spbh Int            /*带参数*/
AS
SELECT *
FROM spxx
WHERE spxx.spbh = @var_spbh
```

3.6.3　查看存储过程

建立好的存储过程可以通过多种方式来查看。

1. 使用数据库管理系统提供的管理器来查看存储过程

例如，在 SQL Server 2005 中，可以通过 SQL Server Management Studio 查看创建好的存储过程，如图 3.3 所示。

2. 使用系统存储过程

有多个系统存储过程可用于查看存储过程，如下。

sp_help   　　　　　显示参数清单及其数据类型

sp_helptext   　　　　显示存储过程定义文本

sp_depends   　　　　列出存储过程依赖的对象或者依赖存储过程的对象

sp_stored_procedures   返回当前数据库中的存储过程清单

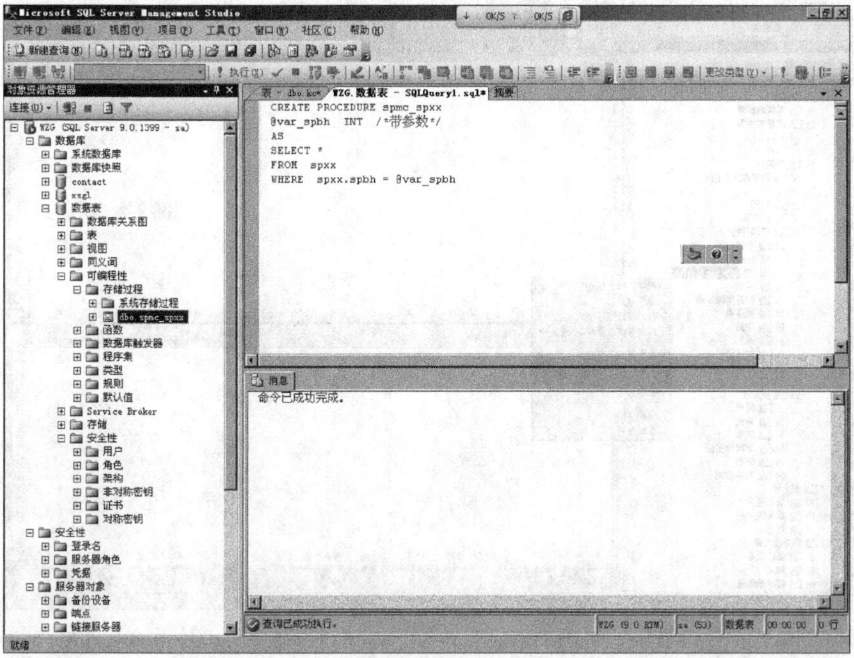

图 3.3   在 SQL Server Management Studio 中查看创建好的存储过程

3.6.4   重新命名存储过程

重新命名存储过程可以用 sp_rename 语句。

【例 3.54】   将存储过程 spmc_spxx 重新命名为 spmc_spxx2。

```
sp_rename 'spmc_spxx', 'spmc_spxx2'
```

也可以在数据库管理系统提供的管理界面直接对存储过程进行重命名操作,如图 3.4 所示。

3.6.5   删除存储过程

可以使用 DROP PROCEDURE 语句来删除存储过程,语句格式如下。

```
DROP PROCEDURE <prc_name >;
```

【例 3.55】   删除存储过程 spmc_spxx。

```
DROP PROCEDURE spmc_spxx;
```

3.6.6   执行存储过程

执行存储过程可以使用 EXECUTE 语句,语句格式如下。

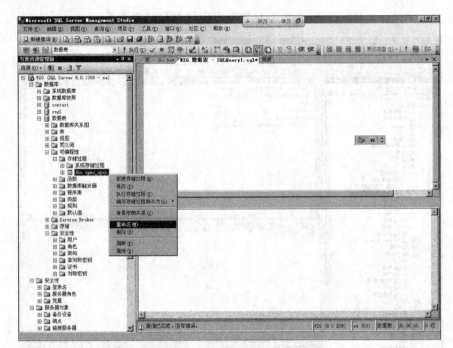

图 3.4   在 SQL Server Management Studio 中对存储过程进行重命名操作

直接执行存储过程使用 EXECUTE 语句如下。

```
[{EXEC|EXECUTE}]
{[@return_status=]
{procedure_name[;number]|@procedure_name_var}
[[@paramter=]{value|@variable[OUTPUT]|[DEFAULT]}]
[,…n]
[WITH RECOMPILE]}
```

【例 3.56】   通过存储过程 spmc_spxx,查询商品编号为 210114 的商品的信息。

```
EXEC spmc_spxx '210114'
```

3.6.7   修改存储过程

如果需要更改存储过程中的语句或参数,可以删除并重新创建该存储过程,也可以修改该存储过程。删除并重新创建存储过程时,与该存储过程关联的所有权限都将丢失。更改存储过程时,将更改过程或参数定义,但为该存储过程定义的权限将保留,并且不会影响任何相关的存储过程或触发器。

修改存储过程可以用 ALTER PROCEDURE 语句,或者在数据库管理系统提供的管理界面直接操作。

习 题 3

一、选择题

1. 在 SQL 语言中授权的操作是通过_____语句实现的。

A. CREATE　　　　B. REVOKE　　　　C. GRANT　　　　D. INSERT

2. 假定学生关系是 S(S♯,SNAME,SEX,AGE),课程关系是 C(C♯,CNAME, TEACHER),学生选课关系是 SC(S♯,C♯,GRADE)。要查找选修 COMPUTER 课程的"女"学生姓名,将涉及关系_____。

A. S　　　　　B. SC,C　　　　　C. S,SC　　　　　D. S,C,SC

3. 在 MS SQL Server 中建立了表 student(no, name, sex, birthday),no 为表的主码,其他属性的默认值为 null。表中信息如图 3.5 所示,能够正确执行的插入操作是_____。

no	name	sex	birthday
101	张丽丽	女	1967/05/07
102	李 芳	女	1970/04/14
103	王 朋	男	1982/10/27

图 3.5　选择题 3

A. INSERT INTO student（no,sex) VALUES(102,'男')

B. INSERT INTO student（name,sex) VALUES('王中','男')

D. INSERT INTO student VALUES(106,'王中','男','1984/03/08')

C. INSERT INTO student VALUES(102,'男','王中','1984/03/08')

4. SQL 语言中,删除一个表的命令是_____。

A. DELETE　　　　B. DROP　　　　C. CLEAR　　　　D. REMORE

5. 为数据表创建索引的目的是_____。

A. 提高查询的检索性能　　　　　　B. 创建唯一索引

C. 创建主键　　　　　　　　　　　D. 归类

6. 在 SQL 语言中,条件 BETWEEN 20 AND 30 表示年龄在 20 到 30 之间,且_____

A. 包括 20 岁和 30 岁　　　　　　B. 不包括 20 岁和 30 岁

C. 包括 20 岁不包括 30 岁　　　　D. 不包括 20 岁包括 30 岁

7. 为了使索引键的值在基本表中唯一,在建立索引语句中应使用保留字_____。

A. UNIQUE　　　B. COUNT　　　C. DISDINCT　　　D. UNION

8. 下面关于 SQL 语言的说法中,说法错误的是_____。

A. 一个 SQL 数据库就是一个基本表

B. SQL 语言支持数据库的三级模式结构

C. 一个基本表可以跨多个存储文件存放,一个存储文件可以存放一个或多个基本表

    D. SQL 的一个表可以是一个基本表,也可以是一个视图

9. SQL 是_____英文单词的缩写。

    A. Standard Query Language   B. Structured Query Language

    C. Select Query Language   D. 以上都不是

10. 在 SELECT 语句中,以下有关 HAVING 短语的正确叙述是_____。

    A. HAVING 短语必须与 GROUP BY 短语同时使用

    B. 使用 HAVING 短语的同时不能使用 WHERE 短语

    C. HAVING 短语可以在任意的一个位置出现

    D. HAVING 短语与 WHERE 短语功能相同

二、填空题

1. 使用 SQL 语言的 ALTER TABLE 命令给学生表 STUDENT 增加一个 E_mail 字段,长度为 30,命令是 ALTER TABLE STUDENT _____ E_mail Char(30)。

2. 在 SQL 的 SELECT 查询中使用_____子句消除查询结果中的重复记录。

3. 在 SQL 的 SELECT 查询中,HAVING 子句不可以单独使用,总是跟在_____子句之后一起使用。

4. 在 SQL 语句中空值用_____表示。

5. 设有 S(学号,姓名,性别)和 SC(学号,课程号,成绩)两张表,下面 SQL 的 SELECT 语句检索选修的每门课程的成绩都高于或等于 85 分的学生的学号、姓名和性别。

```
SELECT 学号,姓名,性别 FROM S
WHERE _____ (SELECT * FROM SC WHERE SC.学号=S 学号 AND 成绩<85)
```

6. 在 SQL 查询中,使用_____子句引导的是查询条件。

7. SQL 的数据操作功能包括数据的_____、_____和_____。

8. 在索引排序中关键字_____表示升序,_____表示降序。

9. 在查询的条件中,谓词_____可以用来进行字符串的匹配,通配符有_____和_____。

三、简答题

1. 什么是基本表?什么是视图?两者的区别和联系是什么?

2. 试述视图的优点。

3. 是否所有的视图都可以更新?为什么?

四、综合应用题

1. 设有两个基本表 $R(A,B,C)$ 和 $S(D,E,F)$,试用 SQL 查询语句表达下列关系代数表达式。

  (1) $\pi_A(R)$ (2) $\sigma_{B='17'}(R)$ (3) $R \times S$ (4) $\pi_{A,F}(\sigma_{C=D}(R \times S))$

2. 设有两个基本表 $R(A,B,C)$ 和 $S(A,B,C)$ 试用 SQL 查询语句表达下列关系代数表达式。

(1) $R \cup S$ (2) $R \cap S$ (3) $R - S$ (4) $\pi_{A,B}(R) \Join \pi_{B,C}(S)$

3. 根据下面所给的商品库表,写出 SQL 语句。

商品表 1(商品代号 Char(8),分类号 Char(8),单价 Float 数量 Int)

商品表 2(商品代号 Char(8),产地 Char(8),品牌 Char(8))

(1) 从商品库中查询出数量在 10 和 20 之间的商品种数。

(2) 从商品库中查询出每类(即分类名相同)商品的总数量。

(3) 从商品库中查询出比所有商品单价的平均值要低的全部商品。

(4) 从商品库中查询出所有商品的不同产地的总数。

4. 教学数据库的三个基本表如下。

学生 S(S#,SNAME,AGE,SEX)

学习 SC(S#,C#,GRADE)

课程 C(C#,CNAME,TEACHER)

试用 SQL 的查询语句表达下列查询。

(1) 检索 LIU 老师所授课程的课程号和课程名。

(2) 检索年龄大于 23 岁的男学生的学号和姓名。

(3) 检索至少选修 LIU 老师所授课程中一门课程的女学生姓名。

(4) 检索 WANG 同学不学的课程的课程号。

(5) 检索至少选修两门课程的学生学号。

(6) 检索全部学生都选修的课程的课程号与课程名。

(7) 检索选修课程包含 LIU 老师所授课的学生学号。

5. 有三个关系如下。

教师(教师编号 整数型,教师姓名 字符型(4),职称 字符型(10)),教师编号是主码。

课程(课程编号 整数型,课程名称 字符型(20)),课程编号是主码。

授课(教师编号 整数型,课程编号 整数型,讲课效果 浮点数型),教师编号和课程编号整体是主码,教师编号是参照教师关系的外码,课程编号是参照课程关系的外码。

试完成下列问题。

(1) 编写 SQL 语句,创建教师表。

(2) 编写 SQL 语句,创建讲师视图(职称为"讲师"的所有教师)。

(3) 用汉语阐述 SQL 语句的查询结果:

```
SELECT 教师姓名,职称 FROM 教师
WHERE 教师编号 IN(SELECT 教师编号 FROM 授课 WHERE 讲课效果>=8.5);
```

(4) 编写 SQL 语句,统计所有教师的人数。

(5) 编写 SQL 语句,将课程名称由"多媒体"更改为"多媒体技术"。

(6) 编写 SQL 语句,删除课程名称为"多媒体"的课程信息。

第4章 数据库的安全性

4.1 数据库安全性概述

所谓数据库安全性，指通过各种技术或非技术手段保证数据安全，防止因用户非法使用数据库造成数据泄露、更改或破坏。安全性问题并非数据库系统所独有，而是存在于所有计算机系统中。只是数据库信息储存方式的集中性、共享性，数据本身的重要性，使得数据库安全问题尤为突出。数据库安全是计算机系统安全的重要组成部分，对计算机系统安全性的研究和评估对数据库系统同样适用。

对数据库安全的威胁分为两种情况，一种情况是非授权访问，另一种情况是合法访问得不到满足。所有对数据库中存储数据的非授权访问，包括读取和写入（增加、删除、修改），都可认为对数据库的数据安全造成了威胁或破坏。当授权用户访问数据库却不能得到数据库的正常服务时，也被认为是数据库的安全受到了威胁或破坏。这两种情况都会对数据库合法用户的权益造成侵犯，要么是信息被非法窃取或者破坏，要么是无法为授权用户提供数据服务。

数据库系统安全技术不仅涉及数据库管理系统层次，还包括操作系统层次，以及网络层次、物理层次和人员层次。

一般情况下，数据库管理系统的安全性是指保护数据库以防止非法使用所造成的数据泄露、更改或破坏。主要表现在对数据库的存取控制上。同时，数据库本身的完整性问题也直接关系到数据库数据的安全可靠。

数据库管理系统安全机制的核心目的是：提供具备安全存取数据能力的服务器，既在向授权用户提供可靠的数据服务的同时，又要拒绝非授权用户对数据的存取访问请求，保证数据库管理下的数据的可用性、完整性和一致性，进而保护数据库所有者和使用者的合法权益。

关系数据库的特权授予和回收等措施构成数据库管理系统的基本安全保证，这些措施便于数据共享和数据操作管理，但对于严格的数据安全来讲是不够的，严格的数据安全要求更为精细的措施。

操作系统层次的数据库安全技术包含三个方面。

① 标识、鉴别、审核用户，包括应用系统各级用户以及系统管理用户，特别是数据库管理员（DBA）、系统管理员类的重要用户。

② 隔离用户进程,使之不致互相干扰。

③ 为数据库管理系统提供第一道防线,使其他用户不得绕过数据库管理系统直接存取库中的数据,例如进程级的监控和管理。

其他层级的安全性相关措施包括网络层次、物理层次、人员层次的安全措施。网络层次安全性包括保密性、安全协议设计、接入控制等。物理层次安全性主要指物理结点保护、硬件保护等方面所采取的相应措施。在人员层次上,主要采取用户分类、角色设定、授权等措施来防止操作人员对系统的非法访问。

在信息安全领域,发达国家已制定一系列标准,用于指导计算机安全技术,降低或消除对计算机系统的安全攻击。其中最重要的是 TCSEC 和 CC 两套标准。我国也发布了强制性标准《计算机信息系统安全保护等级划分准则》(GB 17859—1999),为安全产品的研制和安全系统的建设提供技术支持和指导。

4.2 数据库安全性控制

在数据库系统中,安全措施是一级一级层层设置的,数据库系统的安全机制如图 4.1 所示。

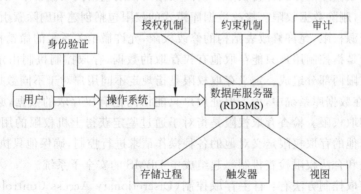

图 4.1 数据库系统的安全机制

当用户进入数据库系统时,系统首先根据输入的用户标识进行身份鉴别,只有合法用户才允许进入系统。对已进入系统的用户,DBMS 还要进行存取控制,只允许用户进行合法的操作。DBMS 是建立在操作系统之上的,安全的操作系统是数据库安全的前提。操作系统应能保证数据库中的数据必须由 DBMS 访问,而不允许用户越过 DBMS,直接通过操作系统访问。数据最后通过密码形式存储到数据库中。有关操作系统的安全措施为其他课程的内容,在此我们只讨论与数据库有关的用户标识与鉴别、存取控制、授权与回收等安全性措施。

4.2.1 用户标识与鉴别

用户标识与鉴别是系统提供的最外层安全保护措施,由系统提供一定的方式让用户标识自己的名字或身份,系统内部记录着所有合法用户的标识,每次用户要求进入系统时，由系统核对用户提供的身份标识，通过鉴定后才提供机器使用权。

实现用户标识和鉴定的技术手段可以是"用户名/口令"，这种手段简单易行，但容易被人窃取，另一种手段是每个用户预先约定好一个计算过程或者函数，系统提供一个随机数，用户根据自己预先约定的计算过程或者函数进行计算，系统根据用户计算结果是否正确来鉴定用户身份。

数据库用户一般可分为 4 类：系统用户（或 DBA），数据对象的属主（Owner），一般用户和公共用户（Public）。

系统用户指具有至高无上的系统控制与操作特权的用户，一般是指系统管理员或数据库管理员（DBA），他们拥有数据库系统可能提供的全部权限。

数据对象的属主是创建某个数据对象的用户，如一个表属主创建了某个表，就具有对该表更新、删除、建索引等所有的操作权限。

一般用户指那些经过授权被允许对数据库进行某些特定的数据操作的用户。公共用户是为了方便共享数据操作而设置的，它代表全体数据库用户。

4.2.2 存取控制

用户使用数据库的方式称为权限。访问数据的权限包括读数据权限，插入数据权限，修改数据权限，删除数据权限。修改数据库模式的权限包括创建和删除索引的索引权限，创建新表的资源权限，允许修改表结构的修改权限，允许撤销关系表的撤销权限等。

存取控制是指控制用户只能存取他有权存取的数据，存取控制机制由定义存取权限和检查存取权限两部分组成。定义存取权限是指规定不同用户对于不同数据对象所允许执行的操作，在数据库系统中，为了保证用户只能访问他有权存取的数据，必须预先对每个用户定义存取权限。检查存取权限是指对于通过鉴定获得上机权限的用户（即合法用户），系统根据他的存取权限定义对他的各种操作请求进行控制，确保他只执行合法操作。用户权限定义和合法权限检查机制一起组成了 DBMS 的安全子系统。

常用的存取控制方法有：自主存取控制（Discretionary Access Control，DAC），在安全等级中属于 C2 级，使用起来比较灵活。强制存取控制（Mandatory Access Control，MAC），在安全等级中属于 B1 级，较为严格。

4.2.3 授权与回收

定义存取权限被称为授权，存取权限由两个要素组成，数据对象和操作类型。定义一个用户的存取权限就是要定义这个用户可以在哪些数据对象上进行哪些类型的操作。

在对用户授权时，DBMS 会把授权的结果存入数据字典，而用户提出操作请求时，DBMS 根据授权定义进行检查，以决定是否执行用户的操作请求。取消已定义的存取权限，被称为授权的回收。

DBA 拥有对数据库中所有对象的所有权限，并可以根据应用的需要将不同的权限授予不同的用户。

用户对自己建立的基本表和视图拥有全部的操作权限，并且可以用 GRANT 语句把其中某些权限授予其他用户。

被授权的用户如果有"继续授权"的许可,还可以把获得的权限再授予其他用户。所有授予出去的权力在必要时又都可以用 REVOKE 语句收回。

DBMS 提供了功能强大的授权机制,它可以给用户授予各种不同对象(表、视图、存储过程等)的不同使用权限(如 SELECT、UPDATE、INSERT、DELETE 等)。

在操作权限上,可以授予数据库模式和数据操纵方面的以下几种授权,包括创建和删除索引、创建新关系、添加或删除关系中的属性、删除关系、查询数据、插入新数据、修改数据、删除数据等。

在操作数据库对象上,可将上述访问权限应用于数据库、基本表、视图和列等。

授权语句格式如下。

```
GRANT <权限>[,<权限>]...
    [ON <对象类型><对象名>]
    TO <用户>[,<用户>]...
    [WITH GRANT OPTION];
```

其语义为:将指定操作对象的指定操作权限授予指定的用户。建立表(CREATE TABLE)的权限属于 DBA,可由 DBA 授予普通用户。基本表或视图的属主拥有对该表或视图的一切操作权限,并可将权限授予一个或多个具体用户。

授权语句中带有 WITH GRANT OPTION 子句表示获得权限的用户还可以把这种权限再授予别的用户。否则就表示获得权限的用户只能使用该权限,而不能传播该权限。

【例 4.1】 把查询 Teacher 表的权限授给用户 User1。

```
GRANT SELECT
    ON Teacher
    TO User1;
```

【例 4.2】 把对 Student 表和 Course 表的全部权限授予用户 User2 和 User3。

```
GRANT ALL PRIVILEGES
    ON TABLE Student, Course
    TO User2, User3;
```

【例 4.3】 把对表 Student 的查询权限授予所有用户。

```
GRANT SELECT
    ON TABLE Student
    TO PUBLIC;
```

【例 4.4】 把查询 Student 表和修改学生姓名的权限授给用户 User4。

```
GRANT UPDATE(Name), SELECT
    ON TABLE Student
    TO User4;
```

【例 4.5】 把对表 Student 的 INSERT 权限授予 User5 用户,并允许他再将此权限授予其他用户。

```
GRANT INSERT
    ON TABLE Student
    TO User5
    WITH GRANT OPTION;
```

执行例 4.5 后,User5 不仅拥有了对表 Student 的 INSERT 权限,还可以传播此权限,如

```
GRANT INSERT ON TABLE Student TO User6
    WITH GRANT OPTION;
```

【例 4.6】 DBA 把在数据库 DB1 中建立表的权限授予用户 User7。

```
GRANT CREATETAB
    ON DATABASE DB1
    TO User7;
```

授权回收语句 REVOKE 的一般格式为

```
REVOKE <权限>[,<权限>]...
    [ON <对象类型><对象名>]
    FROM <用户>[,<用户>]...;
```

功能:从指定用户那里收回对指定对象的指定权限。

【例 4.7】 把用户 User4 修改学生姓名的权限收回。

```
REVOKE UPDATE(Name)
    ON TABLE Student
    FROM User4;
```

注意:Oracle 系统中不能按列收回权限。

【例 4.8】 收回所有用户对表 Student 的查询权限。

```
REVOKE SELECT
    ON TABLE Student
    FROM PUBLIC;
```

【例 4.9】 把用户 User5 对 Student 表的 INSERT 权限收回。

```
REVOKE INSERT
    ON TABLE Student
    FROM User5;
```

注意:此时系统将同时收回直接或间接从 User5 处获得的对 Student 表的 INSERT 权限。

4.2.4 数据库角色

如果一个一个地给成百上千个同一类用户分配相同或相近的权限,将是一项烦琐的任务,而且如果将来这类用户的权限发生变化,就又需要一个一个地去调整他们的权限,这项任务很耗时间而且非常容易出错。在这种情况下,一个简单而有效的解决方案就是定义数据库角色。

数据库角色是被命名的一组与数据库操作相关的权限,可以为一组具有相同权限的用户创建一个角色,使用角色来管理数据库权限可以简化授权的过程。先创建一个角色,并把相应的权限分配给角色,在需要的时候把角色分配给用户,然后用户就拥有了角色所具有的权限。

用户与角色之间存在多对多的联系;一个用户允许被授予多个角色使用,同一个角色的使用被授权予多个用户。一个角色的使用也可以被授权于另一个角色。

引入角色后,授权管理机制如图 4.2 所示。

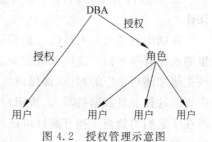

图 4.2 授权管理示意图

4.2.5 自主存取控制与强制存取控制

自主存取控制是指同一用户对于不同的数据对象有不同的存取权限,不同的用户对同一对象也有不同的权限,用户还可将其拥有的存取权限转授给其他用户。

自主存取控制中授权和回收分别由 GRANT 和 REVOKE 语句来实现。当用户发出存取数据库操作请求时,DBMS 将查找数据字典,根据其存取权限对操作的合法性进行检查,若用户的操作请求超出了定义的权限,系统将拒绝执行此操作。

授权粒度是指在授权时可以指定的数据对象的范围,它是衡量授权机制是否灵活的一个重要指标。授权定义中数据对象的粒度越细,即可以定义的数据对象的范围越小,授权子系统就越灵活。

关系数据库中授权的数据对象粒度包括数据库、表、属性列、行。

能否提供与数据值有关的授权反映了数据库授权子系统的精巧程度。可以利用存取谓词来实现与数据值有关的授权。可以引用系统变量,如终端设备号,系统时钟等,来实现与时间地点有关的存取权限,这样用户只能在某段时间内,或某台终端上存取有关数据。

例如某管理信息系统规定"普通窗口柜员只能在每天的 8:00—18:00 处理业务数据"。

强制存取控制是系统为保证更高程度的安全性,按照 TDI/TCSEC 标准中安全策略的要求,所采取的强制存取检查手段。MAC 适用于那些对数据有严格而固定密级分类的部门,例如军事部门或政府部门。

强制存取控制中,每一个数据对象被标以一定的密级,每一个用户也被授予某一个级别的许可证,对于任意一个对象,只有具有合法许可证的用户才可以存取。

强制访问控制模型基于与每个数据对象和每个用户关联的安全性标识(Security

Label）。安全性标识被分为若干级别：绝密（Top Secret）、机密（Secret）、秘密（Confidential）、一般（Public）。数据的标识称为密级（Security Classification），用户的标识称为许可证级别（Security Clearance）。

在计算机系统中，每个运行的程序继承用户的许可证级别，也可以说，用户的许可证级别不仅仅应用于作为人的用户，而且应用于该用户运行的所有程序。当某一用户以某一密级进入系统时，在确定该用户能否访问系统上的数据时应遵守如下规则。

① 当且仅当用户许可证级别大于等于数据的密级时，该用户才能对该数据进行读操作。

② 当且仅当用户的许可证级别等于数据的密级时，该用户才能对该数据进行写操作。

规则①的意义是明显的。而规则②需要解释一下。在某些系统中，第②条规则与这里的规则有些差别。这些系统规定：仅当主体的许可证级别小于或等于客体的密级时，该主体才能写相应的客体，即用户可以为写入的数据对象赋予高于自己的许可证级别的密级。这样一旦数据被写入，该用户自己也不能再读该数据对象了。这两种规则的共同点在于它们均禁止了拥有高许可证级别的主体更新低密级的数据对象，从而防止了敏感数据的泄露。

强制存取控制（MAC）是对数据本身进行密级标记，无论数据如何复制，标记与数据都是一个不可分的整体，只有符合密级标记要求的用户才可以操纵数据，从而提供了更高级别的安全性。

前面已经提到，较高安全性级别提供的安全保护要包含较低级别的所有保护，因此在实现 MAC 时要首先实现 DAC，即 DAC 与 MAC 共同构成 DBMS 的安全机制，如图 4.3 所示。系统首先进行 DAC 检查，对通过 DAC 检查的允许存取的数据对象再由系统自动进行 MAC 检查。

图 4.3　DAC＋MAC 安全检查示意图

4.3 视图机制

几乎所有的 DBMS 都提供视图机制，视图机制可提供数据的逻辑独立性，可增加数据的保密性和安全性。

视图将经常要用到的数据访问范围保存为虚拟表，当打开视图的时候就会从数据库表中提取相应数据呈现给用户，而且还可以在用户修改数据后将修改结果保存到数据库表中。

视图不同于数据库表，数据库表存储实际数据，视图不存储实际数据，视图是基于数据库表的虚拟表。当用户通过视图访问数据时，从基本表获得数据，但却是由视图中定义的列构成的。

视图不同于查询，因为查询是只读的，不能修改源数据，而视图可以在用户修改数据后将修改结果保存到源表中。

为不同的用户定义不同的视图,可以限制各个用户的访问范围。通过视图机制把要保密的数据对无权存取这些数据的用户隐藏,从而自动地对数据提供一定程度的安全保护。视图提供了一种灵活而简单的方法,以个体化方式授予访问权限,是强大的安全工具。在授予用户对特定视图的访问权限时,该权限只适用于在该视图中定义的数据项,而未用于完整的基本表本身。因此,在使用视图的时候不用担心用户会访问基本表中视图范围以外的数据。

例如,如果要限定 USER1 只能对计算机系的学生进行操作,一种方法是通过授权机制对 USER1 授权,另一种简单的方法就是定义一个"计算机系"的视图。但视图机制的安全保护功能太不精细,往往不能达到应用系统的要求,其主要功能在于提供了数据的逻辑独立性。在实际应用中,通常将视图机制与授权机制结合起来使用,首先用视图机制屏蔽一部分保密数据,然后在视图上再进一步定义存取权限。

【例 4.10】 让用户王平只能查询计算机系学生的信息。

先建立计算机系学生的视图 CS_Student。

```
CREATE VIEW CS_Student
  AS
  SELECT * FROM Student
  WHERE S_dept='计算机系';
```

在视图基础上进一步对用户"王平"定义存取权限。

```
GRANT SELECT ON CS_Student TO 王平;
```

4.4　审　　计

各种数据库安全性措施,都可以将用户的操作限制在规定的安全范围内,但实际上任何系统的安全性措施都不是绝对可靠的,窃密者总有办法摆脱这些控制。对于某些高度敏感的保密数据,必须以审计作为安全手段。审计功能是一种监视措施,它跟踪记录有关数据的访问活动。

审计是用一个专门的审计日志(Audit Log),将用户对数据库的所有操作记录在上面。DBA 可以利用审计日志中的追踪信息,找出非法存取数据的人。

审计追踪把用户对数据库的所有操作都自动记录下来,存放在一个特殊文件中,这个文件被称为审计日志。记录的内容一般包括:操作类型(如修改、查询等),操作终端标识与操作者标识,操作日期和时间,操作所涉及的相关数据(如基本表、视图、记录、属性等)。利用这些信息,DBA 可以重现导致数据库现用状况的一系列事件,以进一步找出非法存取数据的人、时间和内容等。

C2 以上安全级别的 DBMS 必须具有审计功能,但使用审计功能会大大增加系统的开销,所以 DBMS 通常将其作为可选特征,提供相应的操作语句可灵活地打开或关闭审计功能。

审计通常用于下列情况。

- 审查可疑的活动。例如：当出现数据被非授权用户删除、用户越权操作或权限管理不正确时，安全管理员可以设置对该数据库的所有连接进行审计，以及对数据库中所有表的操作进行审计。
- 监视和收集关于指定数据库活动的数据。例如：DBA 可收集哪些表经常被修改、用户执行了多少次逻辑 I/O 操作等统计数据，为数据库优化与性能调整提供依据。

对 DBA 而言，审计就是记录数据库中正在做什么的过程。审计记录可以告诉你正在使用哪些系统权限，使用频率是多少，多少用户正在登录，会话平均持续多长时间，正在特殊表上使用哪些命令，以及许多其他有关事实。

审计能帮助 DBA 完成的操作类型包括以下几种。

- 为管理程序准备数据库使用报表（每天/周连接多少用户，每月发出多少查询，上周添加或删除了多少雇员记录）。
- 如果怀疑有黑客活动，记录企图闯入数据库的失败尝试。
- 确定最繁忙的表，它可能需要额外的调整。
- 调查对关键表的可疑更改。
- 根据用户负载方面的预期增长，规划资源消耗。

审计功能把用户对数据库的所有操作自动记录下来放入审计日志（Audit Log）中。审计日志一般包括下列内容。

- 操作类型（如修改、查询等）。
- 操作终端标识与操作人员标识。
- 操作日期和时间。
- 操作的数据对象（如表、视图、记录、属性等）。
- 数据修改前后的值。

审计功能主要用于安全性要求较高的部门。

审计一般可以分为用户级审计和系统级审计。用户级审计是任何用户可设置的审计，主要是针对自己创建的数据库或视图进行审计，记录所有用户对这些表或视图的一切成功和（或）不成功的访问要求以及各种类型的 SQL 操作。系统级审计只能由 DBA 设置，用以监测成功或失败的登录要求、监测 GRANT 和 REVOKE 操作以及其他数据库级权限下的操作。

4.5　数　据　加　密

前面介绍的几种数据库安全措施，都是防止非授权用户从数据库系统窃取重要数据，但这种窃取并不可能完全杜绝，例如盗取存储数据的磁盘，或在通信线路上窃取数据。为了防止这类窃密活动导致重要数据泄露，比较好的办法是对数据加密。

数据加密的基本思想是根据一定的算法将原始数据（被称为明文）加密成为不可直接识别的格式（被称为密文），数据以密文的形式进行存储和传输，这样一来即使加密数据被窃取，如果窃取者没有解密方法，就无法知道数据的真实内容。

一种好的加密技术,必须具有下列特征。

- 数据提供者可轻易加密。
- 授权用户可轻易解密。
- 保密性不依赖于加密算法的保密性而依赖于加密密钥对入侵者保密。
- 入侵者难以推知加密密钥。

数据加密后,对于不知道解密算法的人,即使利用系统安全措施的漏洞非法访问数据,也只能看到一些无法辨认的二进制代码。而合法的用户检索数据时,首先提供密码钥匙,由系统进行译码,然后才能得到可识别的数据。

用加密格式存储数据,在存入时需要加密(encrypt),在查询时需要解密(decrypt),这个过程会占用大量系统资源,降低数据库的性能。因此数据加密功能通常允许用户自由选择,只对那些保密要求特别高的数据,如军事数据、国家机密数据、财务数据等才采用此方法。

4.5.1 加密的原理和方法

加密方案需要一个包含下列组件和概念的密码系统。

- 对原始数据(称为明文)进行加密的加密算法。
- 加密时需要用到的加密密钥。
- 将加密后的编码文本(称为密文)转换回原始明文的解密算法。
- 解密时需要用到的解密密钥。

图 4.4 为加密解密过程示意图。注意密钥用法及出现加密和解密的位置。

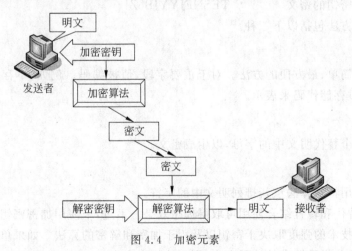

图 4.4 加密元素

我们举一个例子来简单介绍加密过程。首先使用简单替代方法,之后使用简单加密密钥。假设要加密的明文为 ADMINISTRATOR。

第一步,使用简单替代技术,将明文中的各个字母按字母表顺序右移三位。A 成为 D,D 成为 G,以此类推。结果密文为 DGPLQLVWUDWRU。

若入侵者看到大量密文示例,则可能推断出加密算法。

第二步,使用加密密钥,这是对简单替代方法的微小改进。此处使用一个约定为 SAFE 的简单加密密钥。为明文的每个 4 字符段应用密钥,如下所示。

ADMINISTRATOR

SAFESAFESAFES

加密算法采用以下方式转换明文的各个字符。

给出明文和密钥中的各个字符在字母表方案中的位置编号,如 A 为 1,Z 为 26,明文中的空格为 27。将明文中各个字母的位置编号与密钥对应字母的位置编号相加,和除以 27 取模,换言之,和除以 27,并将余数用于算法。使用取模得到的数字结果,找出要在密文中替入的字母。

现将该算法应用于明文的第一个位置。

明文字母   A   密钥字母   S

位置编号   1   位置编号   19

位置编号和为(1+19)。

除以 27 取模的结果为 20/27,余数为 20。

位置 20 的字母为 T。所以,明文的第一个字母 A 被替代为密文的 T。

在完成所有替代后,密文为 TESNFJYYJBbZJ(b 表示空格)。

比较这两种方法生成的密文可以看到,即使使用一个简单密钥和相当简单的算法,也可以改善加密方案。

原始明文   ADMINISTRATOR

使用简单替代的密文   DGPLQLVWUDWRU

使用简单密钥的密文   TESNFJYYJBbZJ

常用加密方法包括以下三种。

1. 编码

编码是最简单、最方便的方法。对于重要字段,值被编码。例如,不存储银行分支的名称,而是通过存储代码来表示。

2. 替代

替代是逐个替代明文中的字母,以生成密文。

3. 转置

转置是使用特殊算法重新排列明文中的字符。

一般地,替代和转置结合使用可取得理想效果。不过,未使用加密密钥的技术无法提供充分保护。技术的强度取决于密钥以及用于加密和解密的算法。如果单纯使用替代和转置,若入侵者分析足够多的编码文本,则可能解密文本。

根据加密密钥的使用和部署,可将加密技术分为对称加密和非对称加密两种类型。

对称加密技术指加密和解密使用相同加密密钥。密钥必须保密,以防范潜在入侵者。该技术依赖于安全通信,以便在数据提供者和授权用户之间交换密钥。若密钥确实安全,则要将密钥作为消息本身的一部分。这么做效率不高,大多数密钥较短。数据加密标准(Data Encryption Standard,DES)是该技术的一个例子。

非对称加密技术指加密和解密使用不同密钥。一种是公开的公钥,另一种是只有授权用户知道的私钥。加密算法也可以公开。公钥加密(RSA)是一种非对称加密方法。

4.5.2　数据加密标准

该技术(DES)在 1977 年由 IBM 开发和设计,被国家标准局采用为正式 DES。从那时起,各种行业机构开始采用 DES。该技术的加密和解密使用单个密钥。密钥必须保持秘密,以防范潜在入侵者。同样,加密算法绝不能对外公开。该算法由字符替代和转置(或置换)构成。

DES 的工作原理是将明文划分为块,每个块 64 位。用 64 位密钥来加密各个块。密钥虽有 64 位长,但有效位仅 56 位,其余 8 位用作奇偶校验位。即使 56 位密钥,也可能有 2^{56} 种可能的不同密钥。所以,在建立密钥时,选择余地非常大。

4.5.3　公钥加密

该技术克服了 DES 技术的一些相关问题。在 DES 中,必须保持加密密钥的秘密,而这是一件非常棘手的事情。公钥加密可解决此问题。不必保持公钥及加密算法的秘密。

公钥加密(RSA)技术由 Rivest、Shamir 和 Adleman 提出,该技术得到广泛应用。按三名创始者的姓名首字母,将其称为 RSA。RSA 模型基于以下概念。

* 使用两个加密密钥,一个是公钥,另一个是私钥。
* 每位用户都有公钥和私钥。
* 公钥向所有人发布,是公开的。
* 加密算法也可免费看到。
* 只有个体用户知道自己的私钥。
* 加密算法和解密算法相反。

RSA 的一个非常重要的应用就是实现数字签名(Digital Signature),数字签名是指附加在数据单元上的一些数据,或是对数据所做的密码变换,这种数据变换能使数据接收者确认数据的来源、完整性并保护数据。数字签名可以作为某个文档的出处证明,就像日常生活中应用的手写签名一样。这一概念是 Diffie-Hellman 1976 年首次采用的,但是和公钥系统一样,绝大多数数字签名系统也是建立在 RSA 算法 River et al. 1978 或者是特别为签名而开发的其他算法的基础上的。

* 数字签名主要通过单向 Hash 函数和公钥算法共同实现,单向是指从 Hash 值无法推知报文值。数字签名技术的基本思想是签名只能由一个人(个体)创建,但可以被任何人校验。每一个数字签名方案都有一个密钥对生成函数,即给定随机输入 R 将输出两个密钥 AR(私人签名密钥)和 VR(公共签名密钥)。签名方案可以是确定的,也可以是随机的,并可通过签名验证算法进行验证操作。

4.5.4　常用的数据库加密方法

较之传统的数据加密技术,数据库密码系统有其自身的要求和特点。传统的加密以报文为单位,加密解密都是从头至尾顺序进行的。数据库数据的使用方法决定了它不可能以整个数据库文件为单位进行加密。当符合检索条件的记录被检索出来后,就必须对该记录迅速解密。然而该记录是数据库文件中随机的一段,无法从中间开始解密,除非从头到尾进行一次解密,然后再去查找相应的这个记录,显然这是不合适的。必须解决随机地从数据库文件中某一段数据开始解密的问题。

数据库加密通过对明文进行复杂的加密操作,以达到无法发现明文和密文之间、密文和密钥之间的内在关系的目的,也就是说经过加密的数据经得起来自操作系统和数据库管理系统(DBMS)的攻击。另一方面,数据库管理系统(DBMS)要完成对数据库文件的管理和使用,必须具有能够识别部分数据的条件,而对数据库中的部分数据进行加密处理后,会影响到数据库管理系统(DBMS)对数据库管理的原有功能。

1. 基于文件的加密

加密整体数据库文件。

2. 字段加密

通常情况下,以下几种字段不宜加密。

· 索引字段不能加密

为了达到迅速查询的目的,数据库文件需要建立一些索引。不论是字典式的单词索引、B 树索引或 Hash 函数索引等,它们的建立和应用必须是明文状态,否则将失去索引的作用。

· 关系运算的比较字段不能加密

DBMS 要组织和完成关系运算,参加并、差、积、商、投影、选择和连接等操作的数据一般都要经过条件筛选,这种条件选择项必须是明文,否则 DBMS 将无法进行比较筛选。例如,要求检索工资在 1000 元以上的职工人员名单,“工资”字段中的数据若加密,SQL语句就无法辨认比较。

· 表间的连接码字段不能加密

数据模型规范化以后,数据库表之间存在着密切的联系,这种相关性往往是通过外部编码联系的,这些编码若加密就无法进行表与表之间的连接运算。

3. 记录加密

字段加密具有最高的安全性,但是字段加密需要频繁地对字段数据进行加/解密处理,特别是一个字段使用一个密钥时,加/解密过程会严重影响应用程序访问数据库数据的效率。如果应用系统对数据库安全等级要求不是过高的话,可以考虑直接对整个记录结构进行加密。记录加密的过程是将表中行的所有字段或部分字段组成一个整体,进行统一加密,当应用程序访问数据库中的表记录时,再将行的所有字段或部分字段进行统一解密。记录加密时可以使用单个密钥或多个密钥。单个密钥是表中的所有行共有的一个密钥,这样可以提高整个表的加密/解密速度,但是会降低安全性;多个密钥是表中的每行使用不同的密钥,可以在表的记录结构中加入一个保存密钥的字段对行密钥进行管理。

为了减少对数据库管理系统功能的影响,在对记录行加密时,应仔细考虑哪些字段可以纳入加密范围,哪些字段不宜进行加密。一般情况下关键字段、索引字段、外码字段等字段不宜纳入整个记录进行加密。

4. 子密钥加密技术

为了解决数据库的记录加密技术存在的问题,G. I. David 等人提出了子密钥数据库加密技术。子密钥加密算法的核心思想是根据数据库(特别是关系型数据库)中数据组织的特点,在加密时以记录为单位进行加密操作,而在解密时以字段为单位对单项数据进行解密操作。两者所用的密钥是不同的,加密所用的密钥是针对整个记录的密钥,而解密所用的密钥是针对单个数据项的子密钥。该算法的理论依据是著名的中国剩余定理。

5. 秘密同态技术

上述数据库加密方法可以应用于不同的环境,但存在一个共同的问题。对于所形成的密文数据库无法进行操作,也就是说,对于密文数据库,若要对某些字段进行统计、平均、求和等数学运算时,必须先对这些字段进行解密运算,然后对明文进行数学运算,之后再加密。这样首先增大了时空开销;其次,在实际应用中,对于某些重要或敏感数据,无法满足用户对其进行操作但又不让用户了解其中信息(例如,在每个雇员的工薪信息保密的情况下给雇员的工薪增加 15%)的需要。如果能对密文数据库进行数学运算和常规的数据库操作,显然就能够解决上面存在的问题,并可以大大削减加密、解密所需要的时空开销,大大提高数据库的运行效率。秘密同态(Private Homomorphism)技术就是一个能解决上述问题的有效方法。但目前该技术还没有解决在数据库上进行比较操作的问题。

4.6　统计数据库安全性

有一类数据库称为"统计数据库",例如行业收入记录数据库、人口调查数据库等,它们包含大量机密信息,但其目的只是向公众提供统计、汇总信息,而不提供单个记录的内容。也就是说,统计数据库仅允许查询某些记录的统计值,包括记录数、和、平均值等。如"职员的平均工资是多少",这是一个合法查询;而"职员甲的工资是多少",这就是一个非法查询。

在统计数据库中,虽然不允许用户查询单个记录的信息,但是用户可以通过处理足够多的汇总信息分析出单个记录的信息,这就给统计数据库的安全性带来了严重威胁。

例如,某一用户甲想知道另一用户乙的工资数额,他可以通过下列两个合法查询获取。

(1) 用户甲和其他 N 个职员的工资总额是多少?

(2) 用户乙和其他 N 个职员的工资总额是多少?

假设第一个查询的结果是 X,第二个查询的结果是 Y,用户甲自己的工资是 Z,那么他可以计算出用户乙的工资 $=Y-(X-Z)$。

统计数据库应该防止上述问题的发生。问题产生的原因是两个查询包含了许多相同的信息,如果限制两次查询相交数据项的数量,则将增加用户甲获取用户乙相关信息的难度。

因此,在统计数据库中,应对查询做下列限制。

(1) 一个查询查到的记录个数至少是 N;

（2）两个查询的相交记录数至多是 M。

系统可以调整 N 和 M 的值，使得用户很难在统计数据库中获取其他个别记录的信息，但要做到完全杜绝是不可能的。可以证明，如果一个破坏者只知道他自己的数据，他至少要花 $1+(N-2)/M$ 次才有可能获取其他个别记录的信息。因而系统应限制查询的次数在 $1+(N-2)/M$ 次以内。但这个方法依然不能限制两个破坏者联手查询导致数据泄露。

保证统计数据库安全的另一种方法是"数据污染"，也就是在回答查询时，提供一些偏离正确值的数据，以免数据泄露。当然，这个偏离要在不破坏统计数据正确性的前提下进行。

无论采取什么样的安全性机制，都仍然会存在绕过这些机制的途径。好的安全措施应该使那些试图破坏安全的人所花费的代价远远超过他们所得到的利益，这也是整个数据库安全机制设计的目标。

习　题　4

1. 什么是数据库的安全性？
2. 数据库系统安全性和计算机系统安全性之间有什么样的关系？
3. 简述数据库安全威胁的种类和概念。
4. 数据库系统安全性涉及哪些安全层次？
5. SQL 语言中用于实现自主存取控制授权和回收的语句是什么？
6. 假设有下面两个关系模式。

职工（职工号，姓名，年龄，职务，工资，部门号）；

部门（部门号，名称，经理名，地址，电话号码）。

对于上面的两个关系模式，请用 SQL 的 GRANT 和 REVOKE 语句（加上视图机制）完成以下授权定义或存取控制功能。

（1）用户王明对两个表有 SELECT 权限；

（2）用户李勇对两个表有 INSERT 和 DELETE 权限；

（3）每位职工只对自己的记录拥有 SELECT 权力；

（4）用户刘星对职工表有 SELECT 权力，对工资字段具有更新权限；

（5）用户张新具有修改这两个表的结构的权限；

（6）用户周平具有对两个表的所有权限（读、插、删、改数据），并具有给其他用户授权的权限；

（7）用户杨兰具有从每个部门职工中查询最高工资、最低工资、平均工资的权限，但他不能查看每个人的工资。

7. 对上题中的每一种情况，撤销各用户所获得的权限。

8. 什么是数据库的自主存取控制方式和强制存取控制方式？

第5章 数据库的完整性

数据库的完整性是指为维护数据库输入数据的正确性、有效性和一致性,防止数据库中存在不符合语义规定的数据和防止因错误数据的输入输出造成无效操作或错误信息,而对数据做的必要检验。

所谓正确性是指数据的合法性,一个数值型数据只能含 0,1,…,9,不能含字母或特殊符号,含了就不正确,就失去了完整性;所谓有效性是指数据是否在定义的有效范围,例如,不能有某人一天内工作了 28 小时、一个 25 岁的职工有 35 年的工龄,表示月份只能用1~12 的正整数,库存数量必须大于等于 0,学生性别只能是男或女……所谓一致性(或相容性)是指表示同一个事实的两个数据(可能存放在两个不同的关系中)应相同或者需要引用制约。比如一个人不能有两个不同的年龄、学生所选的课程必须是学校开设的课程、学生所在的院系必须是学校已成立的院系等。总之,数据完整性要保证各个数据域的内容有效,确保各个文件或表中的数据值的关系一致,确保数据库中的数据可以成功和正确地更新。显然,维护数据库的完整性非常重要。

为了实现完整性控制,数据库管理员应向 DBMS 提出一组完整性规则,这组规则的实现是由 DBMS 提供的语句表达的,由系统加以编译并存入系统数据字典中。

一般情况下,RDBMS 可通过两种方法实现数据完整性,即声明数据完整性和过程数据完整性。声明数据完整性是通过在对象定义中定义的条件来实现数据完整性的,是由系统本身的自动强制来实现的,它包括使用各种列级或表级约束实现。过程数据完整性是通过在脚本语言中定义的完整性条件来实现的,当执行这些脚本时,就可以强制完整性的实现。过程数据完整性的方式包括使用触发器和存储过程。

实现基本数据完整性的首选方法是使用声明数据完整性,而在更复杂的业务逻辑和特殊情况中则需要使用过程完整性。

数据的完整性是为了防止数据库中存在不符合语义的数据,也就是防止数据库中存在不正确的数据。完整性约束提供了一种手段来保证当授权用户对数据库做修改时不会破坏数据的一致性。因此,完整性检查和约束的目标是防止不合语义的、不正确的数据进入数据库以及授权用户对数据的意外破坏。而安全性则是防范非法用户和非法操作,防止非法用户对数据库数据的非法存取。因此,完整性与安全性是两个不同的概念。

强制数据完整性可保证数据库中数据的质量。例如,如果输入了 employee_id 值为123 的雇员,则该数据库不应允许其他雇员使用具有相同值的 ID,从而确保员工编号的唯一性。如果想将 employee_rating 列的值范围设定为从 1 到 5,则数据库不应接受值 6,

从而确保员工等级数据的有效性。如果表有一个存储雇员部门编号的 dept_id 列,则数据库应只允许接受有效的公司部门编号的值。

为维护数据库的完整性,DBMS 必须具备以下要求。

1. 提供定义完整性约束条件的机制

完整性约束条件也称为完整性规则,是数据库中的数据必须满足的语义约束条件。SQL 标准使用了一系列概念来描述完整性,包括关系模型的实体完整性、参照完整性和用户定义完整性。这些完整性一般由 SQL 的 DDL 语句来实现。它们作为数据库模式的一部分存入数据字典中。

2. 提供完整性检查的方法

DBMS 中检查数据是否满足完整性约束条件的机制称为完整性检查。一般在 INSERT、UPDATE、DELETE 语句执行后开始检查,也可以在事务提交时检查。检查这些操作执行后数据库中的数据是否违背了完整性约束条件。

3. 违约处理

DBMS 若发现用户的操作违背了完整性约束条件,就采取一定的动作,如拒绝(NO ACTION)执行该操作,或级联(CASCADE)执行其他操作,进行违约处理以保证数据的完整性。

目前商用的 DBMS 产品都支持完整性控制。即完整性定义和检查控制由 DBMS 实现,不必由应用程序来完成,从而减轻了应用程序员的负担。

更重要的是使得完整性控制成为 DBMS 核心支持的功能,从而能够为所有用户和所有应用提供一致的数据库完整性。因为由应用程序来实现完整性控制是有漏洞的。有的应用程序定义的完整性约束条件可能被其他应用程序破坏,数据库数据的正确性仍然无法保障。

在 SQL Server 中,数据完整性分为三类:实体完整性、参照完整性、用户定义完整性。我们在前面的章节中已经讲解了关系数据库三类完整性约束的基本概念,下面讲解 SQL 语言中实现这些完整性控制功能的方法。

5.1 实体完整性

5.1.1 实体完整性定义

关系模型的实体完整性在 CREATE TABLE 中用 PRIMARY KEY 定义。对单属性构成的码有两种说明方法。一种是定义为列级约束条件,另一种是定义为表级约束条件。对多个属性构成的码只有一种说明方法,即定义为表级约束条件。

【例 5.1】 将 spxx 表中的 spbh 属性定义为码。

```
CREATE TABLE spxx
  (spbh Char(6) PRIMARY KEY,              /* 在列级定义主码 */
   spmc Nchar(10) NOT NULL,
```

```
    pp Nchar(10),
    xh Nchar(10),
    xsdj Money
);
```

或者

```
CREATE TABLE spxx
    (spbh Char(6) ,
    spmc Nchar(10) NOT NULL,
    pp Nchar(10),
    xh Nhcar(10),
    xsdj Money,
    PRIMARY KEY (spbh)                    /*在表级定义主码*/
);
```

【例 5.2】 将 xxqk 表中的 cjbh,spbh 属性组定义为码。

```
CREATE TABLE xxqk
    (cjbh Char(6) NOT NULL,
    spbh Char(6) NOT NULL,
    xssl Int,zje Money,
    xsrq Datetime,ygbh Char(6),
    PRIMARY KEY(cjbh,spbh)                /*只能在表级定义属性组构成的主码*/
);
```

5.1.2　实体完整性检查和违约处理

用 PRIMARY KEY 短语定义了关系的主码后,每当用户程序对基本表插入一条记录或者对主码列进行更新操作时,RDBMS 将按照实体完整性规则自动进行检查,包括以下几点。

① 检查主码值是否唯一,如果不唯一则拒绝插入或修改。

② 检查主码的各个属性是否为空,只要有一个为空就拒绝插入或修改,从而保证了实体完整性。

检查记录中主码值是否唯一的方法主要有全表扫描法及索引检查法。

全表扫描法依次判断表中每一条记录的主码值与将插入记录上的主码值(或者修改的新主码值)是否相同。

全表扫描十分耗时,为避免对基本表进行全表扫描,RDBMS 核心一般都在主码上自动建立一个索引,如图 5.1 所示的 B+树索引。

通过索引查找基本表中是否已经存在新的主码值,将大大提高效率。例如,如果新插入记录的主码值是 26,通过主码索引,从 B+树的根结点开始查找,只要读取三个结点就可以知道该主码值已经存在,所以不能插入这条记录。这三个结点是根结点(56)、中间结点(15 32)、叶结点(15 21 26)。如果新插入记录的主码值是 86,也只要查找三个结点就可以知道该主码值不存在,所以可以插入该记录。

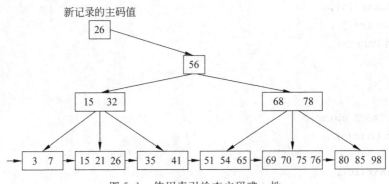

图 5.1   使用索引检查主码唯一性

5.2   参照完整性

参照完整性以外码与主码之间或外码与唯一码之间的联系为基础。参照完整性确保主、外码值在所有表中一致，即要求外码不引用不存在的主码值，如果一个主码值发生更改，则整个数据库中，对该主码值的所有引用要进行一致的更改。

强制实现参照完整性时，RDBMS 可防止用户执行下列操作。

* 在主表(主码所在的表)中没有关联的记录时，将记录添加或更改到相关表(外码所在的表)中。
* 更改主表中的值，从而导致相关表中生成孤立记录(即在主表中找不到主码值与该记录外码值相等的对应记录)。
* 从主表中删除记录，但相关表中仍存在与该记录匹配的相关记录。

5.2.1   参照完整性定义

关系模型的参照完整性在 CREATE TABLE 中用 FOREIGN KEY 短语定义哪些列为外码，用 REFERENCES 短语指明这些外码参照哪些表的主码。

例如，关系 xxqk 表中一个元组表示一件商品的销售情况，(spbh,cjbh)是主码。而表中的 spbh 及 ygbh 分别参照引用了 spxx 表的主码和 ygzl 表的主码。

【例 5.3】   定义 xxqk 表中的参照完整性。

```
CREATE TABLE xxqk
  (cjbh Char(6) NOT NULL,
   spbh Char(6) NOT NULL,
   xssl Int,zje Money,
   xsrq Datetime,ygbh Char(6),
   PRIMARY KEY(cjbh,spbh)                        /*在表级定义实体完整性*/
   FOREIGN KEY (spbh) REFERENCES spxx(spbh),     /*在表级定义参照完整性*/
   FOREIGN KEY (ygbh) REFERENCES yg(ygbh)        /*在表级定义参照完整性*/
  );
```

5.2.2 参照完整性检查和违约处理

一个参照完整性将两个表中的相应元组联系起来了。因此,对被参照表和参照表进行增删改操作时有可能破坏参照完整性,必须进行检查。

例如,对于表 xsqk(参照表)和表 spxx(被参照表)来说,有 4 种可能破坏参照完整性的情况,如表 5.1 所示。

表 5.1 可能破坏参照完整性的情况及违约处理

序号	被参照表(例如 spxx)	参照表(例如 xsqk)	违约处理
1	可能破坏参照完整性 ←	插入元组	拒绝
2	可能破坏参照完繁性 ←	修改外码值	拒绝
3	删除元组 →	可能破坏参照完整性	拒绝/级联删除/设置为空值
4	修改主码值 →	可能破坏参照完整性	拒绝/级联修改/设置为空值

① xsqk 表中增加一个元组,该元组的外码属性 spbh 的值在表 spxx 中找不到任何一个元组,使得其主码属性 spbh 的值与新增元组的外码属性 spbh 的值相等。

② 修改 xsqk 表中的一个元组,修改后该元组的外码属性 spbh 的值在表 spxx 中找不到一个元组,使得其主码属性 spbh 的值与之相等。

③ 从 spxx 表中删除一个元组,造成 xsqk 表中某些元组的外码属性 spbh 的值在表 spxx 中找不到一个对应的元组,使其主码属性 spbh 的值与这些元组的外码属性 spbh 的值相等。

④ 修改 spxx 表中一个元组的主码属性 spbh 的值,造成 xsqk 表中某些元组的外码属性 spbh 的值在表 spxx 中找不到一个对应的元组,使其主码属性 spbh 的值与这些元组的外码属性 spbh 的值相等。

当上述的不一致发生时,系统可以采用以下的策略加以处理。

1. 拒绝(NO ACTION)执行

不允许该操作执行。该策略一般设置为默认策略。

2. 级联(CASCADE)操作

当删除或修改被参照表(spxx)的一个元组造成了与参照表(xsqk)的不一致,则删除或修改参照表中的所有造成不一致的元组。

例如,删除 spxx 表中的元组,spbh 值为 110102,则将要在 xsqk 表中级联删除 xsqk.spbh='110102'的所有元组。

3. 设置为空值(SET-NULL)

当删除或修改被参照表(spxx)中的一个元组造成参照表(xsqk)中出现孤立记录(即在被参照表中找不到主码值与该记录的外码值相等的对应记录)时,此时将参照表(xsqk)中所有造成不一致的记录的外码属性设置为空值。

又例,有下面两个关系。

学生(<u>学号</u>,姓名,性别,专业号,年龄)

专业(<u>专业号</u>,专业名)

学生关系的"专业号"是外码,因为专业号是专业关系的主码。

假设专业表(被参照表)中某个元组被删除,专业号为 12,对于两表间参照完整性设置为空值的策略,就要把学生表(参照表)中"专业号＝12"的所有元组的专业号的值设置为空值。该策略的语义为:某个专业删除了,该专业的所有学生的专业待定,等待重新分配新的专业。

对于外码能否设置为空值,要根据具体的应用环境语义而定。

有时外码可以设置为空。例如,上例中的学生表,"专业号"是外码,按照应用的实际语义可以取空值,表示这个学生的专业待定。

但有时外码不可设置为空。例如,在 xsqk 表中(cjbh,spbh)共同构成主码,二者均不可为空。如果被参照表 spxx 中某条记录被删除,参照表 xsqk 中也不可有一个元组的spbh 设置为空。如果 xsqk 表中的 spbh 为空,就说明不存在该商品或商品编号待定,但这个商品已经成交,这与实际应用环境的语义不符。在这种情况下,参照完整性不可以采用置空策略。

因此,在设置两表之间的参照完整性时,要明确指定外码列是否允许空值。

一般地,当对参照表和被参照表的操作违反了参照完整性时,系统选用默认策略,即拒绝执行。如果想让系统采用其他策略就必须在创建表的时候显式地加以说明。

【例 5.4】 显式说明参照完整性的违约处理示例。

```
CREATE TABLE xsqk
(cjbh Char(6) NOT NULL,
 spbh Char(6) NOT NULL,
 xssl Int, zje Money,
 xsrq Datetime, ygbh Char(6),
 PRIMARY KEY(cjbh,spbh),                      /* 在表级定义实体完整性 */
 FOREIGN KEY (spbh) REFERENCES spxx(spbh)     /* 在表级定义参照完整性 */
 ON DELETE CASCADE     /* 当删除 spxx 表中的元组时,级联删除 xsqk 表中相应的元组 */
 ON UPDATE CASCADE ,   /* 当更新 spxx 表中的 spbh 时,级联更新 xsqk 表中相应的元组 */
 FOREIGN KEY (ygbh) REFERENCES yg(ygbh)          /* 在表级定义参照完整性 */
 ON DELETE NO ACTION  /* 当删除 yg 表中的元组造成了与 xsqk 表中不一致时拒绝删除 */
 ON UPDATE CASCADE     /* 当更新 yg 表中的 ygbh 时,级联更新 xsqk 表中相应的元组 */
 );
```

从上面的例 5.4 可以看到 RDBMS 在实现参照完整性时,除了要提供定义主码、外码的机制外,还需要提供不同的删除与更新策略供用户选择。选择哪种策略,要根据实际应用需要来决定。

比如,根据实际需要,可以对 DELETE 和 UPDATE 采用不同的策略。例 5.4 中当删除被参照表 yg 表中的某元组,造成参照表(xsqk 表)出现孤立记录时,则拒绝删除被参照表 yg 表中该元组;而对更新操作则采取级联更新的策略。

5.3 用户定义的完整性

用户定义的完整性就是针对某一具体应用的数据必须满足的语义要求。例如某个属性必须取唯一值、某个属性的取值范围在 0～100 之间（例如学生的成绩）、某个非主属性不能取空值（比如在例 5.1 的 spxx 关系中必须给出商品名称，这样就可以要求商品名称不能取空值）等。

目前的 RDBMS 都提供了定义和检验这类完整性的机制，自定义完整性约束通过 RDBMS 自身加以实现，而不必通过应用程序编程来实现这一功能。

5.3.1 限制属性取值的约束条件的定义

在 CREATE TABLE 中定义属性的同时可以根据应用要求，定义属性上的约束条件，即属性值限制，包括：

- 列值非空（NOT NULL 短语）。
- 列值唯一（UNIQUE）。
- 检查列值是否满足一个布尔表达式（CHECK 短语）。
- 为列值指定默认值（DEFAULT 短语）。

1. 不允许取空值

【例 5.5】 在定义 ygzl 表时，说明 ygbh，xm 属性不允许取空值。

```
CREATE TABLE Ygzl
( ygbh Char(6) NOT NULL,                 /* ygbh 属性不允许取空值 */
  xm Nchar(8) NOT NULL,                  /* xm 属性不允许取空值 */
  Dy BIT ,
  Jl TEXT ,
  PRIMARY KEY (ygbh)        /* 实际上本例中 ygbh 属性不允许取空值的约束可以不写 */
  );            /* 因为在表级定义了实体完整性(ygbh 为主码)，而主码属性默认不可取空值 */
```

2. 列值唯一

【例 5.6】 建立供货商表 ghs，要求联系电话 lxdh 属性列值唯一，供货商编号 ghsbh 列为主码。

```
CREATE TABLE ghs
( ghsbh Char(3),
  ghsmc Nchar(20),
  szd Nchar(10),
  lxdh Char(20) UNIQUE,                  /* 要求联系电话 lxdh 属性列值唯一 */
  PRIMARY KEY (ghsbh)
  );
```

3. 用 CHECK 短语指定列值应该满足的条件

【例 5.7】　yg 表的 xb 只允许取值"男"或"女"。

```
CREATE TABLE yg
( ygbh Char(6) PRIMARY KEY,                    /* 在列级定义主码 */
  xb Nchar(2) CHECK(xb IN(N'男',N'女')),      /* 性别属性 xb 只允许取 '男' 或 '女' */
  jbgz Money, zw Nchar(4), mm Char(6)
);
```

【例 5.8】　kc 表的 kcsl 列的值应该大于等于 0。

```
CREATE TABLE kc
  ( spbh Char(6),
    ghsbh Char(6),
    jhrq Datetime,
    jhj Money,
    kcsl Int CHECK(kcsl>=0),                   /* 库存数量属性值应该大于等于 0 */
    PRIMARY KEY (spbh)
  );
```

4. 用 DEFAULT 短语指定某列的默认值

【例 5.9】　yg 表的职务列 zw 默认值为柜员。当向 yg 表插入新的数据时,如果没有指定该列的值,则将使用默认值填充该列。

```
CREATE TABLE yg
( ygbh Char(6) NOT NULL,
  xb Nchar(2) CHECK(xb IN(N'男',N'女')),
  jbgz Money,
  zw Nchar(4) DEFAULT N'柜员',
  mm Char(6),
  PRIMARY KEY (ygbh)
);
```

5.3.2　元组上约束条件的定义

与属性上约束条件的定义类似,在 CREATE TABLE 语句中可以用 CHECK 短语定义元组上的约束条件,即元组级的限制。同属性值限制相比,元组级的限制可以设置不同属性的取值之间的相互约束条件。

【例 5.10】　员工表 yg 中,员工编号属性 ygbh 与职务属性 zw 之间,具有相互制约关系:ygbh 的第一位为"1"时,其职务为"柜员";ygbh 的第一位为"2"时,其职务为"经理"。

```
CREATE TABLE yg
( ygbh Char(6) NOT NULL,
  xb Nchar(2) CHECK(xb IN(N'男',N'女')),
```

```
jbgz Money,
zw Nchar(4)DEFAULT N'柜员',
mm Char(6),
PRIMARY KEY (ygbh),
CHECK (substring(ygbh,1,1)='1' AND zw=N'柜员' OR substring(ygbh,1,1)='2'
    AND zw=N'经理')
);       /*定义了元组中属性 ygbh 和属性 zw 取值之间的约束条件*/
```

此例定义了表级 CHECK 约束条件,即表中每个元组必须满足 CHECK 中指定的条件:ygbh 的第一位为"1"时,其职务 zw 必须为"柜员";ygbh 的第一位为"2"时,其职务 zw 必须为"经理"。

5.3.3　约束条件的检查和违约处理

① 属性上约束条件的检查和违约处理。当往表中插入元组或修改属性的值时,RDBMS 就检查属性上的约束条件是否被满足,如果不满足则操作被拒绝执行。

② 元组上约束条件的检查和违约处理。当往表中插入元组或修改属性的值时,RDBMS 就检查元组上的约束条件是否被满足,如果不满足则操作被拒绝执行。

5.4　完整性约束命名子句

除前述的完整性约束条件定义形式,SQL 还可在 CREATE TABLE 语句中使用 CONSTRAINT 子句进行完整性约束条件的命名,从而可以灵活地增加、删除一个完整性约束条件。

1. 完整性约束命名子句

CONSTRAINT <完整性约束条件名>[PRIMARY KEY 短语|FOREIGN KEY 短语| CHECK 短语]

【例 5.11】　建立员工表 yg,要求员工编号 ygbh 不能为空值,性别 xb 值只能是"男"或"女",基本工资 jbgz 必须小于等于 20000,职务 zw 的默认值为"柜员",密码 mm 的长度必须小于等于 6,员工编号第一位为 1 时,职务必须是"柜员",员工编号第一位为 2 时,职务必须是"经理"。

```
CREATE TABLE yg
( ygbh Char(6) CONSTRAINT C1 NOT NULL,
  xb Nchar(2) CONSTRAINT C2 CHECK(xb IN(N'男',N'女')),
  jbgz Money CONSTRAINT C3 CHECK(jbgz<=20000),
  zw Nchar(4) CONSTRAINT C4 DEFAULT N'柜员',
  mm Char(6) CONSTRAINT C5 CHECK(LEN(mm)<=6),
  CONSTRAINT PK PRIMARY KEY (ygbh),
  CONSTRAINT C6 CHECK (substring(ygbh,1,1)='1' AND zw=N'柜员' OR
      substring(ygbh,1,1)='2' AND zw=N'经理')
);
```

在 yg 表上建立了 7 个约束条件,包括主码约束(命名为 PK)以及 C1、C2、C3、C4、C5 5 个列级约束和一个表级 CHECK 约束 C6。

【例 5.12】　建立员工资料表 ygzl,要求 ygzl 表中列 ygbh 的值必须已经存在于 yg 表中。

```
CREATE TABLE ygzl
( ygbh Char(6) NOT NULL,              /* ygbh 属性不允许取空值 */
  xm Nchar(8) NOT NULL,               /* xm 属性不允许取空值 */
  Dy bit,
  Jl Text,
  PRIMARY KEY (ygbh),
  CONSTRAINT YGZL_FK FOREIGN KEY(ygbh) REFERENCES yg(ygbh)
);
```

通过定义命名的外码约束,实现 ygzl 与 yg 两表的参照完整性约束。注意,由于 ygzl 与 yg 两表之间是一对一联系,二者可以合并为一张表。因此,ygzl 表中的列 ygbh 既是外码,又是主码。

2. 修改表中的完整性限制

我们可以使用 ALTER TABLE 语句修改表中的完整性限制。

【例 5.13】　修改 yg 表中的约束条件,要求对基本工资 jbgz 列值的限制改为最高 30 000 元。

实现方法是:可以先删除原来的约束条件,再增加新的约束条件。

```
ALTER TABLE yg DROP CONSTRAINT C3;
ALTER TABLE yg ADD CONSTRAINT C3 CHECK (jbgz<=30000);
```

5.5　触　发　器

5.5.1　触发器的概念及作用

触发器(Trigger)是用户定义在关系表或视图上的一类由事件驱动的特殊存储过程,它是在执行某些特定的 T-SQL 语句时自动执行的一种存储过程。一旦定义,任何用户对表或视图的增、删、改操作均由服务器自动激活相应的触发器,在 RDBMS 核心层进行集中的完整性控制。

在数据库中,约束(CONSTRAINT)和触发器(TRIGGER)均可用来保证数据的有效性和完整性。约束直接设置于数据表内,只能实现一些比较简单的功能操作,如实现字段有效性和唯一性的检查、自动填入默认值、确保字段数据不重复(即主键)、确保关联数据表间数据的一致性(即外键)等功能。

触发器类似于约束,但是比约束更加灵活,可以实施比 FOREIGN KEY 约束、CHECK 约束更为复杂的检查和操作,具有更精细和更强大的数据控制能力。因此,触发器常用来完成由数据库的完整性约束难以完成的复杂业务规则的约束,或用来监视对数据库的各种操作,实现审计的功能。

触发器在数据库里以独立的对象存储,它与存储过程和函数不同的是,存储过程与函数需要用户显式调用才执行,而触发器由一个事件来启动运行,即触发器是当某个事件发生时自动激活隐式执行的。并且,触发器不能接收参数。所以运行触发器就叫触发或点火(firing)。常见的触发事件指的是对数据库表或视图进行的 INSERT、UPDATE 及 DELETE 操作。有些 RDBMS 还将触发器的功能扩展到了数据库级,如数据库的启动与关闭也可被视为触发事件,从而触发相应的触发器。

触发器并不是 SQL 92 或 SQL 99 核心 SQL 规范的内容,但是很多 RDBMS 很早就支持触发器,因此不同的 RDBMS 实现的触发器语法也会有所不同。

本书以 SQL Server 2005 为例介绍触发器相关知识。

5.5.2　SQL Server 2005 触发器概述

1. 触发器常用功能

完成比约束更复杂的数据约束。触发器可以实现比约束更为复杂的数据约束。

检查所做的 SQL 是否允许。触发器可以检查 SQL 所做的操作是否被允许。例如,在产品库存表里,如果要删除一条产品记录,在删除记录时,触发器可以检查该产品库存数量是否为零,如果不为零则取消该删除操作。

修改其他数据表里的数据。当一个 SQL 语句对数据表进行操作的时候,触发器可以根据该 SQL 语句的操作情况来对另一个数据表进行操作。例如,一个订单取消的时候,触发器可以自动修改产品库存表,在订购量的字段上减去被取消订单的订购数量。

调用更多的存储过程。约束本身是不能调用存储过程的,但是触发器本身就是一种存储过程,而存储过程是可以嵌套使用的,所以触发器也可以调用一个或多个存储过程。

发送 SQL Mail。在 SQL 语句执行完之后,触发器可以判断更改过的记录是否达到一定条件,如果达到这个条件的话,触发器就可以自动调用 SQL Mail 来发送邮件。例如,当一个订单交费之后,可以给物流人员发送 Email,通知他尽快发货。

返回自定义的错误信息。约束是不能返回信息的,而触发器可以。例如插入一条重复记录时,可以返回一个具体的友好的错误信息给前台应用程序。

更改原本要操作的 SQL 语句。触发器可以修改原本要操作的 SQL 语句,例如原本的 SQL 语句是要删除数据表里的记录,但该数据表里的记录是重要记录,不允许删除,那么触发器就可以不执行该语句。

防止数据表构结更改或数据表被删除。为了保护已经建好的数据表,触发器可以在接收到 DROP 和 ALTER 开头的 SQL 语句里,不进行对数据表的操作。

2. 触发器分类

SQL Server 2005 根据 SQL 语句的不同,把触发器分为两大类:DML 触发器和 DDL 触发器。

① DML 触发器在数据库中发生数据操作语言(DML)事件时将启用。DML 事件包括在指定表或视图中修改数据的 INSERT 语句、UPDATE 语句或 DELETE 语句。

DML 触发器可以查询其他表，还可以包含复杂的 Transact-SQL 语句。DML 触发器又分为两类：AFTER 触发器和 INSTEAD OF 触发器。

触发器和激活它的语句作为一个事务处理，可以从触发器中的任何位置撤销。触发器定义可以包括 ROLLBACK TRANSACTION 语句，即使不存在当前的 BEGIN TRANSACTION 语句。激活触发器的语句看成是隐含事务的开始，除非包括当前的 BEGIN TRANSACTION 语句。如果检测到错误(例如，磁盘空间不足)，则整个事务自动回滚。

② DDL 触发器是 SQL Server 2005 的新增功能。当服务器或数据库中发生数据定义语言(DDL)事件(数据表/库发生 CREATE、ALTER 和 DROP 操作)时将调用这些触发器。DDL 触发器一般用于执行数据库中的管理任务，如审核和规范数据库操作、防止数据库表结构被修改等。

5.5.3　DML 触发器的创建和应用

当数据库中发生数据操作语言(DML)事件时将调用 DML 触发器。从而确保对数据的处理必须符合由触发器中 SQL 语句所定义的规则。

1. DML 触发器的主要优点

① DML 触发器可通过数据库中的相关表实现级联更改。例如，可以在 titles 表的 title_id 列上写入一个删除触发器，以使其他相关表中的各匹配行采取删除操作。该触发器用 title_id 列作为唯一键，在 titleauthor、sales 及 roysched 表中对各匹配行进行定位。

② DML 触发器可以防止恶意或错误的 INSERT、UPDATE 以及 DELETE 操作，并强制执行比 CHECK 约束定义的限制更为复杂的其他限制。与 CHECK 约束不同，DML 触发器可以引用其他表中的列。

③ DML 触发器可以评估数据修改前后表的状态，并根据该差异采取措施。

2. DML 触发器分类

① AFTER 触发器。可以用 FOR 来替换 AFTER。这类触发器是在记录已经改变完之后(AFTER)，才会被激活执行的，它主要是用于记录变更后的处理或检查，一旦发现错误，也可以用 ROLLBACK TRANSACTION 语句来回滚本次的操作。

② INSTEAD OF 触发器。当为表或视图定义了针对某一操作 INSERT、DELETE、UPDATE 的 INSTEAD OF 类型触发器，且执行了相应的 DML 操作时，尽管触发器被触发，但相应的 DML 操作并不被执行，而仅执行触发器本身定义体中所包含的 SQL 语句。这类触发器一般用来取代原本的 DML 操作，且在记录变更之前发生。

3. inserted 表和 deleted 表

SQL Server 为每个触发器都创建了两个专用表：inserted 表和 deleted 表。

这是两个逻辑表，它们在结构上和触发器所在的表的结构相同，SQL Server 会自动创建和管理这些表，在触发执行时存在，在触发结束时消失。可以使用这两个临时驻留内存的表测试某些数据修改的效果及设置触发器操作的条件。

① deleted 表存放由于执行 DELETE 或 UPDATE 语句而要从表中删除的所有行。在执行 DELETE 或 UPDATE 操作时，被删除的行或更新前的行从触发器表中被移

动(move)到 deleted 表。触发器表与 deleted 表不会有共同的行。

② inserted 表存放由于执行 INSERT 或 UPDATE 语句而要向触发器表中插入的所有行。

在执行 INSERT 或 UPDATE 操作时，新的行同时添加到触发器表中和 inserted 表中，inserted 表的内容是触发器表中新行的拷贝。

说明：UPDATE 事务可以看作是先执行一个 DELETE 操作，再执行一个 INSERT 操作，旧的行首先被移动到 deleted 表，然后新行同时添加到触发器表中和 inserted 表中。

4. 创建 DML 触发器

使用 CREATE TRIGGER 命令创建 DML 触发器的语法形式如下。

```
CREATE TRIGGER [schema_name.]trigger_name
ON {table|view}
[WITH [ENCRYPTION] EXECUTE AS Clause][,...n]]
{FOR|AFTER|INSTEAD OF} {[INSERT] [,] [UPDATE] [,] [DELETE]}
[WITH APPEND]
[NOT FOR REPLICATION]
AS
{sql_statement[;][...n]|EXTERNAL NAME <method specifier [;]>}
<method_specifier>::=assembly_name.class_name.method_name
```

从上面的语句格式可以看出，当创建一个触发器时必须指定如下选项。

① 触发器名称（[schema_name.]trigger_name）。触发器名（trigger_name）可以包含模式（schema）名，也可以不包含模式名。同一模式下，触发器名必须是唯一的；并且触发器名和<表名>必须在同一模式下。

② 触发对象，即在其上定义触发器的表或视图（table|view）。定义了触发器的表（视图）可简称触发器表（视图）。

③ 触发时间，即触发器将何时激发（FOR|AFTER|INSTEAD OF）。在触发事件发生之前（INSTEAD OF）还是之后（AFTER）触发，也就是触发事件和该 TRIGGER 的操作顺序。

④ 触发事件，即激活触发器的数据修改语句，有效选项为 INSERT、UPDATE 或 DELETE，多个数据修改语句可激活同一个触发器（[INSERT][,][UPDATE][,][DELETE]）；

⑤ 触发操作，也可称触发动作体，就是该 TRIGGER 被触发之后执行的编程语句（sql_statement），是触发器本身要做的事情。触发动作体既可以是一个匿名 Transact-SQL 过程块，也可以是对已创建存储过程的调用。

如果触发动作体执行失败，激活触发器的事件就会终止执行，触发器表或触发器可能影响的其他对象不发生任何变化。

对于创建触发器语句中各成分更详细的说明可查阅相关资料。

【例 5.14】 示例说明 inserted，deleted 表的作用。

程序清单如下。

```
CREATE TABLE SC (Sno char(10), Cno char(2), Score REAL)
```

```
GO
CREATE TRIGGER tr1
ON SC
FOR INSERT, UPDATE, DELETE
AS
  PRINT N'INSERTED表: '
  SELECT * FROM INSERTED
  PRINT N'DELETED表: '
  SELECT * FROM DELETED
GO
INSERT INTO SC VALUES('3130030103','c1',78)
UPDATE SC SET SNO='3130030101',SCORE=89 WHERE SNO='3130030103'
```

SC 表及其上的触发器创建完毕后,当使用 INSERT、UPDATE 语句对 SC 表操作时,会激活触发器,执行触发器中的代码。请在 SQL Server 2005 环境中运行本例代码,观察并分析代码执行结果,体会 inserted,deleted 表的用途。

【例 5.15】　创建一个触发器,在 yg 表上创建一个插入、更新类型的触发器。

程序清单如下。

```
CREATE TRIGGER tr_yg
ON yg
FOR INSERT, UPDATE
AS
BEGIN
  DECLARE @bh Varchar(6)
  SELECT @bh=inserted.ygbh FROM inserted    /*获取向表 yg 插入或更新操作时的新员
                                              工编号*/
  print N'插入或更新操作产生的新员工编号为: '+@bh
End
```

5. DML 触发器的应用

(1) 使用 INSERT 触发器

INSERT 触发器通常被用来更新时间标记字段,或者验证被触发器监控的字段中数据满足要求的标准,以确保数据的完整性。

【例 5.16】　建立一个触发器,当向 ygzl 表中添加数据时,如果添加的数据与 yg 表中的数据不匹配(没有对应的员工编号),则将此数据删除。

程序清单如下。

```
CREATE TRIGGER tr_ygzl_ins
ON ygzl FOR INSERT
AS
BEGIN
  DECLARE @bh Char(6)
  SELECT @bh=Inserted.ygbh FROM inserted
```

```
    IF NOT EXISTS(SELECT ygbh FROM yg WHERE yg.ygbh=@bh)
      DELETE ygzl WHERE ygbh=@bh
END
INSERT INTO ygzl VALUES('110009',N'张三',0,NULL)
```

使用上述 INSERT 语句向 ygzl 表中插入记录,运行后会发现并未插入成功,因为在关联表 yg 中不存在编号为 110009 的员工。

注意:因为外键约束先于触发器起作用,应先将 ygzl 表上的外键约束删除,才会使表上的触发器发挥作用。

【例 5.17】 创建一触发器,当向 yg 表插入或更新 jbgz 列时,该触发器检查插入的工资数据是否处于设定的范围内。

程序清单如下。

```
CREATE TRIGGER tr_yg_insupd
ON yg FOR INSERT, UPDATE
AS
  DECLARE @jbgz Money
  SELECT @jbgz=inserted.jbgz FROM inserted
  IF (@jbgz<1000 OR @jbgz >10000)
  BEGIN
    RAISERROR ('基本工资的取值必须在到之间', 16, 1)
    ROLLBACK TRANSACTION
  END
INSERT INTO yg VALUES('110009',N'女',30000,N'柜员','110001')2)
```

注意:由于约束先于触发器起作用,如果 yg 表的 jbgz 列上有约束,应该先删除约束,才可观察到触发器的作用。

(2) 使用 UPDATE 触发器

当在一个有 UPDATE 触发器的表中修改记录时,表中原来的记录被移动到删除表中,修改过的记录插入到了插入表中,触发器可以参考删除表和插入表以及被修改的表,以确定如何完成数据库操作。

【例 5.18】 当 xsqk 数据表中的数据发生更新变化时,为了保存更新前的历史数据,在 xsqk 表上创建了触发器。一旦 xsqk 表中的数据被 UPDATE 语句更改,更改前的历史数据将被存入 xsqk_his 表中。程序清单如下。

```
CREATE TABLE xsqk_his                    /*首先创建存放历史数据的表 xsqk_his*/
  (cjbh Char(6) NOT NULL,
   spbh Char(6) NOT NULL,
   xssl Int, zje Money,
   xsrq Datetime, ygbh Char(6),
   PRIMARY KEY(cjbh,spbh)
  );
GO
CREATE TRIGGER tr_xsqk_history           /*在 xsqk 表上创建保存历史数据的触发器*/
```

```
ON xsqk FOR UPDATE
AS
BEGIN
    IF (UPDATE(xsrq) OR UPDATE(xssl))  /*数据更新*/
    BEGIN
        INSERT xsqk_his(cjbh,spbh,xssl,zje,xsrq,ygbh)
        SELECT deleted.cjbh,deleted.spbh,deleted.xssl,
                deleted.zje,deleted.xsrq,deleted.ygbh
        FROM deleted,xsqk
        WHERE deleted.cjbh=xsqk.cjbh and deleted.spbh=xsqk.spbh
    END
END
UPDATE xsqk set xsrq=getdate(),xssl=5,zje=54
WHERE xsqk.cjbh='100002' and xsqk.spbh='110102'
```

经过上述语句的执行,可将 xsqk 表中被 UPDATE 语句更新过的记录的历史数据存入 xsqk_his 表中。

(3) 使用 DELETE 触发器

DELETE 触发器通常用于两种情况,第一种情况是为了防止那些确实需要删除但会引起数据一致性问题的记录的删除,第二种情况是执行可删除主记录的子记录的级联删除操作。

【例 5.19】 当删除表 yg 中的记录时,自动删除表 ygzl 中对应编号的记录,从而实现关联表中数据的级联删除。

程序清单如下。

```
CREATE TRIGGER tr_del_yg ON yg
FOR DELETE
AS
BEGIN
    DECLARE @ygbh Char(6)
    SELECT @ygbh=deleted.ygbh FROM deleted
    DELETE ygzl where ygbh=@ygbh
END
DELETE FROM yg WHERE ygbh='210002'
```

注意:外键约束会优先于触发器执行,请删除有关约束,再检验触发器对表数据的影响。

5.5.4　DDL 触发器的创建和应用

1. DDL 触发器简介

DDL 触发器会为响应多种数据定义语言(DDL)语句而激发。这些语句主要是以 CREATE、ALTER 和 DROP 开头的语句。

DDL 触发器与 DML 触发器比较的不同之处如下。

① DML 触发器被 INSERT、UPDATE 和 DELETE 语句激活。

② DDL 触发器被 CREATE、ALTER、DROP 和其他 DDL 语句激活。

③ 只有在完成相关的 DDL 语句后才运行 DDL 触发器。DDL 触发器无法作为 INSTEAD OF 触发器使用。

④ DDL 触发器不会创建 inserted 表和 deleted 表,但是可以使用 EVENTDATA 函数捕获有关信息。

DDL 触发器可用于管理任务,例如审核和控制数据库操作。DDL 触发器一般用于达到以下目的。

① 防止对数据库架构进行某些更改;

② 希望数据库中发生某种情况以响应数据库架构中的更改;

③ 要记录数据库架构中的更改或事件。

2. DDL 触发器的创建和应用

使用 CREATE TRIGGER 命令创建 DDL 触发器的语法形式如下。

```
CREATE TRIGGER trigger_name
ON {ALL SERVER|DATABASE}[WITH <ddl_trigger_option>[,...n]]
{FOR|AFTER} {event_type|event_group}[,...n]
AS {sql_statement[;] [...n]|EXTERNAL NAME <method specifier>[;]}
```

其中,

```
<ddl_trigger_option>::=[ENCRYPTION][EXECUTE AS Clause]
<method_specifier>::=assembly_name.class_name.method_name
```

ALL SERVER|DATABASE 指定了 DDL 触发器的作用域。

① 数据库范围。数据库范围内的 DDL 触发器都作为对象存储在创建它们的数据库中。

② 服务器范围。服务器范围内的 DDL 触发器作为对象存储在 master 数据库中。

例如,当数据库中发生 CREATE TABLE 事件时,都会触发为响应 CREATE TABLE 事件创建的数据库范围 DDL 触发器。每当服务器上发生 CREATE INDEX 事件时,都会触发为响应 CREATE INDEX 事件创建的服务器范围 DDL 触发器。

【例 5.20】 使用 DDL 触发器来防止数据库中的任一表被修改或删除,程序清单如下。

```
CREATE TRIGGER safety
ON DATABASE
FOR DROP_TABLE, ALTER_TABLE
AS
  PRINT 'You must disable Trigger "safety" to drop or alter tables!'
  ROLLBACK
```

假定上述触发器创建在数据库 XSGL 中,然后执行下述语句

```
USE XSGL
DROP TABLE kc
```

将显示出错提示信息。也就是说,在数据库 XSGL 中所进行的所有 DROP_TABLE,
ALTER_TABLE 语句都将被拒绝。

【例 5.21】 使用 DDL 触发器来防止在数据库中创建表,程序清单如下。

```
CREATE TRIGGER tr_dbsafety
ON DATABASE
FOR CREATE_TABLE
AS
  PRINT 'CREATE TABLE Issued.'
  SELECT
  EVENTDATA().value('(/EVENT_INSTANCE/TSQLCommand/CommandText)[1]',
  'Nvarchar(max)')
  RAISERROR ('New tables cannot be created in this database.', 16, 1)
  ROLLBACK
```

假定在数据库 XSGL 中创建上述触发器,然后执行 CREATE TABLE 语句,将会出
现出错提示。因为本触发器触发后将撤销 CREATE TABLE 语句所创建的表格。

【例 5.22】 创建服务器范围的 DDL 触发器 TR_CREATEDATABASE,用来防止
在服务器范围内创建数据库。如果已经存在 TR_CREATEDATABASE 触发器,则先删
除再重新创建,程序清单如下。

```
IF EXISTS(SELECT *
          FROM sys.server_triggers
          WHERE name='TR_CREATEDATABASE')
DROP TRIGGER TR_CREATEDATABASE ON ALL SERVER ;
GO
CREATE TRIGGER TR_CREATEDATABASE
ON ALL SERVER
FOR CREATE_DATABASE
AS
  PRINT 'Database Created'
  PRINT CONVERT (Nvarchar (1000),EventData())
  ROLLBACK
GO
```

触发器创建成功后,运行下述语句,将会触发 DDL 触发器,并产生相应的反馈信息。

```
CREATEDATABASE db1;
```

收到下列消息。

```
Database Created
<EVENT_INSTANCE><EventType>CREATE_DATABASE</EventType><PostTime>2013-04-
20T22:01:49.577</PostTime><SPID>53</SPID><ServerName>LENOVO-B82ECD20
```

```
</ServerName><LoginName>LENOVO-B82ECD20\TSJ</LoginName><DatabaseName>db1
</DatabaseName><TSQLCommand><SetOptions ANSI_NULLS="ON" ANSI_NULL_DEFAULT=
"ON" ANSI_PADDING="ON" QUOTED_IDENTIFIER="ON" ENCRYPTED="FALSE"/><CommandText>
CREATE DATABASE db1;</CommandText></TSQLCommand></EVENT_INSTANCE>
```

以上是 XML 格式显示的 EventData()函数的返回信息。

5.5.5 查看、修改和删除触发器

1. 查看触发器

如果要显示作用于表上的触发器究竟对表有哪些操作,必须查看触发器信息。在 SQL Server 中,有多种方法可以查看触发器信息,其中最常用的有如下两种。

① 使用 SQL Server 管理平台查看触发器信息;

② 使用系统存储过程查看触发器。

系统存储过程 sp_help、sp_helptext 和 sp_depends 分别提供有关触发器的不同信息。其具体用途和语法形式如下。

sp_help:用于查看触发器的一般信息,如触发器的名称、属性、类型和创建时间。

　　sp_help '触发器名称'

sp_helptext:用于查看触发器的正文信息。

　　sp_helptext '触发器名称'

sp_depends:用于查看指定触发器所引用的表或者指定的表涉及的所有触发器。

　　sp_depends '触发器名称'

　　sp_depends '表名'

2. 修改触发器

修改 DML 触发器的语法形式如下。

```
ALTER TRIGGER schema_name.trigger_name
ON (table|view)
[WITH <dml_trigger_option>[,...n]]
(FOR|AFTER|INSTEAD OF)
{[DELETE][,][INSERT][,][UPDATE]}
[NOT FOR REPLICATION]
AS {sql_statement[;][...n]|EXTERNAL NAME <method specifier>[;]}
<dml_trigger_option>::=[ENCRYPTION][&lEXECUTE AS Clause >]
<method_specifier>::=assembly_name.class_name.method_name
```

修改 DDL 触发器的语法形式如下。

```
ALTER TRIGGER trigger_name
ON {DATABASE|ALL SERVER}[WITH <ddl_trigger_option>[,...n]]
{FOR|AFTER}{event_type[,...n]|event_group}
AS {sql_statement[;]|EXTERNAL NAME <method specifier>[;]}
<ddl_trigger_option>::=[ENCRYPTION][&lEXECUTE AS Clause >]
```

```
<method_specifier>::=assembly_name.class_name.method_name
```

使用 sp_rename 命令修改触发器的名称,sp_rename 命令的语法形式如下。

```
sp_rename oldname,newname
```

【例 5.23】 修改 XSGL 数据库中 YG 表上的 DML 触发器。首先创建触发器 s_reminder,然后再修改。

程序清单如下。

```
CREATE TRIGGER s_reminder
ON YG
WITH ENCRYPTION
AFTER INSERT, UPDATE
AS
  RAISERROR ('不能对该表执行添加、更新操作',16,10)
  ROLLBACK
GO
```

下面修改触发器。

```
ALTER TRIGGER s_reminder
ON YG
AFTER INSERT
AS
  RAISERROR ('不能对该表执行添加操作', 16,10)
  ROLLBACK
GO
```

执行插入语句,将返回"不能对该表执行添加操作"的提示信息。

3. 删除触发器

由于某种原因,需要从表中删除触发器或者需要使用新的触发器,这就必须首先删除旧的触发器。只有触发器所有者才有权删除触发器。删除已创建的触发器有三种方法。

① 使用系统命令 DROP TRIGGER 删除指定的触发器,其语法形式如下。

```
DROP TRIGGER { trigger_name }[,...n][ON DATABASE|ON ALL SERVER]
```

其中,ON DATABASE|ON ALL SERVER 适用于 DDL 触发器。

② 删除触发器所在的表。删除表时,SQL Server 将会自动删除与该表相关的触发器。

③ 在 SQL Server 管理平台中,展开指定的服务器和数据库,选择并展开指定的表,右击要删除的触发器,从弹出的快捷菜单中选择"删除"选项,即可删除该触发器。

4. 禁用触发器

当不再需要某个 DDL 触发器时,可以禁用该触发器。禁用 DDL 触发器不会将其删除,该触发器仍然作为对象存在于当前数据库中。但是,当运行编写触发器程序所用的任何 DDL 语句时,不会激发触发器。

语法形式如下。

```
DISABLE TRIGGER {trigger_name}[ON Table_Name|DATABASE|ON ALL SERVER]
```

例如,禁用例 5.22 中创建的 DDL 触发器 TR_CREATEDATABASE。

```
DISABLE TRIGGER TR_CREATEDATABASE ON ALL SERVER
```

禁用例 5.23 中创建的 DML 触发器 s_reminder。

```
DISABLE TRIGGER s_reminder ON YG
```

可以重新启用禁用的 DDL 触发器。

```
ENABLE TRIGGER s_reminder ON YG
```

5.6 小 结

数据库的完整性是为了保证数据库中存储的数据是正确的。正确的是指符合现实世界语义的。本章讲解了 RDBMS 完整性实现的机制,包括完整性约束定义机制、完整性检查机制和违背完整性约束条件时 RDBMS 应采取的动作等。

在关系系统中,最重要的完整性约束是实体完整性和参照完整性,其他完整性约束条件则可以归入用户定义完整性。

这些数据库完整性的定义一般由 SQL 的 DDL 语句实现。它们作为数据库模式的一部分存入数据字典中,在数据库数据修改时 RDBMS 的完整性检查机制就按照数据字典中定义的这些约束进行检查。

完整性机制的实施会影响系统性能。因此,许多数据库管理系统对完整性机制的支持比对安全性的支持要晚得多也弱得多。随着硬件性能的提高,数据库技术的发展,目前的 RDBMS 都提供了定义和检查实体完整性、参照完整性和用户定义完整性的功能。

对于违反完整性的操作一般的处理是采用默认方式,即拒绝执行。对于违反参照完整性的操作,我们讲解了不同的处理策略。用户要根据应用语义来定义合适的处理策略,以保证数据库的正确性。

实现数据库完整性的一个重要方法是触发器。触发是定义在关系表上的由事件驱动的特殊存储过程。它的功能非常强,不仅可以用于数据库完整性检查,也可以用来实现数据库系统的其他功能,包括数据库安全性,以及更加广泛的应用系统的一些业务流程和控制流程,基于规则的数据和业务控制功能。

习 题 5

1. 什么是数据库的完整性?
2. 数据库的完整性概念与数据库的安全性概念有什么区别和联系?
3. 为维护数据库的完整性,DBMS 的完整性控制机制应具有哪些功能?

4. 说明可能破坏参照完整性的情况及相应的违约处理。

5. 解释参照完整性约束中的三种违约处理(即拒绝执行、级联操作、设置为空值)的具体含义。

6. RDBMS 在实现参照完整性时需要考虑哪些方面?

7. 设有下面两个关系模式。

职工(职工号,姓名,年龄,职务,工资,部门号),其中职工号为主码;

部门(部门号,名称,经理名,电话),其中部门号为主码;

用 SQL 语言定义这两个关系模式,要求在模式中完成以下完整性约束条件的定义。

①定义每个模式的主码;②定义参照完整性;③定义职工年龄不得超过 60 岁。

8. 在关系系统中,当操作违反实体完整性、参照完整性和用户定义的完整性约束条件时,一般是如何分别进行处理的?

9. 学生成绩管理数据库中有三张表:学生情况表 xsqk,学生课程表 xskc,学生成绩表 xscj。每张表的结构及表中记录如表 5.2~表 5.4 所示。

表 5.2 学生情况表(xsqk)结构

列名	数据类型	长度	允许空值	字段语义说明
xib	Nchar	10	√	系别
bj	Nchar	12	√	班级
zy	Nvarchar	30	√	专业
xh	Nchar	8	×	学号,主键
xm	Nchar	8	×	姓名
xb	Nchar	2	√	性别,默认值为男
csrq	Datetime	4	√	出生日期
zxf	Int		√	总学分
bz	Text	16	√	备注

表 5.3 学生课程表(xskc)结构

列名	数据类型	长度	允许空值	字段语义说明
kch	Nchar	3	×	课程号,主键
kcm	Nvarchar	30	×	课程名
kkxq	Tinyint		√	开课学期,取值范围 1~8
xs	Tinyint		√	学时
sf	Tinyint		√	学分

表 5.4 学生成绩表(xscj)结构

列名	数据类型	长度	允许空值	字段语义说明
xh	Nchar	8	×	学号,主键
kch	Nchar	3	×	课程号,主键
cj	Tinyint	30	√	成绩
xf	Tinyint		√	学分

各表中记录情况如表5.5～表5.7所示。

表5.5 学生情况表（xsqk）记录

xib	bj	zy	xh	xm	xb	csrq	zxf	bz
计算机	计算机0203	计算机应用与维护	02020101	王玲玲	女	1981-08-26	9	
计算机	计算机0203	计算机应用与维护	02020102	张燕红	女	1981-10-20	9	
计算机	计算机0203	计算机应用与维护	02020103	杨勇	男	1982-03-15		
计算机	计算机0203	计算机应用与维护	02020104	王洪庆	男	1983-05-17		
计算机	计算机0203	计算机应用与维护	02020105	陈园	女	1982-04-15		
计算机	信息管理0201	信息管理	02020201	黄薇娜	女	1983-08-19	8	
计算机	信息管理0201	信息管理	02020202	沈昊	男	1982-03-18	8	
计算机	信息管理0201	信息管理	02020203	傅亮达	男	1983-01-22		
计算机	信息管理0201	信息管理	02020204	任建刚	男	1981-12-21		
计算机	信息管理0201	信息管理	02020205	叶小红	女	1983-07-16		

表5.6 学生课程表（xskc）记录

kch	kcm	kkxq	xs	xf	kch	kcm	kkxq	xs	xf
101	计算机文化基础	1	86	4	210	操作系统	3	64	4
102	Qbasic	1	68	4	212	计算机组成	4	86	5
205	离散数学	3	64	4	216	数据库原理	2	68	4
206	VC	2	68	4	301	计算机网络	5	56	3
208	数据结构	2	68	4					

表5.7 学生成绩表（xscj）记录

xh	kch	cj	xf	xh	kch	cj	xf
02020101	101	85	4	02020201	101	86	4
02020101	212	70	5	02020201	208	80	4
02020102	101	90	4	02020202	208	50	4
02020102	102	80	4	02020202	216	60	4

要求：

① 首先，根据给出的三张表的结构，创建带有主键等约束的三张表。

② 将各表记录添加到相对应的表中。

③ 在学生成绩管理数据库中创建触发器 tri_ins_xscj，实现如下功能。当在 xscj 表中插入一条学生选课成绩信息后，实现自动更新该学生在 xsqk 表中的总学分信息。

④ 创建触发器 tri_del_xskc，实现当删除学生课程表 xskc 中某门课程的记录时，对应学生成绩表中所有有关此课程的记录均删除。

⑤ 创建触发器 tri_upd_xskc，实现当修改学生课程表（xskc）中的某门课的课程号时，对应学生成绩表（xscj）中的课程号也做相应修改。

⑥ 创建触发器 tri_del_xscj，实现如下功能。当在 xscj 表中删除一条学生选课成绩信息后，实现自动更新该学生在 xsqk 表中的总学分信息。

第 6 章　关系数据库的规范化

数据库设计是数据库应用领域重要的研究课题。如何构造一个合适的数据库模式，是数据库设计中一个极其重要而又基本的问题。总的来说，关系数据库设计的目标是生成一组关系模式，使我们既不必存储不必要的冗余信息，又可以方便地获取信息。关系数据库设计的方法之一就是设计满足适当范式的模式。要确定关系模式是否属于某一范式，还需要运用关系数据库理论加以分析。关系数据库的规范化理论最早是由关系数据库的创始人 E. F. Codd 提出的，后经许多专家学者对关系数据库理论作了深入的研究和扩展，形成了一整套有关关系数据库设计的理论。

在关系数据库系统中，关系模型包括一组关系模式，并且各个关系不是完全孤立的。如何设计一个合适的关系数据库系统，关键是关系数据库模式的设计，一个好的关系数据库模式应该包括多少关系模式，而每一个关系模式又应该包括哪些属性，又如何将这些相互关联的关系模式组建成一个适合的关系模型，这些工作决定了整个系统运行的效率，也是系统成败的关键所在，所以必须在关系数据库规范化理论的指导下逐步完成。

关系数据库规范化理论是关系数据库逻辑设计的一个理论指南。规范化理论研究了关系模式中各属性之间的依赖关系及其对关系模式性能的影响，探讨好的关系模式应该具备的性质以及达到好的关系模式的方法。规范化理论为我们提供了判断关系模式好坏的理论标准，帮助预测可能出现的问题，是数据库设计人员的有力工具，同时也使数据库设计有了严格的理论基础。

关系数据库的规范化理论主要包括三个方面的内容：函数依赖、范式（Normal Form）和模式设计。其中函数依赖起着核心的作用，是模式分解和模式设计的基础，范式是模式分解的标准。

本章主要讨论关系数据库规范化理论；讨论一个好的关系模式标准；以及如何将不好的关系模式转换成好的关系模式，并能保证所得到的关系模式仍能表达原来的语义。

6.1　为什么要规范化

6.1.1　规范化理论相关的基本概念

由于关系数据库规范化理论主要用于指导关系数据库的逻辑设计，用于判断数据库模式中的关系模式的好坏，因此有必要回顾一下数据库模式、关系模式等与规范化理论相关的基本概念。

在关系模式设计过程中,最初的关系模式可能会存在数据冗余、数据操作异常等不正常的现象。这些最初的关系模式经过模式分解可成为最终的合适的关系模式。我们可把这种最初设计的关系模式称为泛关系模式(Universal Relation Scheme)。可以把泛关系模式分解成一系列小的符合规范化要求的关系模式集合,这种比较小的最终的关系模式集合称为数据库模式(Database Scheme)。关系模式的当前值称为关系实例。关系实例是特定元组的集合。对数据库模式所包含的每一个关系模式赋予一个当前值,所构成的关系实例集合,称为数据库实例。

关系模式规范化设计的过程就是首先设计出泛关系模式,然后根据范式理论,将不符合用户需求的泛关系模式分解成多个关系模式的集合,最后得到符合用户需求的数据库模式。例如,使用类似的设计思路,可将一座城市通过规范化方法分解成组成城市的人、房屋、树木等。

下面再回顾一下关系模式的形式化定义及相关概念。

① 关系模式就是对一个关系的描述。

② 关系模式的一般形式为 $R(U,D,\mathrm{DOM},F)$,即一个关系模式在一般情况下是一个五元组。

其中各符号的含义为,R 表示关系名,U 表示全部属性集合,D 表示属性域的集合,即属性组 U 中属性所来自的域,DOM 表示 U 到 D 的映射关系、关系运算的安全限制,F 表示属性间的各种约束关系,即作用于 U 上的函数依赖集。

由于 D,DOM 对模式设计关系不大,因此在本章中把关系模式看作是一个三元组。

$$R(U,F)$$

例如:学生关系模式 S 可表示为

$$S(\{\mathrm{SNO,SN,SD,SA}\},\{\mathrm{SNO}\rightarrow\mathrm{SN,SNO}\rightarrow\mathrm{SD,SNO}\rightarrow\mathrm{SA}\})$$

③ 当且仅当 U 上的一个关系 r 满足 F 时,r 称为关系模式 $R(U,F)$ 的一个关系。其中,R 称为关系的型(或模式),r 为关系的值,每一个值 r 称为关系模式 R 的一个关系实例。

④ 一个关系数据库由多个具体关系构成。一个关系数据库模式包括多个不同的关系模式。换句话说,一个关系数据库模式就是一个数据库中所有关系模式的集合,它规定了一个关系数据库的全局逻辑结构。

⑤ 关系数据库模式中所有关系模式的具体关系的集合称为关系数据库。关系数据库模式是数据库的型的表示,而关系数据库则是数据库的值的表示。

6.1.2　异常问题

前文曾经指出,一个关系模式的所有属性必须是不可再分的原子项,这实际上是对关系模式最基本的规范化要求,但一个已经满足了属性是不可再分的原子项的关系模式,还存在一些什么问题? 下面通过一个具体的数据库模式设计情况分析加以说明。

假设需要设计一个学生学习情况数据库 StuDB,它有属性 S#(学号)、SN(姓名)、SD(所在系)、SA(年龄)、C#(课程号)、CN(课程名)、G(成绩)、PC#(先修课编号)。基于这

8 个属性,可以构造出几种不同的关系数据库模式,下面是其中两种。

① 数据库模式一。

S_C_G(S♯,SN, SD, SA,C♯,CN,G,PC♯)

② 数据库模式二。

S(S♯,SN,SD,SA)

C(C♯,CN,G,PC♯)

SC(S♯,C♯,G)

假定表 6.1 是关系模式 S_C_G 的一个实例。

表 6.1　S_C_G 的一个实例

S♯	SN	SD	SA	C♯	CN	PC♯	G
0001	张华	计算机	17	C101	离散数学		5
0001	张华	计算机	17	C102	数据结构	C101	5
0001	张华	计算机	17	C105	数据库	C102	5
0002	李明	数学	19	C103	操作系统	C102	3
0002	李明	数学	19	C105	数据库	C102	3
0003	刘强	机电工程	18	C307	机械制图		4

从表中不难看出,第一种数据库模式存在下列缺点。

(1) 冗余度大

数据冗余就是指相同信息的数据在关系的多个元组中重复出现。它不仅导致数据量的增加,使系统处理速度变慢,效率降低,而且易发生错误,影响全系统的性能。比如,上表中学生每选一门课,有关他本人的信息,都要重复存放一次,从而造成数据的极大冗余,将浪费大量的存储空间。例如"张华"选修三门课程,其个人信息重复存放了三遍。

(2) 修改异常

由于数据冗余,当修改数据库中的数据时,系统要付出很大的代价来维护数据库的完整性,否则会面临数据不一致的危险。比如,"张华"调换专业,由"计算机系"调换到"机电工程系",但在修改时由于疏忽大意,只修改了第一行的内容,忘记修改后两条记录。导致"张华"出现两个"所在系"的名称。这种修改了关系中某一个元组中的信息,而没有修改该关系中另一些元组中相同的信息的情况,可称为修改异常。

(3) 插入异常

向关系插入一个元组数据时,只知道该元组的一部分数据,而另外一部分数据不知道,结果已知的数据由于未知的数据而无法插入到关系中,这是数据库功能上的一种不正常现象,称之为插入异常。

例如,本例中的关系模式,其主码由 S♯ 和 C♯ 组成。如果要往数据库中插入一门课程的信息,但该课程暂时无学生选修,则 S♯ 为空。又由于构成主码的属性值均不能为空,导致无法将该课程的信息插入数据库中,这种不正常现象,就是插入异常。

(4) 删除异常

当删除元组中的某一属性值后,导致同一元组中的其他属性值也一同丢失。这种数据库功能上的不正常现象,称之为删除异常。

例如,上例数据库中的 0003 号同学"刘强"因某种原因退学,需要把他的信息从库中删除。但因为 C307 课程只有"刘强"一个人选修,所以在删除刘强本人信息的同时,也把C307 课程的信息删除了。这种现象就是删除异常。

再分析第二种数据库模式的实例(见表 6.2),我们发现,将学生、课程及学生选修课程的成绩分离成不同的关系,使得数据冗余大大减少,而且不存在修改异常、插入异常和删除异常等情况。

表 6.2　第二种数据库模式的一个实例

(a) 关系 S

S#	SN	SD	SA
0001	张华	CS	17
0002	李明	MA	19
0003	刘强	CS	18

(b) 关系 C

C#	CN	PC#
C101	离散数学	
C102	数据结构	C101
C103	操作系统	C102
C105	数据库	C102
C107	汇编语言	C110
C307	机械制图	
C110	微机原理	

(c) 关系 S_C

S#	C#	G
0001	C101	5
0001	C102	5
0001	C105	3
0002	C103	3
0002	C105	3
0003	C107	4

从上面的例子可以看出,第一种设计存在许多异常现象,分析其原因,是由于在 S#,SN,SD,SA 等字段中均出现了数据冗余现象。数据冗余将导致数据更新异常(操作异常)现象的产生,这些现象包括修改异常、插入异常、删除异常等不正常现象。而第二种设计是比较合理的,降低了冗余,消除了更新异常。

操作异常与冗余一般是互相伴随产生的,因此我们常常通过检查冗余来发现是否可能存在操作异常。异常的产生,主要原因在于关系模式设计不合理。因为主键的值不能重复出现,也不能全部或部分为 NULL。

到底是什么原因引起异常现象和大量数据冗余的? 对这个问题要从语义方面进行分析。

我们知道,不仅客观事物彼此互相联系、互相制约,而且,客观事物本身的各个属性之间也互相联系、互相制约。例如一个人的住址依赖于他的身份证号,属性之间的这种依赖关系表达了一定的语义信息。在设计数据库时,对于事物之间的联系和事物属性之间的联系,都要考虑。例如在上面的例子中,有关学生的 4 个属性都依赖于 S#(在无同名同姓时也可以依赖于 SN),但与课程的三个属性没有什么联系。然而,我们在构造数据库模式时,并没有按照事物的"本来面貌"去考虑,而是为了方便,硬是把本来无关的学生信息和课程信息拼凑在一起,从而出现了上述的数据冗余和异常现象。由此可见,我们在设计关系数据库模式时,必须从语义上摸清这些数据的联系(实体联系和属性联系),尽可能将互相依赖、联系密切的属性构成单独的模式,切忌把依赖关系不密切、特别是具有"排它"性的属性硬凑在一起。正如我们在上面例子中看到的,第二种方案把原来的一个"大"关系分解成三个结构较简单的关系后,基本上反映了事物的内在关系,从而得到了较为合理的设计方案。

上文所提及的属性之间的内在语义联系,可称之为数据依赖。关系模式中的各属性之间相互依赖、相互制约的联系称为**数据依赖**。它是现实世界属性间相互联系的抽象,是数据内在的性质和语义的体现。数据依赖一般分为函数依赖、多值依赖和连接依赖。其中函数依赖是最重要的数据依赖,本章重点讲解函数依赖并对多值依赖进行简要介绍。

6.2　函 数 依 赖

6.2.1　函数依赖的定义

1. 什么叫函数依赖

函数依赖(Functional Dependency,FD)是关系模式中属性之间最常见的一种依赖关系,也是关系模式中最重要的一种约束。函数依赖是最基本的一种数据依赖形式,它反映关系中属性或属性组之间相互依存,互相制约的关系,即反映了现实世界的约束关系。认识和掌握函数依赖知识,对于数据库的约束和规范化设计有着重要的意义。

属性间的依赖关系类似于数学中的函数 $y=f(x)$,自变量 x 确定之后,相应的函数值 y 也就唯一地确定了。例如,在关系模式 S 中,属性 $S\sharp$ 与 SD 之间有依赖关系,因为对于 $S\sharp$ 的一个确定值,SD 也有一个且只有一个值与之相对应。类似的有 $SN=f(S\sharp)$,$SA=f(S\sharp)$,即 $S\sharp$ 函数决定 SN,$S\sharp$ 函数决定 SA,或者说 SN 和 SA 函数依赖于 $S\sharp$,记作 $S\sharp\rightarrow SN$,$S\sharp\rightarrow SA$。

在关系 S_C 中除 $S\sharp$ 与 G 之外是否还存在这种函数依赖关系?因为对于一个确定的学号 $S\sharp$,可能有多个成绩 G,表示该学生同时选修了多门课程。所以,一个确定的 $S\sharp$ 不能唯一地确定一个 G,即 $S\sharp$ 不能函数决定 G,表示为

$$S\nrightarrow G$$

但是 $(S\sharp,C\sharp)$ 能唯一地确定 G,于是有

$$(S\sharp,C\sharp)\rightarrow G$$

由此初步看到,函数依赖能够表达一个关系模式属性之间的语义联系,而且这种联系只能通过语义分析才能确定,别无他法。

下面给出函数依赖的一般定义。

定义 6.1　设 $R(U)$ 是属性集 U 上的关系模式。X,Y 是 U 的子集。若对于 $R(U)$ 的任意一个可能的关系 r,r 中不可能存在两个元组在 X 上的属性值相等,而在 Y 上的属性值不等,则称 X 函数决定 Y 或 Y 函数依赖于 X,记作 $X\rightarrow Y$。

这一概念也可定义为:假定 t 和 u 是关系 R 上的任意两个元组,X 和 Y 是 R 的属性子集,如果能由 t 和 u 在 X 的投影 $t[X]=u[X]$ 推出 $t[Y]=u[Y]$,即

$$t[X]=u[X]\Rightarrow t[Y]=u[Y]$$

则称 X 函数决定 Y,或 Y 函数依赖于 X。

对于这个定义有必要强调三点。

（1）函数依赖关系的存在与时间无关

如果一个关系模式 R 中存在函数依赖 $X \rightarrow Y$，要求该模式的所有具体关系都满足 $X \rightarrow Y$，只要其中有一个关系实例不满足 $X \rightarrow Y$，就不能认为该关系模式中存在 $X \rightarrow Y$。同理，函数依赖是指关系中的所有元组应该满足的约束条件，而不是指关系中某个或某些元组所满足的约束条件。当关系中的元组增加、删除或更新后都不能破坏这种函数依赖。因此，必须根据语义来确定属性之间的函数依赖，而不能单凭某一时刻关系中的实际数据值来判断。例如，对于关系模式 S，假设没有给出不允许存在重名的学生这种语义规定，则即使当前关系中没有重名的记录，也只能存在函数依赖 SNO$\rightarrow$SName，而不能存在函数依赖 SName$\rightarrow$SNO。因为如果新增加一个重名的学生，函数依赖 SName$\rightarrow$SNO 必然不成立。所以函数依赖关系的存在与时间无关，而只与数据之间的语义规定有关。

（2）函数依赖是语义范畴的概念

函数依赖是关系数据库用以表示数据语义的机制。我们只能根据语义来确定一个函数依赖，而不能按照其形式化定义来证明一个函数依赖是否成立，因为函数依赖实际上是对现实世界中事物性质之间相关性的一种断言。例如，对于关系模式 S，当学生不存在重名的情况下，可以得到

$$\text{SNO} \rightarrow \text{SAge}, \quad \text{SName} \rightarrow \text{SDept}$$

这种函数依赖关系，必须是在没有重名的学生条件下才成立的，否则就不存在函数依赖了。所以函数依赖反映了一种语义完整性约束。

可见，函数依赖不取决于属性构成关系的方式（即关系结构），而是关系所表达的信息本身所具有的语义特性，我们也只能根据这种语义信息确定函数依赖，没有其他途径。

设计者也可以对现实世界作强制的规定。例如规定不允许同名人出现，因而使"姓名$\rightarrow$年龄"函数依赖成立。这样当插入某个元组时这个元组上的属性值必须满足规定的函数依赖，若发现有同名人存在，则拒绝插入该元组。

函数依赖是数据库设计者对于关系模式的一种断言或决策，这意味着，在设计关系数据库时不仅要设计关系结构，而且要定义数据依赖条件，并在 DBMS 中设置一种强制性机构，限制进入关系的所有元组都必须符合所定义的条件，否则，拒绝接受输入。

（3）函数依赖与属性之间的联系类型有关

① 在一个关系模式中，如果属性 X 与 Y 有 $1:1$ 联系，则存在函数依赖 $X \rightarrow Y$，$Y \rightarrow X$，即 $X \longleftrightarrow Y$。例如，当学生无重名时，SNO$\longleftrightarrow$SName。

② 如果属性 X 与 Y 有 $m:1$ 的联系，则只存在函数依赖 $X \rightarrow Y$。例如，SNO 与 SAge，SNO 与 SDept 之间均为 $m:1$ 联系，所以有 SNO$\rightarrow$SAge，SNO$\rightarrow$SDept。

③ 如果属性 X 与 Y 有 $m:n$ 的联系，则 X 与 Y 之间不存在任何函数依赖关系。例如，一个学生可以选修多门课程，一门课程又可以被多个学生选修，所以 SNO 与 CNO 之间不存在函数依赖关系。

由于函数依赖与属性之间的联系类型有关，所以在确定属性间的函数依赖关系时，可以从分析属性间的联系类型入手，即可确定属性间的函数依赖。

2. 几种其他类型的函数依赖

为了深入研究函数依赖，也为了阐述规范化理论的需要，下面引入几种不同类型的函

数依赖。

首先,介绍一些术语和记号。

- 若 $X \to Y$,则 X 称为这个函数依赖的决定属性组,也称为决定因素(Determinant)。
- 若 $X \to Y$,$Y \to X$,则记作 $X \longleftrightarrow Y$(二者相互依赖,一一对应,是一对一关系)。

  说明:$\longleftrightarrow$ 是等价联接词。
- 若 Y 不函数依赖于 X,则记作 $X \nrightarrow Y$。

定义 6.2　一个函数依赖 $X \to Y$,如果满足 $Y \nsubseteq X$,则称此函数依赖为非平凡函数依赖(Nontrivial Dependency)。否则称之为平凡函数依赖(Trivial Dependency)。

例如,$X \to \phi$,$X \to X$,$XZ \to X$ 等都是平凡函数依赖。平凡的函数依赖并没有实际意义,若不特别声明,我们讨论的都是非平凡的函数依赖,非平凡的函数依赖才和"真正的"完整性约束条件相关。

定义 6.3　设 R、X、Y 的含义同定义 6.1,若 Y 函数依赖于 X,但不依赖于 X 的任何子集 X',即满足

$$(X \to Y) \wedge \forall X'(X' \subseteq X \Rightarrow \neg(X' \to Y))$$

则称 Y 完全函数依赖(Fully Dependency)于 X,记为 $X \xrightarrow{f} Y$。

例如,在关系 S 中 $S\# \to SD$,同样有 $(S\#, SN) \to SD$ 和 $(S\#, SA) \to SD$。比较这三个函数依赖会发现,实际上真正起作用的函数依赖是 $S\# \to SD$,其他都是派生的。因此,$S\# \to SD$ 是完全函数依赖,其他两个由于存在多余的不起决定作用的属性,则不属于完全函数依赖。

定义 6.4　若 Y 函数依赖于 X,但并非完全函数依赖于 X,即满足

$$(X \to Y) \wedge \exists X'(X' \subset X \wedge X' \to Y)$$

则称 Y 部分函数依赖(Partially Dependency)于 X,记为 $X \xrightarrow{P} Y$。

例如,$(S\#, SN) \xrightarrow{P} SD$,$(S\#, SA) \xrightarrow{P} SD$

定义 6.3 和定义 6.4 也可以表述如下。

在 $R(U)$ 中,如果 $X \to Y$,并且对于 X 的任何一个真子集 X',都有 $X' \nrightarrow Y$,则称 Y 对 X 完全函数依赖,记作

$$X \xrightarrow{f} Y$$

若 $X \to Y$,但 Y 不完全函数依赖于 X,则称 Y 对 X 部分函数依赖,记作

$$X \xrightarrow{P} Y$$

在属性 Y 与 X 之间,除了完全函数依赖和部分函数依赖关系外,还有直接函数依赖和间接函数依赖关系。前面提到的函数依赖都是直接的。但是,如果在关系 S 中增加系的电话号码 DT(假设每个系只有唯一的一个号码),从而有 $S\# \to SD$,$SD \to DT$,于是 $S\# \to DT$。在这个函数依赖中,DT 并不直接依赖于 $S\#$,是通过中间属性 SD 间接依赖于 $S\#$。

定义 6.5　在关系模式 $R(U)$ 中,设 X,$Z \subseteq U$,且满足

$$\exists Y(Y \subseteq U \wedge (X \to Y \wedge \neg(Y \subseteq X) \wedge \neg(Y \to X) \wedge Y \to Z))$$

则称 Z 传递依赖于 X,否则,称为非传递函数依赖。

上述定义也可表述为：在 $R(U)$ 中，如果 $X \rightarrow Y(Y \subsetneq X)$，$Y \nrightarrow X$，$Y \rightarrow Z$，则称 Z 对 X 传递函数依赖，记作 $X \xrightarrow{\text{传递}} Z$。

本定义中的 $Y \nrightarrow X$，是因为如果 $Y \rightarrow X$，则 $X \longleftrightarrow Y$，实际上是 $X \xrightarrow{\text{直接}} Z$，是直接函数依赖，而不是传递函数依赖。

【例 6.1】 现在建立一个描述学校教务的数据库，该数据库涉及的对象包括学生的学号（SNO）、所在系（SDept）、系主任姓名（MName）、课程号（CNO）和成绩（Grade）。假设用一个单一的关系模式 Student 来表示，则该关系模式的属性集合为

$$U = \{\text{SNO, SDept, MName, CNO, Grade}\}$$

现实世界的已知事实（语义）告诉我们，

① 一个系有若干学生，但一个学生只属于一个系；

② 一个系只有一名（正职）负责人；

③ 一个学生可以选修多门课程，每门课程有若干学生选修；

④ 每个学生学习每一门课程都有一个成绩。

于是得到属性组 U 上的一组函数依赖 F（如图 6.1 所示）。

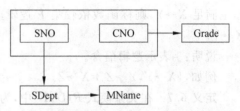

图 6.1　关系模式 Student 的函数依赖图

$$F = \{\text{SNO} \rightarrow \text{SDept}, \text{SDept} \rightarrow \text{MName}, (\text{SNO, CNO}) \rightarrow \text{Grade}\}$$

在本例 F 中的所有函数依赖均为完全函数依赖，但如果在某个完全函数依赖的决定因素中增加额外的属性，则会产生部分函数依赖的情形，比如 $(\text{SNO, CNO}) \xrightarrow{P} \text{SDept}$ 是部分函数依赖，因为 $\text{SNO} \rightarrow \text{SDept}$ 成立，而 SNO 是（SNO，CNO）的真子集。在本例 F 中，因有 $\text{SNO} \rightarrow \text{SDept}$，$\text{SDept} \rightarrow \text{MName}$ 成立，所以 $\text{SNO} \xrightarrow{\text{传递}} \text{MName}$。

6.2.2　函数依赖的逻辑蕴涵

一个关系模式可能存在很多个函数依赖（包括平凡函数依赖），它们构成了该关系模式的函数依赖集合，记为 F。通常情况下，F 是很大的。如果只依靠语义分析方法找出一个关系模式的所有函数依赖，是一件很不容易的事情。实际上也没有必要．因为一组函数依赖的存在，必定引起另一组函数依赖的出现。这种内在联系启示我们，可以用推理的方法，从一组已知的函数依赖推导出另一组函数依赖，而不必用语义分析法烦琐地找出所有的函数依赖。

【例 6.2】 设有关系模式 $R(A,B,C)$，同时已知 R 上的一个函数依赖集 $F = \{A \rightarrow B, B \rightarrow C\}$，则必存在 $A \rightarrow C$。

【证明】 根据函数依赖定义，并用反证法证明。

设 r 是关系模式 R 的任一具体关系，且满足 $A \rightarrow B$ 和 $B \rightarrow C$，但不满足 $A \rightarrow C$。又设 u 和 v 是 r 上的任意两个元组，且 $u[A] = v[A]$，但 $u[C] \neq v[C]$（否则与假设的 R 不满足 $A \rightarrow C$ 相矛盾）。那么，$u[B]$ 是否等于 $v[B]$ 呢？如果不相等，违反已知条件 $A \rightarrow B$；如果相

等,则由已知的 $A{\rightarrow}B$: $u[A]=v[A]{\Rightarrow}u[B]=v[B]$;再根据已知的 $B{\rightarrow}C$: $u[B]=v[B]{\Rightarrow}u[C]=v[C]$。所以,$u[A]=v[A]{\Rightarrow}u[C]=v[C]$,即 $A{\rightarrow}C$,这与假设相矛盾。可见,r 必定满足 $A{\rightarrow}C$。因 r 是模式 R 的任意具体关系,所以,由 $F=\{A{\rightarrow}B,B{\rightarrow}C\}$ 必能推出 $A{\rightarrow}C$,证毕。

这个例子说明,函数依赖集 $F=\{A{\rightarrow}B,B{\rightarrow}C\}$ 与 $F'=\{A{\rightarrow}B,B{\rightarrow}C,A{\rightarrow}C\}$ 之间一定存在某种因果关系,根据这种关系可以从已知的函数依赖 F 推出另一个函数依赖集 F',反之亦然。两个函数依赖集之间的这种互为因果的关系称为逻辑蕴涵(Logical Implication),即一个函数依赖集逻辑地蕴涵另一个函数依赖集。例如,上面的函数依赖集 $F=\{A{\rightarrow}B,B{\rightarrow}C\}$ 与 $F'=\{A{\rightarrow}B,B{\rightarrow}C,A{\rightarrow}C\}$ 之间为相互逻辑蕴涵。

定义 6.6　设 F 是由关系模式 $R(U)$ 满足的一个函数依赖集,$X,Y{\subseteq}U$。若 $X{\rightarrow}Y$ 是不包含在 F 中的 R 的另一个函数依赖,且对于满足 F 中所有函数依赖的任一具体关系 r,也满足 $X{\rightarrow}Y$,则称函数依赖集 F 逻辑蕴涵 $X{\rightarrow}Y$,或称 $X{\rightarrow}Y$ 可从 F 推出,记为 $F\vDash X{\rightarrow}Y$。

说明:$\vDash$ 表示逻辑蕴含。

例如,$\{X{\rightarrow}Y,Y{\rightarrow}Z\}\vDash X{\rightarrow}Z$。

定义 6.7　在关系模式 $R(U,F)$ 中,为 F 所逻辑蕴涵的函数依赖的全体叫做 F 的闭包(Closure),记为 F^{+},即 $F^{+}=\{X{\rightarrow}Y|F\vDash X{\rightarrow}Y\}$。

闭包 F^{+} 既包含非平凡函数依赖,也包含平凡函数依赖;既包含完全函数依赖,也包含部分函数依赖。所以,即使一个小的函数依赖集,其闭包也可能是很大的。一般情况下总有 $F{\subseteq}F^{+}$,若 $F=F^{+}$,则称 F 是函数依赖的一个完备集。完备集可能有多个。一个完备的函数依赖集,表示对一个关系模式的全面约束,模式规范时必须考虑函数依赖的完备集。

现在分析一下 F^{+} 中的平凡函数依赖。如果函数依赖集 F 的子集 F' 是空集,则可由空集 $\varnothing$ 导出每一个平凡函数依赖 $X{\rightarrow}Y,Y{\subseteq}X$。因为每个关系 $r(U)$ 都满足 U 上的任何平凡函数依赖,所以平凡函数依赖不是对关系的约束。此外,由 $\varnothing$ 导出的平凡函数依赖分为两类:第一类是对于 U 上的每个非空子集 X 有 $X{\rightarrow}X$(包括对 X 中的每个 A 有 $X{\rightarrow}A$),第二类是对于 U 的每个子集 X 有 $X{\rightarrow}\varnothing$。这两种形式的平凡函数依赖的数量都是 $O(2^{|U|})$ 阶的,它是 $|U|$ 的指数函数,因为 U 有 $2^{|U|}$ 个子集。是否有必要列出 F 中的所有函数依赖? 首先,$X{\rightarrow}\varnothing$ 型的平凡函数依赖是没有实际用处的,可以把它排除在 F^{+} 之外。但仍有指数个数的 $X{\rightarrow}X$ 型平凡函数依赖,有时候在理论研究中为保证数学上的严密性是有用的。因为它们比较简单,很容易给出,所以,也可以不在 F^{+} 中考虑它们。我们把平凡函数依赖定义为 F^{+} 的冗余函数依赖。从一个函数依赖闭包中去掉平凡函数依赖不会影响闭包的性质。

6.2.3　关系的码

码是关系模式中一个重要概念。在前面的章节中已给出了有关码的定义,这里用函数依赖的概念来重新定义码。

定义 6.8　设关系模式 R 的属性集是 U,K 是 U 的一个子集,F 是在 R 上成立的一个函数依赖集。如果 $K \to U$ 在 R 上成立(即 $K \to U$ 在 F^+ 中),那么称 K 是 R 的一个**超码**。如果 $K \to U$ 在 R 上成立,但对 K 的任一真子集 K' 都有 $K' \to U$ 不成立(即 $K' \to U$ 不在 F^+ 中),或者说若 $K \xrightarrow{f} U$,则称 K 为 R 的一个**候选码**(Candidate Key)。若候选码多于一个,则选定其中的一个为**主码**(Primary Key)。

包含在任何一个候选码中的属性,称为**主属性**(Prime Attribute)。不包含在任何码中的属性称为**非主属性**(Nonprime Attribute)或非码属性(Non-key Attribute)。最简单的情况,某一个属性是码。最极端的情况,整个属性组是码,称为**全码**(All-key)。

一个关系模式是否会没有码呢? 不可能。因为,如果在一个关系模式的所有属性中没有任何属性子集可以作为码的话,就可以用关系模式的属性全集作为码,这种码叫做全码。

如果一个关系模式 $R(U)$ 很大,并且只有全码,则检索 R 元组的效率极低,这是因为检索需要很多信息,这些信息只能从码得到。在这种情况下,比较好的做法是,"人为"地给 R 增加一个属性作为码,即保证该属性的取值在所有元组上都不相同,然后就可以用此属性作为关系的码了。

【例 6.3】 关系模式 yg(<u>ygbh</u>,xb,jbgz,zw,mm)中单个属性 ygbh 是码,可用下横线加以标识。xsqk(cjbh,spbh,xssl,zje,xsrq,ygbh)中属性组合(cjbh,spbh)是码。

【例 6.4】 关系模式 $R(P,W,A)$,属性 P 表示演奏者,W 表示作品,A 表示听众。假设一个演奏者可以演奏多个作品,某一作品可被多个演奏者演奏。听众也可以欣赏不同演奏者的不同作品,这个关系模式的码为 (P,W,A) 即为 All-key。

定义 6.9 关系模式 R 中属性或属性组 X 并非 R 的码,但 X 是另一个关系模式的码,则称 X 是 R 的外部码(Foreign Key),也称**外码**。

例如在 SC(SNO,CNO,Grade)中,SNO 不是码,但 SNO 是关系模式 S(SNO,SDept,SAge)的码,则 SNO 是关系模式 SC 的外码。主码与外码提供了一个表示关系间联系的手段,如关系模式 S 与 SC 的联系就是通过 SNO 来体现的。

6.3　范　　式

6.3.1　什么是范式

关系数据库中的关系是要满足一定要求的,满足不同程度要求的关系则属于不同的范式。满足最低要求的叫第一范式,简称 1NF。在第一范式中满足更进一步要求的属于第二范式,其余以此类推。

范式(Normal Form,NF)的概念,主要是 E. F. Codd 做的工作,1971—1972 年他系统地提出了 1NF,2NF,3NF 的概念,讨论了规范化的问题。1974 年,Codd 和 Boyce 又共同提出了一个新范式,即 BCNF。1976 年 Fagin 又提出了 4NF。后来又有人提出了 5NF。

关系模式是否需要分解,分解后的关系模式的好坏,需要用什么标准来衡量呢? 这种标准就是关系模式的范式。范式的种类与函数依赖有着直接的联系。

满足某一级别约束条件的关系模式的集合称为范式。根据满足约束条件的级别不同,范式由低到高分为 1NF,2NF,3NF,BCNF,4NF,5NF 等。最重要的是 3NF 和 BCNF 两种范式。R 属于第几范式可以写成 $R \in x \mathrm{NF}$。

各种范式之间的联系可表示为 $5 \mathrm{NF} \subset 4 \mathrm{NF} \subset \mathrm{BCNF} \subset 3 \mathrm{NF} \subset 2 \mathrm{NF} \subset 1 \mathrm{NF}$。

一个低级别范式中的关系模式,通过模式分解可以转换为若干个高一级别范式中的关系模式,这个模式分解的过程就叫关系模式的规范化(Normalization)。

6.3.2 第一范式(1NF)

第一范式是最基本的范式。如果关系模式 R 中的所有属性值都是不可再分解的原子值,那么就称关系 R 是第一范式(First Normal Form,1NF)的关系模式。

定义 6.10 设 R 是一个关系模式,R 中每一个属性 A 的值域只包含原子项,即不可再分割的数据项,而不是一些值的集合或元组,则称 R 属于第一范式(1NF),记为 $R \in 1 \mathrm{NF}$。

不是 1NF 的关系称为非规范化的关系。满足 1NF 的关系简称为关系。在关系型数据库管理系统中,涉及的研究对象都是满足 1NF 的规范化关系。

但是,关系中的属性是否都是原子的,取决于实际研究对象的重要程度。例如,在某个关系中,属性 Address 是否是原子的,取决于该属性所属的关系模式在数据库模式中的重要程度和该属性在所在关系模式中的重要程度。如果属性 Address 在该关系模式中非常重要,那么属性 Address 就是非原子的,应该继续细分成属性 Province、City、Street、Building 和 Number;如果属性 Address 不重要,就可以认为该属性是原子的。

下面给出几个非规范化的关系示例。对于非规范化的模式,通过将包含非原子项的属性域变为只包含原子项的简单域可转变为 1NF。

【**例 6.5**】 工资(工号,姓名,工资(基本工资,年绩津贴,煤电补贴))。

关系数据模型不能存储以上形式的关系(非规范化关系),在关系数据库中不允许非规范化关系的存在。

非规范化关系可转化为规范化关系即工资(工号,姓名,基本工资,津贴,奖金)。

【**例 6.6**】

职工号	部门	住址			
		省	市	街道及号码	邮政编码

(a) 非第一范式

在上面表格中,"住址"是一个元组,应横向展开成多个属性。元组属性展开后,转化为第一范式。展开后规范化为 1NF 的关系模式结构如下所示。

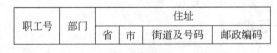

职工号	部门	省	市	街道及号码	邮政编码

(b) 第一范式

【**例 6.7**】 下图中,"选修课程"是个集合,应将此集合属性改为单个课程名。如果一个学生选三门课,则需三个元组表示他所选的课。

学号	姓名	系别	选修课程

(a) 非第一范式

学号	姓名	系别	课程名

(b) 第一范式

6.3.3 第二范式(2NF)

定义 6.11 如果关系模式 $R \in 1NF$,且它的任一非主属性都完全函数依赖于任一候选码,则称 R 满足第二范式,记为 $R \in 2NF$。

【例 6.8】 有关系模式 SCT(SNO,CNO,CN,Grade,TName,BDate,Salary),其中各属性含义为 SNO 表示学号,CNO 表示选修课程号,CN 表示课程名,Grade 表示成绩,TName 表示任课教师名,BDate 表示教师的出生日期,Salary 表示教师的工资。其函数依赖集为 $F = \{(SNO,CNO) \rightarrow Grade, CNO \rightarrow CN, CNO \rightarrow TName, TName \rightarrow BDate, TName \rightarrow Salary\}$,判断其是否达到 2NF,并加以分解,使其达到 2NF。

为回答本问题,首先确定本关系模式的候选码为(SNO,CNO)。

根据候选码的定义 6.8 可知,(SNO,CNO) $\rightarrow$ (CN,Grade,TName,BDate,Salary),但根据已知的 F 可确定(SNO,CNO) $\xrightarrow{P}$ (CN,TName,BDate,Salary)。

关系模式 SCT 的函数依赖集 F 可用函数依赖图加以表示(如图 6.2 所示)。图中虚线表示部分函数依赖。

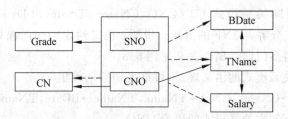

图 6.2 关系模式 SCT 的函数依赖图

从图中可以看出,非主属性 CN,TName,BDate,Salary 均部分函数依赖于码。因此关系模式 SCT 不符合 2NF 定义,即 SCT $\notin$ 2NF。

当一个关系模式 $R \notin 2NF$ 时,就会产生如下问题。

① 插入异常。假如要插入一个新学生的元组,但该生还未选课,即这个学生无 CNO,这样的元组就插不进 SCT 中。因为插入元组时必须给定码值,而这时码值的一部分为空,因而学生的固有信息无法插入。

② 删除异常。假定某个学生只选一门课,那么他在关系中就只有一个元组。比如 S4 就选了一门课 C3。现在 S4 一门课也不选了,那么 S4 在关系中的唯一元组就要删除。从而使得 S4 的其他信息也被删除了,这就造成了删除异常,即不应删除的信息也删除了。

③ 修改复杂。当某门课程有 n 个学生选修时,该课程的信息将在关系 SCT 中重复 n 次,即有 n 条相关的元组,则 TName,BDate,Salary 属性值也将重复存储 n 次,造成数据存储冗余度大。当对某门课程的任课教师姓名进行修改时,相应的 BDate,Salary 属性值

也要进行修改,而且必须无遗漏地修改 n 个元组中全部的 TName,BDate,Salary 信息,造成修改的复杂化。

分析上面的例子,可以发现问题在于有两种非主属性。一种如 Grade,它对码是完全函数依赖。另一种如 CN,TName,BDate,Salary,对码是部分函数依赖。解决操作异常的办法是用投影分解把关系模式 SCT 分解为两个关系模式。

分解为 SC(SNO,CNO,Grade),CT(CNO,CN,TName,BDate,Salary)。

分解后,关系模式 SC 和 CT 均已符合 2NF 要求,即 SC∈2NF ,CT∈2NF。

【例 6.9】 有关系模式 $R=(ABCD,\{AB\rightarrow C,C\rightarrow D\})$,判断其达到的范式级别。

由给定的函数依赖集 $F=\{AB\rightarrow C,C\rightarrow D\}$ 可以看出其中存在传递函数依赖,并可推得 $AB\rightarrow D$,从而有 $AB\rightarrow ABCD$。所以关系模式 R 的候选码为 AB。由于 R 的函数依赖集中不存在部分函数依赖,所以 $R\in 2NF$。又由于 R 中存在传递函数依赖,所以 $R\notin 3NF$。

6.3.4　第三范式(3NF)

定义 6.12　关系模式 $R(U,F)$ 中若不存在这样的码 X,属性组 Y 及非主属性 $Z(Z\nsubseteq Y)$ 使得 $X\rightarrow Y,Y\rightarrow Z$ 成立,$Y\nrightarrow X$,则称 $R(U,F)\in 3NF$。

3NF 的另一定义为:给定关系模式 R 及其上的函数依赖集 F,如果 R 的任何一个非主属性都不传递依赖于它的任何一个候选码,则称 R 是第三范式,简记为 3NF。

【例 6.10】　判断关系模式 CT(CNO,CName,TName,BDate,Salary) 是否达到 3NF,若没有,则模式分解为 3NF 的范式。说明:语义约定为一门课只有一位主讲教师,但一位教师可以主讲多门课。属性含义见例 6.8。

【解】　根据本关系模式的语义规定,可推出函数依赖集

$$F=\{CNO\rightarrow CName,CNO\rightarrow TName,TName\rightarrow BDate,TName\rightarrow Salary\}$$

由函数依赖集可知本关系模式的码为 CNO。

这个关系模式存在如下问题:①不能存放不开课的教师,因为码 CNO 值不能为空。②教师信息和课程数一样多,教师信息会出现冗余。因为一个教师开设 N 门课程,就会有 N 个重复的元组。

问题出现的原因在于:CNO→TName,TName→BDate,TName→Salary 构成了传递函数依赖,关系模式 CT∉3NF。

经模式分解为如下两个关系模式。

$$C(CNO,CName,TName),T(TName,BDate,Salary)$$

分解后的关系模式不存在传递函数依赖,达到 3NF 要求。

6.3.5　BC 范式(BCNF)

1. BCNF 定义

BCNF(Boyce Codd Normal Form)是由 Boyce 与 Codd 提出的,比上述的 3NF 又近了一步,通常认为 BCNF 是修正的第三范式,有时也称为扩充的第三范式。

定义 6.13　关系模式 $R(U,F)\in 1NF$。若 $X\rightarrow Y$ 且 $Y\nsubseteq X$ 时,X 必含有 R 的一个候

选码,则 $R(U,F) \in$ BCNF。

也就是说,关系模式 $R(U,F)$,若 F 中的每一个决定因素都包含 R 的某一个候选码,则 $R(U,F) \in$ BCNF。

由 BCNF 的定义可以得到结论,一个满足 BCNF 的关系模式有:

- 所有非主属性对每一个候选码都是完全函数依赖(2NF)。
- 所有非主属性都不传递依赖于任何一个候选码(3NF)。
- 所有的主属性对每一个不含它的候选码,也是完全函数依赖。
- 没有任何属性完全函数依赖于非码的任何一组属性。
- 所有主属性都不传递依赖于任何一个候选码。

由于 $R \in$ BCNF,按定义排除了任何属性对码的传递依赖与部分依赖,所以 $R \in$ 3NF。反之,若 $R \in$ 3NF,则 R 未必属于 BCNF。也就是说,属于 3NF 的关系模式,有的可以达到 BCNF,但有的并不满足 BCNF 要求。

【例 6.11】 关系模式 $C(C\#,\text{CN},\text{PC}\#)$,它的唯一候选码为 $C\#$,$F=\{C\# \to \text{CN}$,$C\# \to \text{PC}\#\}$。这里没有任何属性对 $C\#$ 部分依赖或传递依赖。所以 $C \in$ 3NF。同时,由于 $C\#$ 是唯一的决定因素,所以 $C \in$ BCNF。类似情况如关系模式 $\text{SC}(S\#,C\#,G)$ 也属于 BCNF。

【例 6.12】 关系模式 $S(S\#,\text{SN},\text{SD},\text{SA})$,假设 SN 也具有唯一性,则 S 有两个候选码 $S\#$ 和 SN。这两个码都由单个属性组成,彼此不相交。其他属性不存在对码的传递依赖与部分依赖,所以 $S \in$ 3NF。同时由于在该关系模式中,所有函数依赖的决定因素均是候选码,所以 $S \in$ BCNF。

【例 6.13】 有关系模式 $R=\{S,T,J\}$,其中 S 表示学生,T 表示教师,J 表示课程。每一教师只教一门课,每门课有若干教师,某一学生选定某门课,就对应一个固定的教师。由语义可得如下的函数依赖 $F=\{T \to J,(S,T) \to J,(S,J) \to T\}$。

本关系模式候选码为 (S,T) 和 (S,J)。

该模式达到 3NF,因为没有任何非主属性对码传递依赖或部分依赖。但 R 未达到 BCNF,因为 T 是决定因素,而 T 不包含码。

经模式分解为 $ST(S,T)$,$TJ(T,J)$ 后,两个新关系模式均达到 BCNF。

【例 6.14】 有关系模式 $R=\{\text{CITY},\text{ST},\text{ZIP}\}$,函数依赖集 $F=\{(\text{CITY},\text{ST}) \to \text{ZIP}$,$\text{ZIP} \to \text{CITY}\}$,判断其是否达到 BCNF,若没有,则分解为达到 BCNF 要求的范式。

【解】 首先分析出本关系模式码的集合为 $\text{Key}=\{(\text{CITY},\text{ST}),(\text{ST},\text{ZIP})\}$。

分析函数依赖集 F 中所含的函数依赖以及 F 逻辑蕴涵的函数依赖 $(\text{ST},\text{ZIP}) \to$ CITY,可知三个属性均为主属性,不存在非主属性对码的传递函数依赖,因而 $R \in$ 3NF。但对于 F 中的函数依赖 $\text{ZIP} \to \text{CITY}$,ZIP 不是码,不符合 BCNF 定义要求,则 $R \notin$ BCNF。

把 R 分解成如下两个关系模式。

$$R1(\text{CITY},\text{ST}),R2(\text{CITY},\text{ZIP})$$

则 $R1,R2$ 均已经达到 BCNF 要求。

3NF 和 BCNF 是在函数依赖的条件下对模式分解所能达到的分离程度的测度。一个模式中的关系模式如果都属于 BCNF,那么在函数依赖范畴内,它已实现了彻底的分离,已消除了插入和删除异常。因为在 BCNF 中,每个关系模式内部的函数依赖均比较单一和有规则,它们紧密依赖,构成一个整体,从而可避免出现异常现象和数据冗余。而3NF 的"不彻底"性表现在可能存在主属性对码的部分依赖和传递依赖。

2. 分解成 BCNF 模式的算法

如果关系模式不属于 BCNF,那么我们需要对原来的关系模式进行分解。分解的目的是保证分解后得到的子集都属于 BCNF,且分解后的数据依然如实地表示原始关系中的数据。

模式分解的关键是使用合适的分解策略。

算法 6.1   一般地,分解成 BCNF 模式的算法如下所示。

第一步,找到一个违背 BCNF 的非平凡依赖,并且在该依赖的右边加上可被左边属性函数决定的所有属性。

第二步,把原始关系模式分解成两个属性重叠的关系模式,一个模式包含了违背BCNF 的所有属性,另一个模式包含了该依赖左边以及未包含在该依赖中的所有属性。

第三步,判断新关系模式是否满足 BCNF。如果不满足,继续进行分解;如果满足,则停止。

【例 6.15】 有关系模式 Book(isbn,title,page,bookType,price,pressName,authorName)。表 6.3 给出了其一个具体的关系实例。

表 6.3   关系模式 Book 的一个具体的关系实例

isbn	title	page	bookType	price	pressName	authorName
7-04-001968-x/O.719	概率论与数理统计	403	数学	5.8	高等教育出版社	盛骤
7-04-001968-x/O.719	概率论与数理统计	403	数学	5.8	高等教育出版社	谢式千
7-04-001968-x/O.719	概率论与数理统计	403	数学	5.8	高等教育出版社	潘承毅
7-111-96887-4	可靠性模型与应用	270	数学	19.0	机械工业出版社	蒋仁言
7-111-96887-4	可靠性模型与应用	270	数学	19.0	机械工业出版社	左明健
7-5327-1224-9/I.717	基督山伯爵	1428	文学	18.0	上涨译文出版社	大仲马
7-5327-1224-9/I.321	三个火枪手	982	文学	16.7	上涨译文出版社	大仲马
7-5327-0924-8/I.489	乱世佳人	1320	文学	16.1	上涨译文出版社	米切尔
7-220-02999-8	王子与贫儿	255	文学	13.0	北京出版社	马克·吐温
7-5063-0281-0/I.280	金盏花	250	文学	5.2	作家出版社	琼瑶
7-5063-0149-0/I.148	月朦胧,鸟朦胧	234	文学	4.9	作家出版社	琼瑶
7-5063-1513-5/I.512	碧云天	288	文学	4.3	作家出版社	琼瑶

该关系模式的函数依赖集 $F = \{$ isbn→(title,page,bookType,price,pressName),(isbn,authorName)→(title,page,bookType,price,pressName)$\}$,其中的函数依赖 isbn→(title,page,bookType,price,pressName)是一个 BCNF 违例。在这个 BCNF 违例中,函数依赖的右边已经包含了由属性 isbn 函数决定的所有属性。因此,可以使用这个违例把Book 关系分解成两个模式,即包含该违例依赖所有属性的模式

BookFirst(isbn,title,page,bookType,price,pressName)

和包含了该依赖左边以及未包含在该依赖中的所有属性所构成的关系模式

BookSecond(isbn,authorName)

经过模式分解后得到的这两个新关系模式已经属于 BCNF 了。

【例 6.16】 再研究一个例子。考虑关系模式 Book(isbn,title,price,pressName,pressDirector,directorAddress)。

在上面的关系模式中,每一个元组都包含了一本书的书号、书名和价格等信息,以及出版社名称、出版社社长姓名和社长地址等信息。现在,研究该关系的三个函数依赖如下所示。

isbn→(title,price,pressName)

pressName→pressDirector

pressDirector→directorAddress

由于该关系的唯一码是 isbn,所以上面最后两个函数依赖违背了 BCNF。我们可以从这两个 BCNF 违例中任选一个进行分解。这里,选择函数依赖 pressName→pressDirector 进行分解。

在函数依赖 pressName→pressDirector 的右边增加尽量多的属性。这可以通过计算属性 pressName 的闭包来完成,得到的函数依赖是

pressName→(pressDirector,directorAddress)

根据上面的函数依赖,可以把原来的关系模式分解成如下两个关系模式:

R1(isbn,title,price,pressName)

R2(pressName,pressDirector,directorAddress)

现在判断,上面第一个关系模式符合 BCNF 条件,而第二个关系模式违背了 BCNF 条件。由于第二个关系模式的码是 pressName,其 BCNF 违例是如下所示的函数依赖:

pressDirector→directorAddress

现在,根据上面的函数依赖进行分解。最终得到满足 BCNF 条件的三个关系模式如下所示。

R1(isbn,title,price,pressName)

R2(pressName,pressDirector)

R3(pressDirector,directorAddress)

一般情况下,我们需要根据实际情况多次应用分解规则(此处指分解为 BCNF 的算法),直到所有的关系模式都属于 BCNF 为止。

因为每一个分解之后,得到的关系模式的属性都比分解前的关系模式的属性少,最多分解到具有两个属性的关系模式,而所有包括两个属性的关系模式都必然满足 BCNF 条件。

定理 6.1 任何包括两个属性的关系模式都必然满足 BCNF 条件。

【证明】 假设在某个关系模式中,包含的两个属性分别是 A 和 B。下面分 4 种情况讨论。

第一种情况。关系中没有非平凡依赖。此时,关系的唯一码是 $\{A,B\}$,由于没有非平凡依赖,所以该关系满足 BCNF 条件。

第二种情况。$A \to B$ 成立,$B \to A$ 不成立。在这种情况下,属性 A 是唯一的候选码,

且任何非平凡依赖的左边必然是 A，所以该关系满足 BCNF 条件。

第三种情况。$B \rightarrow A$ 成立，$A \rightarrow B$ 不成立。与第二种情况类似。

第四种情况。$A \rightarrow B$ 和 $B \rightarrow A$ 都成立。这时，A 或 B 都是关系模式的候选码，因此任何依赖的左边都至少包括一个码，所以该关系满足 BCNF 条件。

6.3.6　多值依赖

前述范式，可以使关系模式消除一些数据冗余及操作异常现象。但是，还不能消除所有的数据冗余现象。例如，某些关系模式已经满足了 BCNF 的要求，但是该关系实例依然存在着许多数据冗余现象。为了消除这种数据异常现象，需要研究多值依赖，并且在此基础上提出一个新的关系模式范式，即第四范式（4NF）。

函数依赖规定了关系模式中某些元组不能出现在关系中，例如，如果 $A \rightarrow B$ 成立，那么就不能存在这样的两个元组，其值在属性 A 上相同，而在属性 B 上不相同。多值依赖不是排除关系模式中某些元组的存在，而是要求某种形式的某些元组必须在关系中出现。

1. 多值依赖的概念

除了函数依赖外，关系的属性间还有其他一些依赖关系，多值依赖（Multivalued Dependency，MVD）就是其中之一。这些依赖关系同样是现实世界中事物间关系的反映，其存在与否决定于数据的语义，而不是主观的臆断。

【例 6.17】　有一关系模式 Author(Name，City，Street，Title)，其对应的一个关系实例如表 6.4 所示。

经分析可知，该关系模式的所有 4 个属性（Name，City，Street，Title）共同构成了该关系的唯一码，即全码，因此不存在主属性对码的部分依赖和传递依赖，所以该关系模式属于 BCNF。在该关系实例中，出现作者琼瑶的两个住址和 4 本书的相关信息。其中，作者名重复了 8 次，每本书名重复了 2 次，每个地址重复了 4 次，数据冗余明显。

表 6.4　Author 关系实例

Name	City	Street	Title
琼瑶	台北市	忠孝西路 365 号	还珠格格
琼瑶	长沙市	湘春路 25 号	还珠格格
琼瑶	台北市	忠孝西路 365 号	月朦胧，鸟朦胧
琼瑶	长沙市	湘春路 25 号	月朦胧，鸟朦胧
琼瑶	台北市	忠孝西路 365 号	碧云天
琼瑶	长沙市	湘春路 25 号	碧云天
琼瑶	台北市	忠孝西路 365 号	金盏花
琼瑶	长沙市	湘春路 25 号	金盏花

由上例可引出多值依赖的概念。多值依赖的含义是如果确定了关系 R 中的一个属性集的取值，则其他某些特定属性的取值与该关系的所有其他属性的取值无关。确切地说，如果限定关系 R 的元组在属于 A 的每个属性上取特定的值，结果属于 B 的属性取值的集合既不属于 A 也不属于 B，但与属于 R 的属性取值的集合无关，则称如下所示的多

值依赖在关系 R 中成立：$A \twoheadrightarrow B$。

多值依赖不同于函数依赖,多值依赖是属性间多对多的关系,而函数依赖是属性间多对一的关系。

定义 6.14 给定关系模式 $R(U)$ 及其属性 X,Y,Z,对于一给定的 X 值,就有一组 Y 属性值(其个数可以从 0 到 n 个)与之对应,而与其他的属性 $Z=(U-X-Y)$ 没有关系,则称“Y 多值依赖于 X”或“X 多值决定 Y”,记作 $X \twoheadrightarrow Y$。

换言之,在关系模式 $R(U,F)$ 中,如果 $Y-X \neq \varnothing$ 并且 $X \cup Y \neq U$,则多值依赖 $X \twoheadrightarrow Y$ 是非平凡的多值依赖。

定义 6.15 在关系模式 $R(U,F)$ 中,如果 $Y \subseteq X$ 或者 $X \cup Y = U$,则多值依赖 $X \twoheadrightarrow Y$ 是平凡的多值依赖。

说明：$X \cup Y = U$ 的含义是,$Z=U-X-Y$ 且 $Z=\varnothing$。

换言之,若 $X \twoheadrightarrow Y$,而 $Z=\varnothing$,则称 $X \twoheadrightarrow Y$ 为平凡的多值依赖。

例如,在如表 6.4 所示的关系模式 Author 中,有如下多值依赖。

$$\text{Name} \twoheadrightarrow (\text{City},\text{Street})$$

该多值依赖的含义是：对于每一个作者姓名,其住址可能有多个。

根据多值依赖的定义,可知当在“作者 Name”上取值一定时,作者的“住址(City, Street)”的取值与“书名(Title)”的取值无关。

【例 6.18】 学校中某一门课程由多个教员讲授,他们使用相同的一套参考书。可以用一个非规范化的关系来表示教员 T,课程 C 和参考书 B 之间的关系,具体情况如表 6.5 所示。

表 6.5 非规范化的关系 Teaching

课程 C	教员 T	参考书 B	课程 C	教员 T	参考书 B
物理	李勇 王军	普通物理 光学原理 物理习题集	数学	李勇 张平 ⋮	数学分析 微分方程 高等代数 ⋮

转变成一张规范化的二维表,就变为如表 6.6 所示的情形。

表 6.6 规范化后的关系 Teaching

课程 C	教员 T	参考书 B	课程 C	教员 T	参考书 B
物理	李勇	普通物理学	数学	李勇	微分方程
物理	李勇	光学原理	数学	李勇	高等代数
物理	李勇	物理习题集	数学	张平	数学分析
物理	王军	普通物理学	数学	张平	微分方程
物理	王军	光学原理	数学	张平	高等代数
物理	王军	物理习题集	⋮	⋮	⋮
数学	李勇	数学分析			

(物理,周英,普通物理学),(物理,周英,光学原理),(物理,周英,物理习题集)

同样,某一门课(如数学)要去掉一本参考书(如微分方程),则必须删除多个(这里是两个)元组:

(数学,李勇,微分方程),(数学,张平,微分方程)

本关系模式数据冗余十分明显,数据增删不方便,究其原因是:存在多值依赖。

在关系模式 Teaching 中,对于一个(物理,光学原理)有一组 T 值{李勇,王军},这组值仅仅决定于课程 C 上的值(物理),而与参考书 B 上的值无关。也就是说对于另一个(物理,普通物理学),它对应的一组 T 值仍是{李勇,王军},尽管这时参考书 B 的值已经改变了。因此 T 多值依赖于 C,即 $C \rightarrow\rightarrow T$。

下面再举一个具有多值依赖的关系模式的例子。

【例 6.19】 关系模式 $WSC(W, S, C)$ 中,W 表示仓库,S 表示保管员,C 表示商品。假设每个仓库有若干个保管员,有若干种商品。每个保管员保管所在仓库的所有商品,每种商品被所有保管员保管。

列出关系模式 WSC 的一关系实例如下表 6.7 所示。

表 6.7 WSC 的一关系实例

W	S	C	W	S	C
W1	S1	C1	W1	S2	C3
W1	S1	C2	W2	S3	C4
W1	S1	C3	W2	S3	C5
W1	S2	C1	W2	S4	C4
W1	S2	C2	W2	S4	C5

按照语义对于 W 的每一个值 Wi,S 有一个完整的集合与之对应,而不管 C 的取值如何。故 $W \rightarrow\rightarrow S$。同理,$W \rightarrow\rightarrow C$ 成立。

2. 多值依赖的性质

① 多值依赖具有对称性,也可称互补规则。即若 $X \rightarrow\rightarrow Y$,则 $X \rightarrow\rightarrow Z$,其中 $Z = U - X - Y$。

从例 6.19 容易看出,因为每个保管员保管所有商品,同时每种商品被所有保管员保管,显然若 $W \rightarrow\rightarrow S$,必然有 $W \rightarrow\rightarrow C$。

② 多值依赖的传递性。即若 $X \rightarrow\rightarrow Y, Y \rightarrow\rightarrow Z$,则 $X \rightarrow\rightarrow Z - Y$。

③ 函数依赖可以看作是多值依赖的特殊情况。即若 $X \rightarrow Y$,则 $X \rightarrow\rightarrow Y$。这是因为当 $X \rightarrow Y$ 时,对 X 的每一个值 x,Y 有一个确定的值 y 与之对应,因为一个值包含在多个值里,所以 $X \rightarrow\rightarrow Y$。

④ 若 $X \rightarrow\rightarrow Y, X \rightarrow\rightarrow Z$,则 $X \rightarrow\rightarrow YZ$。

⑤ 若 $X \rightarrow\rightarrow Y, X \rightarrow\rightarrow Z$,则 $X \rightarrow\rightarrow Y \cap Z$。

⑥ $X \rightarrow\rightarrow Y, X \rightarrow\rightarrow Z$,则 $X \rightarrow\rightarrow Y - Z, X \rightarrow\rightarrow Z - Y$。

多值依赖与函数依赖相比,具有下面两个基本的区别。

① 多值依赖的有效性与属性集的范围有关。

若 $X \rightarrow\rightarrow Y$ 在 U 上成立则在 $W(XY \subseteq W \subseteq U)$ 上一定成立;反之则不然,即 $X \rightarrow\rightarrow Y$

在 $W(W \subset U)$ 上成立，在 U 上并不一定成立。这是因为多值依赖的定义中不仅涉及属性组 X 和 Y，而且涉及 U 中其余属性 Z。

一般地，在 $R(U)$ 上若有 $X \rightarrow \rightarrow Y$ 在 $W(W \subset U)$ 上成立，则称 $X \rightarrow \rightarrow Y$ 为 $R(U)$ 的嵌入型多值依赖。

但是在关系模式 $R(U)$ 中函数依赖 $X \rightarrow Y$ 的有效性仅决定于 X,Y 这两个属性集的值。只要在 $R(U)$ 的任何一个关系 r 中，元组在 X 和 Y 上的值满足函数依赖定义，则 $X \rightarrow Y$ 在任何属性集 $W(XY \subseteq W \subseteq U)$ 上成立。

② 若函数依赖 $X \rightarrow Y$ 在 $R(U)$ 上成立，则对于任何 $Y' \subset Y$ 均有 $X \rightarrow Y'$ 成立。而多值依赖 $X \rightarrow \rightarrow Y$ 若在 $R(U)$ 上成立，却不能断言对于任何 $Y' \subset Y$ 有 $X \rightarrow \rightarrow Y'$ 成立。

6.3.7　第四范式(4NF)

定义 6.16　设有一关系模式 $R(U)$，U 是其属性全集，X,Y 是 U 的子集，D 是 R 上的数据依赖集。如果对于任一多值依赖 $X \rightarrow \rightarrow Y$，此多值依赖是平凡的，或者 X 包含了 R 的一个候选码，则称 R 是第四范式的关系模式，记为 $R \in 4NF$。

前文例 6.18 曾分析了关系 Teaching 虽然属于 BCNF，但还存在着数据冗余、插入异常和删除异常的弊端，究其原因就是 Teaching 中存在非平凡的多值依赖。因而必须将 Teaching 继续分解，如果分解成两个关系模式 $CT(C,T)$ 和 $CB(C,B)$，则它们的冗余度会明显下降。从多值依赖的定义分析 CT 和 CB，它们的属性间各有一个多值依赖 $C \rightarrow \rightarrow T,C \rightarrow \rightarrow B$，都是平凡的多值依赖，所以关系模式 CT 和 CB 都是 4NF。因此，含有多值依赖的关系模式中，减少数据冗余和操作异常的常用方法是将关系模式分解为仅有平凡多值依赖的关系模式。

从定义中可知，如果一个关系模式 R 属于 4NF，则每一个非平凡多值依赖实际上就是左边是码的函数依赖。4NF 条件实际上就是 BCNF 条件，只是它应用于多值依赖，而不是应用于函数依赖。根据复制规则，每个函数依赖都是多值依赖，所以每一个 BCNF 违例都是一个个 4NF 的违例。换句话说，满足 4NF 条件的每一个关系模式都必然满足 BCNF 条件。但是，属于 BCNF 的关系模式不一定属于 4NF。

第四范式，不但消除了 BCNF 违例，而且还将消除所有的非平凡多值依赖，最终消除由多值依赖引起的冗余。

如前例 6.17 中关系模式 Author(Name, City, Street, Title)，存在下述多值依赖。Name $\rightarrow \rightarrow$ (City, Street) 和 Name $\rightarrow \rightarrow$ Title。

根据非平凡的多值依赖定义可知，上述两个多值依赖均为非平凡的多值依赖。

由于 Author 是一个全码关系模式，Name $\rightarrow \rightarrow$ (City, Street) 中的 Name 不是关系的码，因此 Author $\notin 4NF$。

一个关系模式如果已达到 BCNF 但未达到 4NF，仍然具有不好的性质。以 Author 为例，Author $\notin 4NF$，但已达到 BCNF。对于 Author 关系而言，若某一位作者 A 有 n 个住址，出版了 m 本书。则与作者 A 有关的元组数目一定有 $n \times m$ 个。数据的冗余度太大，因此还应继续规范化使关系模式 Author 达到 4NF。

为降低数据冗余，需要消除非 4NF 模式中存在的非平凡且非函数依赖的多值依赖。

算法 6.2 生成 4NF 的具体分解算法与生成 BCNF 的分解算法非常类似,详细步骤如下。

第一步,找到一个违背 4NF 的非平凡多值依赖,例如 $A \twoheadrightarrow B$。

第二步,分解该关系模式,第一个模式包含了违背 4NF 的 A 和 B 中的属性,第二个模式包含了 A 中的属性以及既不属于 A 也不属于 B 的 R 中的所有其他属性。

第三步,判断新关系模式是否满足 4NF。如果不满足,继续进行分解;如果满足,则停止。

根据 4NF 的分解算法,对前例进行分解。已知 Name $\twoheadrightarrow$ (City,Street)是一个 4NF 违例,则使用下面的两个关系模式代替原来的关系模式。

Author_Address(Name,City,Street)

Author_Book(Name,Title)

经验证,这两个关系模式都满足 4NF 条件。这两个关系模式对应的关系实例如表 6.8 和表 6.9 所示。

表 6.8　Author_Address 关系实例

Name	City	Street
琼瑶	台北市	忠孝西路 365 号
琼瑶	长沙市	湘春路 25 号

表 6.9　Author_Book 关系实例

Name	Title	Name	Title
琼瑶	还珠格格	琼瑶	碧云天
琼瑶	月朦胧,鸟朦胧	琼瑶	金盏花

说明如下。

分解后的关系模式 Author_Address(Name,City,Street)仍然存在多值依赖 Name $\twoheadrightarrow$ (City,Street),但已经是平凡多值依赖了。因为 Name $\twoheadrightarrow$ (City,Street)中的属性构成了整个关系模式的属性全集,已经不存在其他属性了。

Author_Book(Name,Title)中也存在多值依赖 Name $\twoheadrightarrow$ Title,同样是平凡多值依赖。

函数依赖和多值依赖是两种最重要的数据依赖。如果只考虑函数依赖,则属于 BCNF 的关系模式规范化程度已经是最高的了。如果考虑多值依赖,则属于 4NF 的关系模式规范化程度是最高的。事实上,数据依赖中除函数依赖和多值依赖之外,还有其他数据依赖。例如有一种连接依赖。函数依赖是多值依赖的一种特殊情况,而多值依赖实际上又是连接依赖的一种特殊情况。但连接依赖不像函数依赖和多值依赖可由语义直接导出,而是在关系进行连接运算时才反映出来。存在连接依赖的关系模式仍可能遇到数据冗余及插入、修改、删除异常等问题。如果消除了属于 4NF 的关系模式中存在的连接依赖,则可以进一步达到 5NF 的关系模式。这里不再讨论连接依赖和 5NF,有兴趣的读者可以参阅有关书籍。

6.3.8　规范化小结

在关系数据库中,对关系模式的基本要求是满足第一范式。这样的关系模式就是合法的、允许的。但是,人们发现有些关系模式存在插入、删除异常,修改复杂,数据冗余等毛病。人们寻求解决这些问题的方法,这就是规范化的目的。

　　规范化的基本思想是逐步消除数据依赖中不合适的部分,使模式中的各关系模式达到某种程度的"分离",即"一事一地"的模式设计原则,就是让一个关系描述一个概念、一个实体或者实体间的一种联系。若多于一个概念就把它"分离"出去。因此所谓规范化实质上是概念的单一化。

　　人们认识这个原则是经历了一个过程的:从认识非主属性的部分函数依赖的危害开始,2NF,3NF,BCNF的提出是这个认识过程逐步深化的标志。

　　图6.3可以概括这个过程。

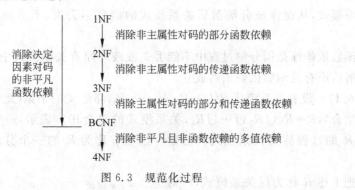

図6.3　规范化过程

　　按照1NF、2NF、3NF、BCNF、4NF的顺序,范式的条件越来越严格。严格的范式形式隐含了相对不严格的范式形式。例如,如果某一个关系模式满足了4NF的条件,那么它自然就满足了所有其他范式的条件。

　　最后,应当强调的是,规范化理论为数据库设计提供了理论的指南和工具,但仅仅是指南和工具,并不是规范化程序越高越好,必须结合应用环境和现实世界的具体情况合理地选择数据库模式。

　　关系模式的规范化过程是通过对关系模式的分解来实现的。把低一级的关系模式分解为若干个高一级的关系模式。这种分解不是唯一的。下面就将进一步讨论分解后的关系模式与原关系模式"等价"的问题以及分解的算法。

6.4　关系模式的分解

　　通过前面的学习,我们已经知道,如果不把属性间的函数依赖情况分析清楚,笼统地把各种数据混在一个关系模式里,这种数据结构本身蕴藏着许多致命的弊病,对数据的操作(修改、插入和删除)将会出现异常情况。这些问题可以通过对原关系模式的分解处理来解决。通俗地讲,分解就是运用关系代数的投影运算把一个关系模式分拆成几个关系模式,从关系实例的角度看,就是用几个小表来替换原来的一个大表,使得数据结构更合理,避免数据操作时出现的异常情况。

6.4.1　模式分解的三条准则

　　对于一个模式的分解是多种多样的,但是分解后产生的模式应与原模式等价。人们从不同的角度去观察问题,对"等价"的概念形成了三种不同的定义。

- 分解具有"无损连接性"(Lossless Join);
- 分解要"保持函数依赖"(Preserve Dependency);
- 分解既要"保持函数依赖",又要具有"无损连接性"。

这三个定义是实行分解的三条不同的准则。按照不同的分解准则,模式所能达到的分离程度各不相同,各种范式就是对分离程度的测度。

无损连接性是指通过对分解后形成的新关系模式进行某种连接运算能使之还原到分解前的关系模式,从而保证分解前后关系模式的信息不丢失、不增加,保持原有的信息不变。

保持函数依赖性是指分解过程中不能丢失或破坏原有关系模式中的函数依赖关系,即保持分解后原有的函数依赖依然成立。

定义 6.17　设有关系模式 $R(U),R_1,R_2,\cdots,R_k$ 都是 R 的子集(此处把关系模式看成是属性的集合),$R=R_1\bigcup R_2\bigcup\cdots\bigcup R_k$,关系模式的集合用 ρ 表示,$\rho=\{R_1,R_2,\cdots,R_k\}$。用 ρ 代替 R 的过程称为关系模式的分解。这里 ρ 称为 R 的一个分解,也称为数据库模式。

一般把上述 R 称为泛关系模式,R 对应的当前值称为泛关系。数据库模式 ρ 对应的当前值 σ 称为数据库实例,它是由数据库模式中的每一个关系模式的当前值组成的,用 $\sigma=\langle r_1,r_2,\cdots,r_k\rangle$ 来表示。模式分解的示意图如图 6.4 所示。

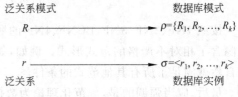

图 6.4　模式分解示意及术语对象

关系模式的分解,不仅仅是属性集合的分解,它同时体现了对关系模式上的函数依赖集和关系模式的当前值(关系实例)的分解。衡量关系模式的一个分解是否可取,主要有两个标准。分解是否具有无损连接性;分解是否具有保持函数依赖性。下面举例说明模式分解三条准则的应用。

【例 6.20】　已知关系模式 $R(U,F)$,其中 $U=\{SNO,SDept,MName\}$,$F=\{SNO\rightarrow SDept,SDept\rightarrow MName\}$。$R(U,F)$ 的元组语义是学生 SNO 正在 SDept 系学习,其系主任是 MName。并且一个学生(SNO)只在一个系学习,一个系只有一名系主任。R 的一个关系实例如表 6.10 所示。

表 6.10　R 的一个关系实例

SNO	SDept	MName	SNO	SDept	MName
S1	D1	张五	S3	D2	李四
S2	D1	张五	S4	D3	王一

由于 R 中存在传递函数依赖 SNO→MName,它会发生操作异常。例如,如果 S4 毕业,则 D3 系的系主任是王一的信息也就丢掉了。反过来,如果一个系 D5 尚无在校学生,那么这个系的系主任是赵某的信息也无法存入。于是进行了如下分解。

$$\rho_1=\{R_1(SNO,\varnothing),R_2(SDept,\varnothing),R_3(MName,\varnothing)\}$$

分解后诸 R_i 的关系 r_i 是 R 在 U_i 上的投影,即 $r_i=R[U_i]$。

$r_1=\{S1,S2,S3,S4\}$,$r_2=\{D1,D2,D3\}$,$r_3=\{张五,李四,王一\}$。

对于分解后的数据库,要回答"S1 在哪个系学习"也不可能了。这样的分解没有意义。本例的分解 ρ_1 所产生的诸关系自然连接的结果实际上是它们的笛卡儿积,元组增加了,信息丢失了。如果分解后的各个关系模式能够通过自然连接恢复到原来的情况,才能达到不丢失信息的要求。这就产生了无损连接性的概念。

为确保分解的无损连接性,可对 R 进行另一种分解。

$\rho_2=\{R_1(\{SNO,SDept\},\{SNO{\rightarrow}SDept\}),R_2(\{SNO,MName\},\{SNO{\rightarrow}MName\})\}$

以后可以证明 ρ_2 对 R 的分解是可恢复的,但是前面提到的插入和删除异常仍然没有解决,原因就在于原来在 R 中存在的函数依赖 SDept→MName,现在在 R_1 和 R_2 中都不再存在了。因此人们又要求分解具有"保持函数依赖"的特性。

最后对 R 进行了以下一种分解。

$\rho_3=\{R_1(\{SNO,SDept\},\{SNO{\rightarrow}SDept\}),R_2(\{SDept,MName\},\{SDept{\rightarrow}MName\})\}$

可以证明分解 ρ_3,既具有无损连接性,又具有保持函数依赖性。它解决了更新异常,又没有丢失原数据库的信息,这是所希望的分解。

由此,可以看出为什么要提出对数据库模式"等价"的三个不同定义的原因了。

下面严格地定义分解的无损连接性和保持函数依赖性并讨论它们的判别算法。

6.4.2　无损连接分解

要求关系模式分解具有无损连接性是必要的,因为它保证了 R 上每个满足 F 的具体关系 r,在分解后都可以由 r 的那些投影经自然连接得以恢复原样,还原的信息既不多也不少。

定义 6.18　设有关系模式 R,F 是 R 上的函数依赖集,R 分解为数据库模式 $\rho=\{R_1,R_2,\cdots,R_k\}$。如果对 R 中满足 F 的每一个关系 r,有 $r=\prod_{R_1}(r)\bowtie\prod_{R_2}(r)\bowtie\cdots\bowtie\prod_{R_k}(r)$,那么就称分解 ρ 相对于 F 是"无损连接分解"(Lossless Join Decomposition),简称"无损分解";否则称为"损失分解"(Lossy Decomposition)。

其中,符号 $r=\prod_{R_i}(r)$ 表示 r 在模式 R_i 属性上的投影。r 的投影连接表达式 $\prod_{R_1}(r)\bowtie\prod_{R_2}(r)\bowtie\cdots\bowtie\prod_{R_k}(r)$ 用符号 $m_\rho(r)$ 表示,该符号表示 r 在 ρ 中各关系模式上投影的连接,称为关系 r 的投影连接变换。

【例 6.21】　设有关系模式 $R(A,B,C)$,分解成 $\rho=\{AB,AC\}$。

① 设 $F=\{A{\rightarrow}C\}$ 是 R 上的函数依赖集。如图 6.5(a)所示为 R 上的一个关系 r,如图 6.5(b)和图 6.5(c)所示为 r 在 AB 和 AC 上的投影 r_1 和 r_2。显然,此时满足 $r_1\bowtie r_2=r$,也就是投影连接变换以后未丢失信息,这正是我们所期望的。这种分解称为"无损分解"。

② 设 $F=\{B{\rightarrow}C\}$ 是 R 上的函数依赖集。如图 6.6(a)所示是 R 上的一个关系 r,如图 6.6(b)和图 6.6(c)所示为 r 在 AB 和 AC 上的投影 r_1 和 r_2,如图 6.6(d)所示为 $r_1\bowtie r_2$。显然,此时 $r_1\bowtie r_2\neq r$,r 在投影连接变换后比原来的元组还要多(增加了噪声),把原来的信息丢失了。这种分解不是我们所期望的。这种分解称为"损失连接分解"。

从本例可以看出,分解是否具有无损连接性与函数依赖有直接关系。

图 6.5　未丢失信息的分解

关系r

A	B	C
1	1	4
1	2	3

(a)

关系r_1

A	B
1	1
1	2

(b)

关系r_2

A	C
1	4
1	3

(c)

关系$r_1 \bowtie r_2$

A	B	C
1	1	4
1	1	3
1	2	4
1	2	3

(d)

图 6.6　丢失信息的分解

定理 6.2　设 $\rho = \{R_1, R_2, \cdots, R_k\}$ 是关系模式 R 的一个分解，r 是 R 的任一关系实例，$r_i = \prod_{R_i}(r)(1 \leqslant i \leqslant k)$，那么有下列性质。

(1) $r \subseteq m_\rho(r)$；

(2) 若 $s = m_\rho(r)$，则 $\prod_{R_i}(s) = r_i$；

(3) $m_\rho(m_\rho(r)) = m_\rho(r)$，这个性质称为幂等性(Idempotent)。

6.4.3　无损分解的测试算法

在把关系模式 R 分解成 ρ 以后，如何测试分解 ρ 是否是无损分解呢？下面给出相应的算法。

算法 6.3　测试一个分解 ρ 是否为无损连接分解。

输入为：关系模式 $R(A_1, A_2, \cdots, A_n)$，F 是 R 上成立的函数依赖集，R 的一个分解 $\rho = \{R_1, R_2, \cdots, R_k\}$。

输出为：判断 ρ 相对于 F 是否为无损连接分解。

步骤如下。

① 构造一个 k 行 n 列的表格 R_ρ，表中每一列对应一个属性 $A_j(1 \leqslant j \leqslant n)$，每一行对应一个模式 $R_i(1 \leqslant i \leqslant k)$。如果 A_j 在 R_i 中，则在表中的第 i 行第 j 列处填上符号 a_j，否则填上 b_{ij}。

② 把表格看成模式 R 的一个关系，根据 F 中的每个函数依赖，修改表中元素的符号，其方法如下。

- 对 F 中的某个函数依赖 $X \rightarrow Y$，在表中寻找 X 分量上相等的行，把这些行的 Y 分量也都改成一致。

具体做法是分别对 Y 分量上的每一列做修改。

- 如果列中有一个是 a_j，那么这一列上(X 相同的行)的元素都改成 a_j；

- 如果列中没有 a_j，那么这一列上（X 相同的行）的元素都改成 b_{ij}（下标 ij 取 i 最小的那个）；
- 对 F 中所有的函数依赖，反复地执行上述的修改操作，一直到表格不能再修改为止（这个过程称为"追踪"即 Chase）。

③ 若修改到最后，表中有一行全为 a，即 $a_1 a_2 \cdots a_n$，那么称 ρ 相对于 F 是无损连接分解。

【例 6.22】 设有关系模式 $R(A,B,C,D)$，R 分解成 $\rho = \{AB, BC, CD\}$，如果 R 上成立的函数依赖集 $F = \{B \rightarrow A, C \rightarrow D\}$，那么 ρ 相对于 F 是否为无损连接分解？

【解】

① 由于关系模式 R 具有 4 个属性，ρ 中分解的模式共有 3 个，所以要构造一个 3 行 4 列的表格，并根据算法 6.3 向表格中填入相应的符号，如图 6.7 所示。

② 根据 F 中的第一个函数依赖 $B \rightarrow A$，由于属性 B 列上的第一行和第二行中都为 a_2，所以，这两行的对应属性 A 列上的符号都应改为 a_1，即将第二行中对应属性 A 列的 b_{21} 改为 a_1；根据 F 中的第二个函数依赖 $C \rightarrow D$，由于属性 C 列上的第二行和第三行中都为 a_3，所以，这两行的对应属性 D 列上的符号都应改为 a_4，即将第二行中对应属性 D 列的 b_{24} 改为 a_4。修改后的表格如图 6.8 所示。

	A	B	C	D
AB	a_1	a_2	b_{13}	b_{14}
BC	b_{21}	a_2	a_3	b_{24}
CD	b_{31}	b_{32}	a_3	a_4

图 6.7 例 6.22 的初始表格

	A	B	C	D
AB	a_1	a_2	b_{13}	b_{14}
BC	a_1	a_2	a_3	a_4
CD	b_{31}	b_{32}	a_3	a_4

图 6.8 例 6.22 修改后的表格

③ 由于修改后的表格中的第二行已全是 a，即 $a_1 a_2 a_3 a_4$，因此，ρ 相对于 F 是无损连接分解。

【例 6.23】 设有关系模式 $R(\text{SNO}, \text{CNO}, \text{Score}, \text{TNO}, \text{TS})$，其中属性 SNO、CNO、Score、TNO 及 TS 分别表示学生的学号、课程号、成绩、教师号、教师专长。基于 R 的函数依赖集 $F = \{(\text{SNO}, \text{CNO}) \rightarrow \text{Score}, \text{CNO} \rightarrow \text{TNO}, \text{TNO} \rightarrow \text{TS}\}$。判断 $\rho = \{\text{SCS}(\text{SNO}, \text{CNO}, \text{Score}), \text{CTN}(\text{CNO}, \text{TNO}), \text{TNTS}(\text{TNO}, \text{TS})\}$ 相对于 F 是否为无损连接分解？

【解】

① 由于关系模式 R 具有 5 个属性，ρ 中分解的模式共有 3 个，所以要构造一个 3 行 5 列的表格，并根据算法 6.3 在表格中填入相应的符号，如图 6.9 所示。

	SNO	CNO	Score	TNO	TS
SCS	a_1	a_2	a_3	b_{14}	b_{15}
CTN	b_{21}	a_2	b_{23}	a_4	b_{25}
TNTS	b_{31}	b_{32}	b_{33}	a_4	a_5

图 6.9 例 6.23 的初始表格

② 根据 F 中的第一个函数依赖 $(\text{SNO}, \text{CNO}) \rightarrow \text{Score}$，由于表格中没有在 (SNO, CNO) 相等的行，因此，不做修改；根据 F 中的第二个函数依赖 $\text{CNO} \rightarrow \text{TNO}$，由于表格中第一、二行 CNO 的值同为 a_2，因此，把这两行 TNO 的值改为 a_4，也就是将第一行的 TNO 的值由 b_{14} 改为 a_4，修改结果如图 6.10 所示。

根据 F 中的第三个函数依赖 $\text{TNO} \rightarrow \text{TS}$，由于表格中第一、二、三行 TNO 的值同为 a_4，因此，把这三行的 TS 的值改为 a_5，也就是将第一行、第二行的 TS 的值分别由 b_{15} 和

b_{25} 都改为 a_5,修改结果如图 6.11 所示。

	SNO	CNO	Score	TNO	TS
SCS	a_1	a_2	a_3	a_{14}	b_{15}
CTN	b_{21}	a_2	b_{23}	a_4	b_{25}
TNTS	b_{31}	b_{32}	b_{33}	a_4	a_5

图 6.10　例 6.23 根据函数依赖 CNO→TNO
修改后的表格

	SNO	CNO	Score	TNO	TS
SCS	a_1	a_2	a_3	a_4	a_5
CTN	b_{21}	a_2	b_{23}	a_4	a_5
TNTS	b_{31}	b_{32}	b_{33}	a_4	a_5

图 6.11　例 6.23 根据函数依赖 TNO→TS
修改后的表格

③ 由于修改后的表格中的第一行已全是 a,即 $a_1a_2a_3a_4a_5$,因此,ρ 相对于 F 是无损连接分解。

当 ρ 中只包含两个关系模式时,存在一个较简单的测试定理。

定理 6.3　设 $\rho=\{R_1,R_2\}$ 是关系模式 R 的一个分解,F 是 R 上成立的函数依赖集,那么分解 ρ 相对于 F 是无损分解的充分必要条件是

$$(R_1 \cap R_2) \to (R_1 - R_2) \quad 或 \quad (R_1 \cap R_2) \to (R_2 - R_1)$$

其中,$R_1 \cap R_2$ 表示两个模式的交集,即 R_1 与 R_2 中的公共属性,$R_1 - R_2$ 或 $R_2 - R_1$ 表示两个模式的差集,差集的含义,就是从 R_1(或 R_2)中去掉了 R_1 和 R_2 的公共属性后剩下的其他属性。即当模式 R 分解成两个模式 R_1 和 R_2 时,若两个模式的公共属性($\varnothing$ 除外)能够函数决定 R_1(或 R_2)中的其他属性,这样的分解就具有无损连接性。

这个定理可以用算法 6.3 来证明。

【例 6.24】　设有关系模式 $R(X,Y,Z)$,基于 R 的函数依赖集 $F=\{X \to Y\}$。判断以下有关 R 的两个分解是否为无损连接。

$$\rho_1 = \{R_1(X,Y), R_2(X,Z)\}$$
$$\rho_2 = \{R_3(X,Y), R_4(Y,Z)\}$$

【解】

① 因为 $R_1 \cap R_2$ 为 $XY \cap XZ = X$,$R_1 - R_2 = XY - XZ = Y$,已知 $X \to Y$,所以,$R_1 \cap R_2 \to (R_1 - R_2)$,因此,$\rho_1 = \{R_1(X,Y), R_2(X,Z)\}$ 是无损分解。

② 因为 $R_3 \cap R_4$ 为 $XY \cap YZ = Y$,$R_3 - R_4 = XY - YZ = X$,已知 $X \to Y$,所以 $R_3 \cap R_4 \nrightarrow (R_3 - R_4)$,因此,$\rho_2 = \{R_3(X,Y), R_4(Y,Z)\}$ 不是无损分解。

6.4.4　保持函数依赖的分解

在分解关系模式时,需要确定新关系模式是否满足高一级别范式的条件。这种判断的前提是需要知道新关系模式中成立的函数依赖。新关系模式中的函数依赖是原关系模式的函数依赖在新关系模式上的投影。

定义 6.19　设有关系模式 $R(U,F)$,F 是 R 的函数依赖集,U_i 是 U 的一个属性子集,则称 U_i 所涉及的 F^+ 中所有函数依赖为 F 在属性集 $U_i(\subseteq U)$ 上的投影,记为

$$\prod_{U_i}(F) = \{X \to Y \mid X \to Y \in F^+ \wedge XY \subseteq U_i\}$$

我们已知,无损连接性是模式分解的一个重要原则,而在分解过程中能否保持函数依

赖集不被破坏和丢失函数依赖,则是模式分解的另一个重要原则。如果不能保持函数依赖,那么数据的语义就会出现混乱。

定义 6.20　设有关系模式 $R(U)$,F 是 $R(U)$ 上的函数依赖集,$\rho=\{R_1,R_2,\cdots,R_k\}$ 是 R 的一个分解。

F 在 R_i 上的一个投影用 Π_{R_i} 表示,$\bigcup\limits_{i=1}^{k}\Pi_{R_i}(F)=\Pi_{R_1}(F)\bigcup\Pi_{R_2}(F)\bigcup\cdots\bigcup\Pi_{R_k}(F)$;

如果有 $F^+=(\bigcup\limits_{i=1}^{k}\Pi_{R_i}(F))^+$,则称 ρ 是保持函数依赖集 F 的分解。

从定义中可以看出,保持函数依赖的分解是把 R 分解为 $R_1,R_2,\cdots,R_k$ 后,函数依赖集 F 应被 F 在这些 R_i 上的投影所蕴涵。因为 F 中的函数依赖实质上是对关系模式 R 的完整性约束,R 分解后也要保持 F 的有效性,否则数据的完整性将受到破坏。

但是,一个无损连接分解不一定是保持函数依赖的。同样,一个保持函数依赖的分解也不一定是无损连接的。

【例 6.25】　设有关系模式 $R(\text{SNO},\text{Dept},\text{DP})$,其中属性 SNO,Dept,DP 分别表示学生学号、所在系别、系办公室地点。函数依赖集有 $F=\{\text{SNO}{\to}\text{Dept},\text{Dept}{\to}\text{DP}\}$,$R$ 分解成 $\rho=\{R_1(\text{SNO},\text{Dept}),R_2(\text{SNO},\text{DP})\}$。

① 判断 ρ 是否具有无损连接性。

② 判断 ρ 是否具有保持函数依赖性。

【解】

① 判断 ρ 是否具有无损连接性。

因为 $R_1\bigcap R_2$ 为 $(\text{SNO},\text{Dept})\bigcap(\text{SNO},\text{DP})=\text{SNO}$,$R_1-R_2=(\text{SNO},\text{Dept})-(\text{SNO},\text{DP})=\text{Dept}$,已知 $\text{SNO}{\to}\text{Dept}$,所以,$R_1\bigcap R_2{\to}(R_1-R_2)$,因此,$\rho=\{R_1(\text{SNO},\text{Dept}),R_2(\text{SNO},\text{DP})\}$ 是无损分解。

② 判断 ρ 是否具有保持函数依赖性。

R_1 上的函数依赖是 $\text{SNO}{\to}\text{Dept}$,$R_2$ 上的函数依赖是 $\text{SNO}{\to}\text{DP}$。但从这两个函数依赖推不出在 R 上成立的函数依赖 $\text{Dept}{\to}\text{DP}$,分解 ρ 把 $\text{Dept}{\to}\text{DP}$ 丢失了,因此,分解 ρ 不具有保持函数依赖性。

规范化理论提供的一套完整的模式分解方法,通过对这些分解算法的研究,有如下结论。

① 若要求分解具有无损连接性,那么分解一定可以达到 BCNF。

② 若要求分解保持函数依赖,那么分解可以达到 3NF,但不一定能达到 BCNF。

③ 若要求分解既保持函数依赖,又具有无损连接性,那么分解一定可以达到 3NF,但不一定能达到 BCNF。所以在 3NF 的规范化中,既要检查分解是否具有无损连接性,又要检查分解是否具有函数依赖保持性。只有这两条都满足,才能保证分解的正确性和有效性,才能既不发生信息丢失,又保证关系中的数据满足完整性约束。

习　题　6

一、单项选择题

1. 设计性能较优的关系模式称为规范化,规范化主要的理论依据是_____。

    A. 关系规范化理论   B. 关系运算理论

    C. 关系代数理论   D. 数理逻辑

2. 规范化过程主要为了克服数据库逻辑结构中的插入异常,删除异常以及_____的缺陷。

    A. 数据的不一致性   B. 结构不合理

    C. 冗余度大   D. 数据丢失

3. 关系规范化中的删除操作异常是指不该删除的数据被删除,插入操作异常是指_____。

    A. 应该插入的数据被删除   B. 不该插入的数据被插入

    C. 应该删除的数据被插入   D. 应该插入的数据未被插入

4. 当关系模式 $R(A,B)$ 已属于 3NF,下列说法中_____是正确的。

    A. 它一定消除了插入和删除异常   B. 仍存在一定的插入和删除异常

    C. 一定属于 BCNF   D. A 和 C 都是

5. 根据关系数据库规范化理论,关系数据库中的关系要满足第一范式。下面"部门"关系中,因_____而使它不满足第一范式。

部门(部门号,部门名,部门成员,部门总经理)

    A. 部门总经理   B. 部门成员   C. 部门名   D. 部门号

6. 关系模型中的关系模式至少是_____。

    A. 1NF   B. 2NF   C. 3NF   D. BCNF

7. 关系 DB 中,任何二元关系模式的最高范式必定是_____。

    A. 1NF   B. 2NF   C. 3NF   D. BCNF

8. 在关系模式 R 中,若其函数依赖集中所有候选关键字都是决定因素,则 R 的最高范式是_____。

    A. 2NF   B. 3NF   C. 4NF   D. BCNF

9. 候选关键字中的属性称为_____。

    A. 非主属性   B. 主属性   C. 复合属性   D. 关键属性

10. 关系模式的候选关键字可以有_____。

    A. 0 个   B. 1 个   C. 1 个或多个   D. 多个

11. 消除了部分函数依赖的 1NF 的关系模式,必定是_____。

    A. 1NF   B. 2NF   C. 3NF   D. 4NF

12. 在关系模式 R 中,函数依赖 $X \rightarrow Y$ 的语义是_____。

    A. 在 R 的某一关系中,若两个元组的 X 值相等,则 Y 值也相等

    B. 在 R 的每一关系中,若两个元组的 X 值相等,则 Y 值也相等

    C. 在 R 的某一关系中,Y 值应与 X 值相等

    D. 在 R 的每一关系中,Y 值应与 X 值相等

13. 设有关系模式 $R(A,B,C,D,E)$,函数依赖集 $F=\{B \rightarrow A, A \rightarrow C\}$,$\rho=\{AB, AC, AD\}$ 是 R 上的一个分解,那么分解 ρ 相对于 F _____。

    A. 既是无损连接分解,又是保持函数依赖的分解

  B. 是无损连接分解,但不是保持函数依赖的分解

  C. 不是无损连接分解,但是保持函数依赖的分解

  D. 既不是无损连接分解,也不是保持函数依赖的分解

  14. 设有关系模式 $R(A,B,C,D,E)$,函数依赖集 $F=\{A \rightarrow B,B \rightarrow C,C \rightarrow D,D \rightarrow A\}$,$\rho=\{AB,BC,AD\}$ 是 R 上的一个分解,那么分解 ρ 相对于 F _____。

  A. 既是无损连接分解,又是保持函数依赖的分解

  B. 是无损连接分解,但不是保持函数依赖的分解

  C. 不是无损连接分解,但是保持函数依赖的分解

  D. 既不是无损连接分解,也不是保持函数依赖的分解

二、填空题

  1. 在关系模式 R 中,能决定 R 中所有属性的属性组,称为关系模式 R 的_____。

  2. 在关系 $A(S,SN,D)$ 和 $B(D,CN,NM)$ 中,A 的主键是 S,B 的主键是 D,则 D 在 A 中称为_____。

  3. 被函数依赖集 F 逻辑蕴涵的函数依赖的全体构成的集合,称为_____。

  4. 如果 $X \rightarrow Y$ 和 $Y \subseteq X$ 成立,那么 $X \rightarrow Y$ 是一个_____。

  5. 消除了非主属性对候选码的部分函数依赖的关系模式,称为_____模式;消除了非主属性对候选码的传递函数依赖的关系模式,称为_____模式;消除了主属性对候选码的传递函数依赖的关系模式,称为_____模式。

  6. 设有关系模式 $R(A,B,C,D)$,函数依赖 $F=\{AB \rightarrow C,C \rightarrow D,D \rightarrow A\}$,则 R 的所有三个可能的候选键分别是_____、_____、_____。

  7. 设有关系模式 $R(A,B,C,D)$,函数依赖 $F=\{A \rightarrow B,B \rightarrow C,A \rightarrow D,D \rightarrow C\}$,$\rho=\{AB,AC,BD\}$ 是 R 上的一个分解,则分解 ρ 中所丢失的函数依赖分别是_____、_____、_____。

  8. 设有关系模式 $R(A,B,C,D)$,函数依赖 $F=\{AB \rightarrow CD,A \rightarrow D\}$,则 R 的候选键是_____,它属于_____范式的关系模式。

  9. 设有关系模式 $R(A,B,C,D)$,函数依赖 $F=\{A \rightarrow B,B \rightarrow C,D \rightarrow B\}$,$\rho=\{ACD,BD\}$ 是 R 的一个分解,则子模式 $R_1(ACD)$ 的候选键是_____,其范式等级是_____。

  10. 对于非规范化的模式,经过_____转变为 1NF,将 1NF 经过_____转变为 2NF,将 2NF 经过_____转变为 3NF。

  11. 在关系数据库的规范化理论中,在进行"模式分解"时,必须遵守规范化原则,即保持原有的函数依赖关系和_____。

三、简答题

  1. 关系规范化中的操作异常有哪些?它是由什么引起的?解决的办法是什么?

  2. 解释下列术语的含义:函数依赖、平凡函数依赖、非平凡函数依赖、完全函数依赖、部分函数依赖、传递函数依赖、多值依赖。

  3. 范式、1NF、2NF、3NF、BCNF、4NF 的定义是什么?

  4. 候选码、主码、主属性、非主属性、全码(All-key)、外码的定义是什么?

5. 对于主键只由一个属性组成的关系,如果它是第一范式关系,则它是否一定也是第二范式关系?

6. 无损连接分解、保持函数依赖分解的定义是什么?

7. 设有关系模式:学生修课管理(学号,姓名,所在系,性别,课程号,课程名,学分,成绩)。设一名学生可以选修多门课程,一门课程可以被多名学生选修。一名学生有唯一的所在系,每门课程有唯一的课程名和学分。请指出此关系模式的候选键,判断此关系模式是第几范式;若不是第三范式,请将其规范化为第三范式关系模式,并指出分解后的每个关系模式的主键和外键。

8. 设有关系模式:学生表(学号,姓名,所在系,班号,班主任,系主任)。其语义为:一名学生只在一个系的一个班学习,一个系只有一名系主任,一个班只有一名班主任,一个系可以有多个班。请指出此关系模式的候选键,判断此关系模式是第几范式;若不是第三范式,请将其规范化为第三范式关系模式,并指出分解后的每个关系模式的主键和外键。

9. 设有关系模式:授课表(课程号,课程名,学分,授课教师号,教师名,授课时数)。其语义为:一门课程(由课程号决定)有确定的课程名和学分,每名教师(由教师号决定)有确定的教师名,每门课程可以由多名教师讲授,每名教师也可以讲授多门课程,每名教师对每门课程有确定的授课时数。指出此关系模式的候选键,判断此关系模式属于第几范式;若不属于第三范式,请将其规范化为第三范式关系模式,并指出分解后的每个关系模式的主键和外键。

10. 建立一个关于系、学生、班级、学会等诸信息的关系数据库。

描述学生的属性有:学号、姓名、出生年月、系名、班号、宿舍区。

描述班级的属性有:班号、专业名、系名、人数、入校年份。

描述系的属性有:系名、系号、系办公室地点、人数。

描述学会的属性有:学会名、成立年份、地点、人数。

有关语义如下:一个系有若干专业,每个专业每年只招一个班,每个班有若干学生。一个系的学生住在同一宿舍区。每个学生可参加若干学会,每个学会有若干学生。学生参加某学会有一个入会年份。

试给出上述数据库的关系模式;根据语义写出每个关系模式的基本函数依赖集。指出是否存在传递函数依赖,对于函数依赖左部是多属性的情况讨论函数依赖是完全函数依赖还是部分函数依赖。指出各关系的候选码、外部码,有没有全码存在。

11. 设有关系模式 R(运动员编号,姓名,性别,班级,班主任,项目号,项目名,成绩),如果规定每名运动员只能代表一个班级参加比赛,每个班级只能有一个班主任;每名运动员可参加多个项目,每个比赛项目也可由多名运动员参加;每个项目只能有一个项目名;每名运动员参加一个项目只能有一个成绩。根据上述语义,回答下列问题。

(1) 写出关系模式 R 的主关键字。

(2) 分析 R 最高属于第几范式,说明理由。

(3) 若 R 不是 3NF,则将其分解为 3NF。

12. 已知学生关系模式

S(SNO,SName,SD,SDname,Course,Grade)

其中,SNO 表示学号、SName 表示姓名、SD 表示系名、SDname 表示系主任名、Course 表示课程、Grade 表示成绩。

(1) 写出关系模式 S 的基本函数依赖和主码。

(2) 原关系模式 S 为第几范式? 为什么? 可否分解成高一级范式,并说明为什么。

(3) 将关系模式分解成 3NF,并说明为什么。

13. 设有关系模式 R (职工号,日期,日营业额,部门名,部门经理)。

如果规定每个职工每天只有一个营业额,每个职工只能在一个部门工作,每个部门只有一个经理。

(1) 根据上述规定,写出模式 R 的主关键字。

(2) 分析 R 最高属于第几范式,说明理由。

(3) 若 R 不是 3NF,则将其分解为 3NF。

14. 设某商业集团数据库中有一关系模式 R 如下。

R (商店编号,商品编号,数量,部门编号,负责人)。

如果规定

(1) 每个商店的每种商品只能在一个部门销售;

(2) 每个商店的每个部门只有一个负责人;

(3) 每个商店的每种商品只有一个库存数量。

试回答下列问题。

(1) 根据上述规定,写出关系模式 R 的基本函数依赖;

(2) 找出关系模式 R 的候选码;

(3) 试问关系模式 R 最高已经达到第几范式? 为什么?

(4) 如果 R 不属于 3NF,请将 R 分解成 3NF 模式集。

15. 下面的结论哪些是正确的? 哪些是错误的? 对于错误的请给出一个反例说明。

(1) 任何一个二目关系是属于 3NF 的。

(2) 任何一个二目关系是属于 BCNF 的。

(3) 任何一个二目关系是属于 4NF 的。

16. 试举出三个多值依赖的实例。

第 7 章 数据库设计

数据库设计过程各个阶段上的设计描述要点是：①需求分析。准确了解与分析用户需求(包括数据与处理)。②概念结构设计。通过对用户需求进行综合、归纳与抽象,形成一个独立于具体 DBMS 的概念模型。③逻辑结构设计。将概念结构转换为某个 DBMS 所支持的数据模型,并对其进行优化。④数据库物理设计。为逻辑数据模型选取一个最适合应用环境的物理结构(包括存储结构和存取方法)。⑤数据库实施。设计人员运用 DBMS 提供的数据语言、工具及宿主语言,根据逻辑设计和物理设计的结果建立数据库,编制与调试应用程序,组织数据入库,并进行试运行。⑥数据库运行和维护。在数据库系统运行过程中对其进行评价、调整与修改。

这是一个完整的实际数据库及其应用系统的设计过程。不仅包括设计数据库本身,还包括数据库的实施、运行和维护。设计一个完善的数据库应用系统往往是上述 6 个阶段的不断反复。

7.1 数据库设计概述

数据库技术是信息资源开发、管理和服务最有效的手段。数据库应用系统(DBAS)是以数据库技术为基础的管理信息系统。

$$DBAS\ 设计 = 数据库设计 + 应用程序设计$$

数据库应用系统(DBAS)设计中的一个核心问题就是设计一个能够满足用户当前与可预见的未来各个应用要求的、性能良好的数据库。在数据库领域内,常常把使用数据库的各类系统统称为数据库应用系统。

数据库设计是指对于一个给定的应用环境,构造(设计)优化的数据库逻辑模式和物理结构,并据此建立数据库及其应用系统,使之能够有效地存储和管理数据,满足各种用户的应用需求,包括信息管理要求和数据操作要求。

数据库设计的目标是为用户和各种应用系统提供一个信息基础设施和高效率的运行环境,高效率的运行环境包括数据库数据的存取效率,数据库存储空间的利用率、数据库系统运行管理的效率等都是高的。

7.1.1 数据库和信息系统

数据库是信息系统的核心和基础,主要是由于:数据库把信息系统中大量的数据按一定的模型组织起来;数据库提供存储、维护、检索数据的功能;数据库使信息系统可以方便、及时、准确地从数据库中获得所需的信息。

数据库是信息系统的各个部分能否紧密地结合在一起以及如何结合的关键所在,当数据库比较复杂时,如存在数据冗余、存储空间浪费、当数据删除、更新、插入异常时,我们需要设计数据库,数据库设计是信息系统开发和建设的重要组成部分。良好的数据库设计,可以节省数据的存储空间、能够保证数据的完整性、方便进行数据库应用系统的开发。

7.1.2 数据库设计的特点与方法

1. 数据库设计的任务与内容

把"从用户对数据的需求出发,研究并构造数据库逻辑结构和物理结构的过程"称为数据库设计。把现实世界中的数据,根据各种应用处理的要求,加以合理地组织,满足硬件和操作系统的特性,利用已有的 DBMS 来建立能够实现系统目标的数据库。数据库设计的主要任务是通过对现实世界中的数据进行抽象,得到符合现实世界要求的、能被DBMS 支持的数据模型。

数据库设计应该和应用系统设计相结合,整个设计过程中要把结构(数据)设计和行为(处理)设计密切结合起来。

(1) 数据库的结构设计

指根据给定的应用环境、用户的数据需求,设计数据库的数据模型或数据库模式。数据库模式是各应用程序共享的结构,是静态的、稳定的,一旦形成后通常情况下是不容易改变的,所以结构设计又称为静态模型设计,是用来设计数据库框架或数据库结构的。

数据库设计过程中,数据库结构设计的不同阶段形成数据库的各级模式,如图 7.1 所示,分别是:

① 在需求分析阶段综合各个用户的应用需求,在概念设计阶段形成独立于机器特点,独立于各个 DBMS 产品的概念模式,在本篇中就是 E-R 图。

② 在逻辑设计阶段,将 E-R 图转换成具体的数据库产品支持的数据模型,如关系模型,形成数据库逻辑模式,然后根据用户处理的要求、安全性的考虑,在基本表的基础上再建立必要的视图(View),形成数据的外模式。

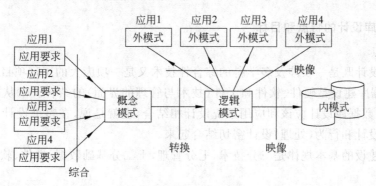

图 7.1 数据库的各级模式

③ 在物理设计阶段,根据 DBMS 特点和处理的需要,进行物理存储安排,建立索引,形成数据库内模式。

(2) 数据库的行为设计

根据处理需求,设计数据库查询、事务处理和报表处理等应用程序。宏观世界反映了数据库在处理上的要求,即动态要求,故又称为数据库的行为特性设计。用户的行为总是使数据库的内容发生变化,所以行为设计是动态的,行为设计又称为动态模型设计。

(3) 数据库设计应该与应用系统设计相结合

结构(数据)设计是指设计数据库框架或数据库结构;行为(处理)设计是指设计应用程序、事务处理等。传统的软件工程中,忽视对应用中数据语义的分析和抽象,只要有可能就尽量推迟数据结构设计的决策;早期的数据库设计致力于数据模型和建模方法研究,忽视了对行为的设计。导致数据与程序不易结合,增加了数据库设计的复杂性,造成结构和行为分离的设计产生。

我们则强调在数据库设计中,要把结构特性和行为特性结合起来,即将数据库结构设计和数据处理设计密切结合完成整个设计过程,如图 7.2 所示。

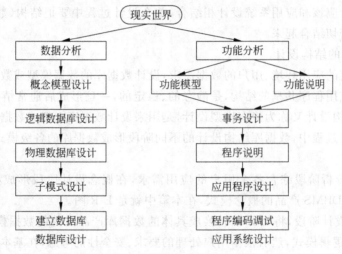

图 7.2　结构和行为分离的设计

2. 数据库设计的特点和目标

(1) 特点

数据库设计既是一项涉及多学科的综合性技术又是一项庞大的工程项目。其主要特点有:①数据库建设是硬件、软件和干件(技术与管理的界面)的结合。②从软件设计的技术角度看,数据库设计应该和应用系统设计相结合,也就是说,在整个设计过程中要把结构(数据)设计和行为(处理)设计密切结合起来。

数据库建设的基本规律是三分技术,七分管理,十二分基础数据;硬件、软件和管理的结合。

七分管理指的是数据库建设项目管理、企业(即应用部门)的业务管理;十二分基础数据强调了数据的收集、入库、组织、更新的数据;技术与管理的界面称之为"干件"。

（2）数据库设计的目标

数据库设计有两个重要的目标：满足应用功能需求和良好的数据库性能。为用户和各种应用系统提供一个信息基础设施和高效率的运行环境。

满足应用功能需求主要是指用户当前与可预知的将来所需要的数据及其联系应该全部准确地存在于数据库之中，从而满足用户应用中所需要的对数据进行检索、增、删、改等操作。

良好的数据库性能主要是指对数据库高效率的存取访问和空间的节省，并具有良好的数据共享性、完整性、一致性及安全保密性。

3. 数据库设计方法

（1）手工试凑法

该方法就是采用手工与经验相结合的方法，特点是设计质量与设计人员的经验和水平有直接关系；缺乏科学理论和工程方法的支持，设计的质量难以保证；数据库运行一段时间后常常又不同程度地发现各种问题，增加了维护代价。

（2）规范设计法

本质上仍是手工设计方法，基本思想是：过程迭代和逐步求精。典型方法包括以下几种。

① 新奥尔良（New Orleans）方法。将数据库设计分为 4 个阶段，即需求分析、概念设计、逻辑设计、物理设计。

② S. B. Yao 方法。将数据库设计分为 5 个步骤。

③ 基于 E-R 模型的数据库设计方法。在概念设计阶段广泛采用。

④ 3NF（第三范式）的设计方法。逻辑阶段可采用的有效方法。

⑤ I. R. Palmer 方法。把数据库设计当成一步接一步的过程。

⑥ ODL（Object Definition Language）方法。这是面向对象的数据库设计方法。

4. 数据库设计工具已实用化和产品化

计算机辅助设计人员完成数据库设计过程中的任务，加快了数据库设计的速度。CASE 工具有：

Oracle，Designer 2000。

Sybase，PowerDesigner。

Rational，Rational ROSE。

7.1.3 数据库设计的基本步骤

1. 数据库设计的准备工作

数据库设计开始之前，首先选定参加设计的人员，包括系统分析人员、数据库设计人员、程序员、用户和数据库管理员（DBA）。数据库设计人员应该具备的技术和知识包括数据库的知识和数据库设计技术、计算机科学的基础知识和程序设计的方法和技巧、软件工程的原理和方法、应用领域的知识。

（1）系统分析人员、数据库设计人员

数据库设计的核心人员，自始至终参与数据库设计，其水平决定了数据库系统的质量。

（2）用户

在数据库设计中也是举足轻重的，主要参加需求分析、数据库的运行和维护。用户积极参与带来的好处是可以加速数据库设计、提高数据库设计的质量。

（3）程序员

在系统实施阶段参与进来，负责编制程序。

（4）操作员

在系统实施阶段参与进来，准备软、硬件环境。

（5）数据库管理员（DBA）

由于数据库具有共享性，因此对数据库设计、规划、协调需专职人员负责。DBA 的职责是定义相关数据资源（如模式定义及修改、存储结构及存取方式定义、完整性约束定义等），帮助数据库设计人员完成数据模型；掌握数据流程、管理数据模型、负责修改管理；管理数据存储、数据访问授权、确定数据物理布局，对系统进行集中控制的人称做 DBA。

2. 数据库设计的过程

（1）需求分析阶段

准确了解与分析用户需求，包括数据与处理，是整个设计过程的基础，这一步是最费时、最复杂的一步，但也是最重要的一步。通过对用户需求的收集和分析，明确用户对数据库的要求。

结果得到数据字典（简称 DD，描述数据需求）；数据流图（简称 DFD，描述处理需求）。简言之就是分析用户的业务和数据处理需求。

（2）概念结构设计阶段

概念结构设计阶段是整个数据库设计的关键，通过对用户需求进行综合、归纳与抽象，把用户的信息要求统一到一个整体逻辑结构中，此结构能够表达用户的要求，形成一个独立于任何 DBMS 软件和硬件的概念模型即 E-R 模型。简言之就是设计数据库的 E-R 模型图，确认需求信息的正确和完整。

（3）逻辑结构设计阶段

将上一步得到的概念模型转换为某个 DBMS 所支持的数据模型（如关系模型），并对其进行优化。就是将 E-R 图转换为多张表，进行逻辑设计，并应用数据库设计的范式进行审核。

（4）数据库物理设计阶段

为逻辑数据模型选取一个最适合应用环境的物理结构，包括存储结构和存取方法。是将一个满足用户信息需求的已确定的逻辑数据库结构转化为一个有效的、可实现的物理数据库结构的过程。

（5）数据库实施阶段

运用 DBMS 提供的数据语言、工具及宿主语言，根据逻辑设计和物理设计的结果，包括建立数据库、编制与调试应用程序、组织数据入库，并进行试运行。简言之就是选择具体数据库进行物理实现，并编写，代码实现前端应用。

（6）数据库运行和维护阶段

数据库应用系统经过试运行后即可投入正式运行。在数据库系统运行过程中必须不断地对其进行评价、调整与修改。

3. 数据库设计的特点

数据库设计过程的 6 个阶段是：需求分析、概念结构设计、逻辑结构设计、数据库物理设计、数据库实施、数据库运行和维护。这是一个完整的实际数据库及其应用系统的设计过程。不仅包括设计数据库本身，还包括数据库的实施、运行和维护。设计一个完善的数据库应用系统往往是上述 6 个阶段的不断反复。

在设计过程中把数据库的设计和对数据库中数据处理的设计紧密结合起来，将这两个方面的需求分析、抽象、设计、实现在各个阶段同时进行，相互参照，相互补充，以完善两方面的设计。

图 7.3 详细描述了数据库设计各个阶段所做的主要工作，包括数据和处理的内容，比如数据库概念设计的重要性。数据库概念设计是整个数据库设计的关键，将在需求分析阶段所得到的应用需求首先抽象为概念结构，从而能更好地、更准确地用某一 DBMS 实现这些需求。概念结构的设计方法有多种，其中最经常采用的策略是自底向上方法，概念结构是各种数据模型的共同基础，为了能够用某一 DBMS 实现用户需求，还必须将概念结构进一步转化为相应的数据模型，这正是数据库逻辑结构设计所要完成的任务。逻辑结构设计的步骤是：将概念结构转换为一般的关系、网状、层次等数据模型，再将转化来的关系、网状、层次数据模型向特定 DBMS 支持下的数据模型转换。

设计阶段	设计描述	
	数据	处理
需求分析	数据字典、全系统中数据项、数据流、数据存储的描述	数据流图和判定表(判定树)、数据字典中处理过程的描述
概念结构设计	概念模型(E-R图) 数据字典	系统说明书包括 ①新系统要求、方案和概图 ②反映新系统信息
逻辑结构设计	某种数据模型 关系　　　　非关系	系统结构图 (模块结构)
物理设计	存储安排 方法选择 存取路径建立	模块设计 IPO表
实施阶段	编写模式 装入数据 数据库试运行	程序编码、编译联结、测试
运行、维护	性能监测、转储/恢复 数据库重组和重构	新旧系统转换、运行、维护(修正性、适应性、改善性维护)

图 7.3　数据库设计各个阶段的设计描述

7.2　需求分析

需求分析就是分析用户的需要与要求，是设计数据库的起点，需求分析的结果是否准确地反映了用户的实际要求，将直接影响到以后各个阶段的设计，并影响到设计结果是否合理和实用。需求分析阶段调查的内容是"数据"和"处理",即获得用户对数据库的要求。

7.2.1 需求分析的任务

1. 需求分析的任务概述

需求分析阶段的设计目标是通过详细调查现实世界要处理的对象(组织、部门、企业等),充分了解原系统(手工系统或计算机系统)的工作概况,明确用户的各种需求,然后在此基础上确定新系统的功能。

新系统必须充分考虑今后可能的扩充和改变,不能只按当前应用需求来设计数据库。需求分析阶段调查的内容是"数据"和"处理",即获得用户对数据库的如下要求。①信息要求,指用户需要从数据库中获得信息的内容与性质,由信息要求可以导出数据要求,即在数据库中需要存储哪些数据;②处理要求,指用户要完成什么处理功能,对处理的响应时间有什么要求,处理方式是批处理还是联机处理;③安全性与完整性要求。

2. 需求分析的重点

需求分析的重点是:调查、收集与分析用户在数据管理中的信息要求、处理要求、安全性与完整性要求。获得用户对数据库的要求。

(1) 信息要求

用户需要从数据库中获得信息的内容与性质,由用户的信息要求可以导出数据要求,即确定在数据库中需要存储哪些数据。

(2) 处理要求

对处理功能的要求、对处理的响应时间的要求、对处理方式的要求(批处理/联机处理)。

(3) 安全性要求

数据库中存放着信息的安全保密要求。

(4) 完整性要求

说明数据应满足怎样的约束条件。

新系统的功能必须能够满足用户的信息要求、处理要求、安全性与完整性要求。

3. 需求分析的难点

(1) 确定用户最终需求的难点

用户缺少计算机知识,开始时无法确定计算机究竟能为自己做什么,不能做什么,因此无法一下子准确地表达自己的需求,他们所提出的需求往往不断地变化。设计人员缺少用户的专业知识,不易理解用户的真正需求,甚至误解用户的需求;新的硬件、软件技术的出现也会使用户需求发生变化。

(2) 解决方法

设计人员必须采用有效的方法,与用户不断深入地进行交流,才能逐步得以确定用户的实际需求。

7.2.2　需求分析的步骤和方法

在进行需求分析时,调查清楚用户的实际需求并进行初步分析,与用户达成共识,进一步分析与表达这些需求。

1. 调查与初步分析用户需求

(1) 调查组织机构情况

组织的部门组成情况、各部门的职能等。

(2) 调查各部门的业务活动情况

各个部门输入和使用什么数据、如何加工处理这些数据、输出什么信息、输出到什么部门、输出结果的格式是什么。

(3) 协助用户明确对新系统的各种要求

明确用户的信息要求、处理要求、完全性与完整性要求。

(4) 确定新系统的边界

确定哪些功能由计算机完成或将来准备让计算机完成、哪些活动由人工完成,由计算机完成的功能就是新系统应该实现的功能。

(5) 准确分析系统功能

(6) 分析系统数据、编制数据字典

数据字典包括数据项、数据结构、数据流、数据存储、处理过程。

(7) 编写系统分析报告,提交部门审核

2. 常用调查方法

在做需求调查时,往往需要同时采用多种方法,无论使用何种调查方法,都必须有用户的积极参与和配合,设计人员应该和用户取得共同的语言,帮助不熟悉计算机的用户建立数据库环境下的共同概念,并共同对设计工作的最后结果承担责任。常用的调查方法有:跟班作业、开调查会、请专人介绍、询问、设计调查表请用户填写(如果填写的调查表设计合理,则表明行之有效)、查阅记录(查阅与原系统有关的数据记录,包括原始单据、账簿、报表)等。

3. 分析和表达用户需求的步骤

(1) 把任何一个系统抽象为处理功能和数据流的流动

分析和表达用户需求的常用方法有:自顶向下的结构化分析(Structured Analysis, SA)方法,SA方法从最上层的系统组织机构入手,采用自顶向下、逐层分解的方式分析系统,并用数据流图(DFD)和数据字典(DD)描述系统。经过可行性分析和初步需求调查,抽象出该系统最高层的数据流图。

(2) 分解处理功能和数据

① 分解处理功能。

将处理功能的具体内容分解为若干子功能,再将每个子功能继续分解,直到把系统的工作过程表达清楚为止,即进一步细化各个子系统。

② 分解数据。

在处理功能逐步分解的同时,其所用的数据也逐级分解,形成若干层次的数据流图，数据流图表达了数据和处理过程的关系，即通过详细的信息流程分析和数据收集后，生成了该子系统的数据流图。系统中的数据则借助数据字典(Data Dictionary,DD)来描述。

③ 表达方法。

处理过程用判定表或判定树来描述；

数据用数据字典来描述。

(3) 将分析结果再次提交给用户，征得用户的认可

图 7.4 描述了需求分析的全过程。

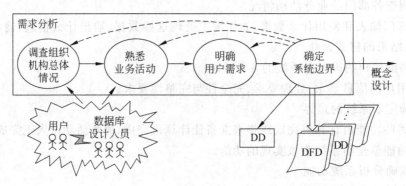

图 7.4　需求分析过程

7.2.3　数据字典

1. 数据字典的用途

数据字典是对系统中各类数据的详细描述的集合，是各类数据结构和属性的清单。它与数据流图互为注释。数据字典是进行详细的数据收集和数据分析所获得的主要结果。数据字典贯穿于数据库需求分析直到数据库运行的全过程，在不同的阶段其内容和用途各有区别。在需求分析阶段建立，是下一步进行概念设计的基础，并在数据库设计过程中不断修改、充实、完善。数据字典在数据库设计中占有很重要的地位。

2. 数据字典的内容

数据字典的内容包括：数据项、数据结构、数据流、数据存储、处理过程。数据项是数据的最小组成单位，若干个数据项可以组成一个数据结构，数据字典通过对数据项和数据结构的定义来描述数据流、数据存储的逻辑内容。

(1) 数据项

数据项是不可再分的数据单位，对数据项的描述包括以下内容。

数据项描述＝｛数据项名，数据项含义说明，别名，数据类型，长度，取值范围，取值含
义，与其他数据项的逻辑关系｝

"取值范围"、"与其他数据项的逻辑关系"定义了数据的完整性约束条件。

(2) 数据结构

数据结构反映了数据之间的组合关系。一个数据结构可以由若干个数据项组成，也

可以由若干个数据结构组成，或由若干个数据项和数据结构混合组成。

对数据结构的描述包括以下内容。

数据结构描述＝{数据结构名，含义说明，组成：{数据项或数据结构}}

（3）数据流

数据流表示某一处理过程中数据结构在系统内传输的路径。

对数据流的描述包括以下内容。

数据流描述＝{数据流名，说明，数据流来源，数据流去向，组成：{数据结构}，平均流量，高峰期流量}

数据流来源，说明该数据流来自哪个过程；

数据流去向，说明该数据流将到哪个过程去；

平均流量，指在单位时间（每天、每周、每月等）里的传输次数；

高峰期流量，指在高峰时期的数据流量。

（4）数据存储

数据存储是数据结构停留或保存的地方，也是数据流的来源和去向之一。对数据存储的描述包括以下内容。

数据存储描述＝{数据存储名，说明，编号，流入的数据流，流出的数据流，组成：{数据结构}，数据量，存取方式}

流入的数据流，指出数据来源；

流出的数据流，指出数据去向；

数据量，指每次存取多少数据，每天（或每小时、每周等）存取几次等信息；

存取方法，包括批处理/联机处理；检索/更新；顺序检索/随机检索。

（5）处理过程

处理过程的具体处理逻辑一般用判定表或判定树来描述。数据字典中只需要描述处理过程的说明性信息。处理过程说明性信息的描述包括以下内容。

处理过程描述＝{处理过程名，说明，输入：{数据流}，输出：{数据流}，处理：{简要说明}}

简要说明。主要说明该处理过程的功能及处理要求。功能是：主要指明处理过程用来做什么。

处理要求。处理频度要求（如单位时间里处理多少事务，多少数据量）、响应时间要求等，处理要求是后面物理设计的输入及性能评价的标准。

数据字典是关于数据库中数据的描述，是元数据，而不是数据本身，在需求分析阶段建立，是下一步进行概念设计的基础，在数据库设计过程中不断修改、充实、完善。最终形成的数据流图（DFD）和数据字典（DD）为需求说明书的主要内容。

3. 数据字典举例

例如：学生学籍管理子系统的数据字典。

① 数据项，以"学号"为例。

数据项。学号。

含义说明。唯一标识每个学生。

别名。学生编号。

类型。字符型。

长度。8。

取值范围。00 000 000～99 999 999。

取值含义。前两位标识该学生所在年级,后 6 位按顺序编号。

② 数据结构,以"学生"为例,"学生"是该系统中的一个核心数据结构。

数据结构。学生。

含义说明。是学籍管理子系统的主体数据结构,定义了一个学生的有关信息。

组成。学号,姓名,性别,年龄,所在系,年级。

③ 数据流,"体检结果"可作如下描述。

数据流。体检结果。

说明。学生参加体格检查的最终结果。

数据流来源。体检。

数据流去向。批准。

组成。……。

平均流量。……。

高峰期流量。……。

④ 数据存储,"学生登记表"可作如下描述。

数据存储。学生登记表。

说明。记录学生的基本情况。

流入数据流。……。

流出数据流。……。

组成。……。

数据量。每年 3000 张。

存取方式。随机存取。

⑤ 处理过程"分配宿舍"可作如下描述。

处理过程。分配宿舍。

说明。为所有新生分配学生宿舍。

输入。学生,宿舍。

输出。宿舍安排。

处理。在新生报到后,为所有新生分配学生宿舍。

要求。同一间宿舍只能安排同一性别的学生,同一个学生只能安排在一个宿舍中。每个学生的居住面积不小于 $3m^2$。安排新生宿舍其处理时间应不超过 15min。

7.2.4　编制需求说明书

系统需求分析阶段的最后是编写系统分析报告,通常称为需求说明书。需求说明书是对需求分析阶段的一个总结。编写系统分析报告是一个不断反复、逐步深入和逐步完善的过程。需求说明书作为以后系统开发的指南和系统验收的依据。

需求说明书的内容包括以下内容。

① 系统概况,系统的目标、范围、背景、历史和现状;

② 系统的原理和技术,对原系统的改善;

③ 系统总体结构与子系统结构说明;

④ 系统功能说明;

⑤ 数据处理概要、设计阶段划分;

⑥ 系统方案及技术、经济、功能和操作上的可行性。

完成系统的分析报告后,在项目单位的领导下要组织有关技术专家评审系统分析报告,这是对需求分析结构的再审查。审查通过后由项目方和开发方领导签字认可。

随系统分析报告提供下列附件。

① 系统硬件、软件支持环境的选择及规格要求(所选择的数据库管理系统、操作系统、汉字平台、计算机型号及其网络环境等)。

② 组织机构图、组织之间联系图和各机构功能业务一览图。

③ 数据流图、功能模块图和数据字典等图表。

若用户同意系统分析报告和设计方案,在与用户进行详尽商讨的基础上,最后签订技术协议书。需求说明书是设计者和用户一致确认的权威性文献,是以后各阶段设计和工作的依据。

7.2.5　数据库设计的案例分析——"BS 论坛"的需求分析

1. 收集信息

与该系统有关人员进行交流、座谈,充分理解数据库需要完成的任务。

2. BBS 论坛的基本功能

用户注册和登录,后台数据库需要存放用户的注册信息和在线状态信息。

用户发帖,后台数据库需要存放帖子相关信息,如帖子内容、标题等。

论坛版块管理。后台数据库需要存放各个版块信息,如版主、版块名称、帖子数等。

3. 标识对象(Entity)

标识数据库要管理的关键对象或实体,实体一般是名词,如下。

用户。论坛普通用户、各版块的版主。

用户发的主帖。

用户发的跟帖(回帖)。

版块。论坛的各个版块信息。

4. 标识每个实体的属性(Attribute)

论坛用户(昵称、密码、电子邮件、生日、性别、用户等级、备注信息、注册日期、状态、积分)。

主帖(发帖人、发帖表情、回复数量、标题、正文、发帖时间、点击数、状态、最后回复时间)。

回帖(帖子编号、回帖人、回帖表情、标题、正文、回帖时间、点击数)。

版块(版块名称、版主、本版格言、点击率、发帖数)。

5. 标识对象之间的关系(Relationship)

跟帖和主帖有主从关系。需要在跟帖对象中表明它是谁的跟帖。

版块和用户有关系。从用户对象中可以根据版块对象查出对应的版主用户的情况。

主帖和版块有主从关系。需要表明发帖是属于哪个版块的。

跟帖和版块有主从关系。需要表明跟帖是属于哪个版块的。

7.3 概念结构设计

7.3.1 概念结构设计的必要性和特点

1. 概念结构设计的必要性

将需求分析得到的用户需求抽象为信息结构即概念模型的过程就是概念结构设计。以此作为各种数据模型的共同基础,从而能更好地、更准确地用某一 DBMS 实现这些需求,如图 7.5 所示。概念结构是对现实世界的一种抽象;概念结构独立于数据库的逻辑结构,也独立于支持数据库的 DBMS;概念结构设计是整个数据库设计的关键。描述概念模型的工具是 E-R 模型。

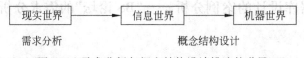

需求分析　　　　　　　　　　　　概念结构设计

图 7.5 需求分析与概念结构设计描述的世界

2. 概念结构设计的特点

① 语义表达能力丰富,能真实、充分地反映现实世界,包括事物和事物之间的联系,能满足用户对数据的处理要求,是反映现实世界的一个真实模型。

② 易于交流和理解,从而可以用它和不熟悉计算机的用户交换意见,用户的积极参与是数据库设计成功的关键。

③ 易于修改和扩充,当应用环境和应用要求改变时,容易对概念模型修改和扩充。

④ 易于向关系、网状、层次等各种数据模型转换。

描述概念模型的工具是 E-R 模型。

7.3.2 概念结构设计的方法与步骤

1. 概念结构设计的方法

有 4 类方法,分别表示如下。

① 自顶向下。首先定义全局概念结构的框架,然后逐步细化,如图 7.6 所示。

② 自底向上。首先定义各局部应用的概念结构,然后将它们集成起来,得到全局概念结构,如图 7.7 所示。

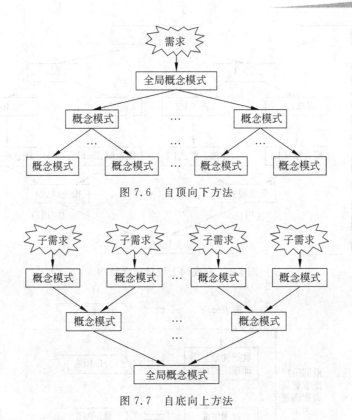

图 7.6 自顶向下方法

图 7.7 自底向上方法

③ 逐步扩张。首先定义最重要的核心概念结构,然后向外扩充,以滚雪球的方式逐步生成其他概念结构,直至总体概念结构,如图 7.8 所示。

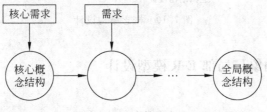

图 7.8 逐步扩张方法

④ 混合策略。将自顶向下和自底向上相结合,用自顶向下策略设计一个全局概念结构的框架,以它为骨架集成由自底向上策略设计的各局部概念结构。

2. 自底向上设计概念结构的步骤

概念结构的设计方法有多种,其中最经常采用的策略是自底向上方法,该方法的设计步骤通常分为以下两步,如图 7.9 所示。

第一步,进行数据抽象,设计局部 E-R 模型。

第二步,集成各局部 E-R 模型,形成全局 E-R 模型,全局的概念结构,如图 7.10 所示。

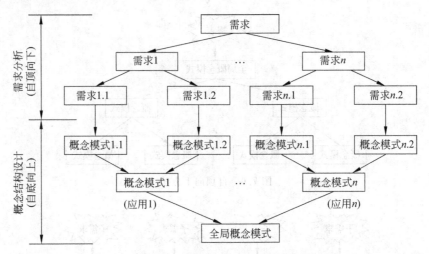

图 7.9 自底向上设计概念结构

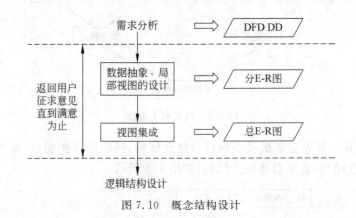

图 7.10 概念结构设计

7.3.3 数据抽象与局部 E-R 模型设计

1. 数据抽象

数据抽象是对实际的人、物、事和概念进行人为处理,抽取所关心的共同特性,忽略非本质的细节,并把这些特性用各种概念精确地加以描述,这些概念组成了某种模型。

在 E-R 模型中,实体型就是这种抽象。例如在学校环境中,陈晓华是老师,表示陈晓华是教师类型中的一员,则教师是实体型,陈晓华是教师实体型中的一个实体值,具有教师共同的特性和行为。在某个系某个专业教学,讲授某些课程,从事某个方向的科研。

概念结构是对现实世界的一种抽象,从实际的人、物、事和概念中抽取所关心的共同特性,忽略非本质的细节,把这些特性用各种概念精确地加以描述,这些概念组成了某种模型。

三种常用数据抽象包括以下内容。

(1) 分类(Classification)

定义某一类概念作为现实世界中一组对象的类型,将一组具有某些共同特性和行为的对象抽象为一个实体。它抽象了对象值和型之间的 is member of 语义。

例如：在教学管理中，"王平"是一名学生，表示"王平"是学生中的一员，她具有学生实体共同的特性和行为，如图 7.11 所示。

（2）聚集（Aggregation）

定义某一类型的组成成分，将对象类型的组成成分抽象为实体的属性。它抽象了对象内部类型和成分之间的 is part of 语义。在 E-R 模型中由若干属性的聚集组成的实体型，就是这种抽象。

图 7.11　分类

例如：学号、姓名、性别、年龄、系别等可以抽象为学生实体的属性，如图 7.12 所示。

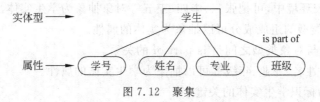

图 7.12　聚集

复杂的聚集，某一类型的成分仍是一个聚集。

（3）概括（Generalization）

定义类型之间的一种子集联系，抽象了类型之间的 is subset of 语义。

例如：学生是一个实体型，本科生、研究生也是实体型。本科生、研究生均是学生的子集。把学生称为"超类"，本科生、研究生称为学生的"子类"，如图 7.13 所示。

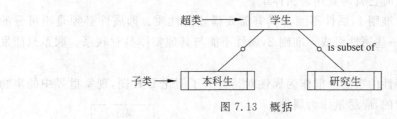

图 7.13　概括

概括有一个很重要的性质：继承性。子类继承超类上定义的所有抽象。

2. 局部 E-R 模型设计

对需求分析阶段收集到的数据进行分类、组织（聚集），形成实体、实体的属性，标识实体的关键字，确定实体之间的联系类型（$1:1$、$1:n$、$m:n$），设计局部 E-R 图，具体做法如下。

（1）选择局部应用

需求分析阶段，已用多层数据流图和数据字典描述了整个系统。

设计局部 E-R 模型的第一步，需要根据系统的具体情况，在多层的数据流图中选择一个适当层次的数据流图，让这组图中每一部分对应一个局部应用，然后以这一层次的数据流图为出发点，设计局部 E-R 图。通常以中层数据流图作为设计分 E-R 图的依据。原因是：高层数据流图只能反映系统的概貌。中层数据流图能较好地反映系统中各局部应用的子系统组成。低层数据流图过细。如果局部应用比较复杂，可以从更下层的数据流图入手。

例如：由于学籍、课程管理等都不太复杂，因此从它们入手设计学生管理子系统的局部 E-R 图。

（2）逐一设计局部 E-R 图的任务

① 标定局部应用中的实体、属性、关键字、实体间的联系。

将各局部应用涉及的数据分别从数据字典中抽取出来,参照数据流图,确定每个局部应用中的实体、实体的属性、标识实体的关键字,确定实体之间的联系及其类型（$1 : 1$, $1 : n, m : n$）。

② 如何抽象实体和属性。

实体。现实世界中一组具有某些共同特性和行为的对象就可以抽象为一个实体。

③ 对象和实体之间是 is member of 的关系。

例如:在学校环境中,可把张三、李四、王五等对象抽象为学生实体。

属性。对象类型的组成成分可以抽象为实体的属性。

④ 组成成分与对象类型之间是 is part of 的关系。

例如:学号、姓名、专业、年级等可以抽象为学生实体的属性。

其中,学号为标识学生实体的关键字。

⑤ 如何区分实体和属性?

实体与属性是相对而言的。同一事物,在一种应用环境中作为"属性",在另一种应用环境中就必须作为"实体"。

例如:学校中的系,在某种应用环境中,它只是作为"学生"实体的一个属性,表明一个学生属于哪个系。而在另一种环境中,由于需要考虑一个系的系主任、教师人数、学生人数、办公地点等,这时它就需要作为实体了。

一般原则如下。准则 1,属性不能再具有需要描述的性质。即属性必须是不可分的数据项,不能再由另一些属性组成。准则 2,属性不能与其他实体具有联系。联系只能发生在实体之间。

符合上述两条特性的事物一般作为属性对待。为了简化 E-R 图,现实世界中的事物凡能够作为属性对待的,应尽量作为属性。

例如:职称通常作为教师实体的属性,"职工"实体是由职工号、姓名、年龄、职称等属性进一步描述的,根据准则 1,"职称"只能作为属性,不能作为实体,如图 7.14 所示。

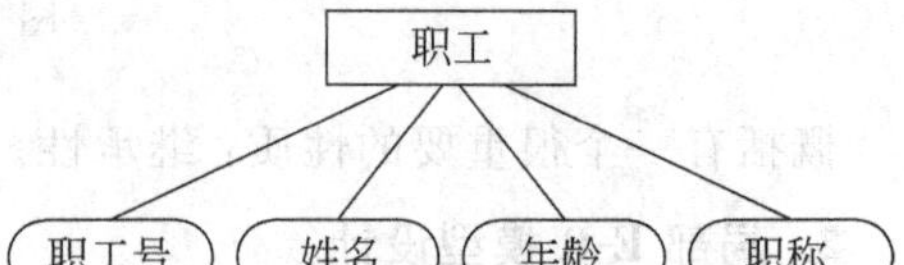

图 7.14　职称作为属性

例如:职称通常作为教师实体的属性,但在涉及住房分配时,由于分房与职称有关,也就是说职称与住房实体之间有联系,根据准则 2,这时把职称做实体来处理会更合适些,如图 7.15 所示。

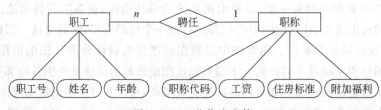

图 7.15　职称作为实体

3. 设计局部 E-R 图的步骤

（1）以数据字典为出发点定义 E-R 图

数据字典中的"数据结构"、"数据流"和"数据存储"等已是若干属性的有意义的聚合。

（2）按上面给出的准则进行必要的调整

例如：住院管理局部应用中主要涉及的实体包括病人、病房、医生等，这些实体之间的联系如下。病房与病人是 $1:n$ 的关系，医生与病房是 $1:n$ 的关系，如图 7.16 所示。

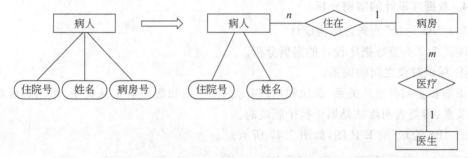

图 7.16 病房作为实体构成的 E-R 图

例如：学籍管理局部应用中主要涉及的实体包括学生、宿舍、档案材料、班级、班主任。这些实体之间的联系如下。

由于一个宿舍可以住多个学生，而一个学生只能住在某一个宿舍中，故宿舍与学生之间是 $1:n$ 的联系。

由于一个班级往往有若干名学生，而一个学生只能属于一个班级，故班级与学生之间是 $1:n$ 的联系。

由于班主任同时还要教课，因此班主任与学生之间存在指导联系，一个班主任要教多名学生，而一个学生只对应一个班主任，故班主任与学生之间也是 $1:n$ 的联系。

而学生和他自己的档案材料之间，班级与班主任之间都是 $1:1$ 的联系。

接下来需要进一步斟酌如何对该 E-R 图做适当调整。

① 在一般情况下，性别通常作为学生实体的属性，但在本局部应用中，由于宿舍分配与学生性别有关，根据准则 2，应该把性别作为实体对待。

② 数据存储"学生登记表"，由于是手工填写，供存档使用的，其中有用的部分已转入学生档案材料中了，因此这里就不必作为实体了。

学籍管理局部应用的局部 E-R 图请学生自己画出来。该 E-R 图中各个实体的属性描述分别如下。

学生｛学号，姓名，出生日期｝，　　　　　　　性别｛性别｝，

档案材料｛档案号，…｝，　　　　　　　　　班级｛班级号，学生人数｝，

班主任｛职工号，姓名，性别，是否为优秀班主任｝，　宿舍｛宿舍编号，地址，人数｝。

其中，有下划线的属性为实体的关键字。

（3）逐一设计局部 E-R 图

同样可以得到课程管理局部应用的局部 E-R 图，E-R 图请学生自己画出来，各实体

的属性分别如下。

学生{姓名,学号,性别,年龄,所在系,年级}。

课程{课程号,课程名,学分}。

教师{职工号,姓名,性别,职称}。

教科书{书号,书名,价钱}。

教室{教室编号,地址,容量}。

4. 数据库设计的案例分析

(1)"BS 论坛"的概念结构设计

续接 7.2.5 节数据库设计的案例分析。

① 标识对象之间的关系。

跟帖和主帖有主从关系、版块和用户有关系、主帖和版块有主从关系、跟帖和版块有主从关系、需要表明跟帖是属于哪个版块的。

② "BS 论坛"的 E-R 图,如图 7.17 所示。

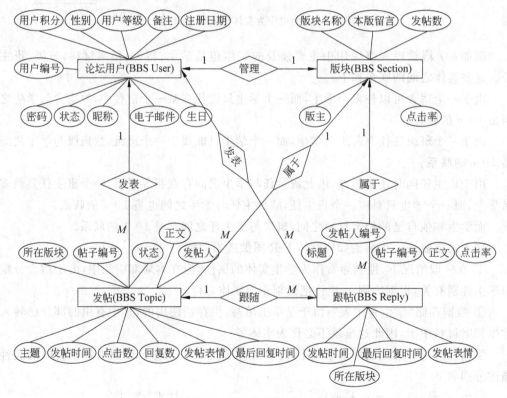

图 7.17 "BS 论坛"的 E-R 图

③ 将 E-R 图转换为表,如表 7.1 所示。

将各实体转换为对应的表,将各属性转换为各表对应的列;标识每个表的主键列,需要注意的是:对没有主键的表添加 ID 编号列,没有实际含义,仅用于作主键或外键,例如用户表中的 UID 列,版块表中添加 SID 列,发帖表和跟帖表中的 TID 列;在表之间建立主外键,可以体现实体之间的映射关系。

表 7.1　将图 7.17 的 E-R 图转换为表

BBS User(论坛用户)表	BBS Topic(发帖)表	BBS Reply(跟帖)表	BBS Section(版块)表
UID(用户编号,主键)	TID(标识主键列)	RID(标识主键列)	SID(版块编号,主键)
UName(昵称)	TNumber(帖子编号)	RNumber(帖子编号)	SName(版块名称)
UPassword(密码)	TSID(所在版块)	RTID(回复的主帖)	SMasterID(版主编号)
UEmail(电子邮件)	TUID(发帖人)	RSID(所在版块编号)	SStatement(本版留言)
UBirthday(生日)	TReplyCount(回复数)	RUID(发帖人编号)	SClickCount(点击率)
USex(性别)	TEmotion(回复表情)	REmoticon(发帖表情)	STopicCount(帖子数量)
UClass(用户等级)	TTopic(主题)	RTopic(主题)	
UStatement(备注)	TContents(正文)	RContents(正文)	
URegDate(注册日期)	TTime(回复时间)	RTime(发帖时间)	
UState(用户状态)	TClickCount(点击数)		
UPoint(用户积分)	TFlag(状态)		
	TLastClickT(最后回复时间)		

(2) 简单图书馆数据库中借阅关系的概念结构设计

① 图书馆数据库的借阅中实体之间的关系。

一个图书馆数据库,此数据库中对每个借阅者保存读者记录,包括读者号,姓名,地址,性别,年龄,单位。对每本书存有书号,书名,作者,出版社。对每本被借出的书存有读者号、借出日期和应还日期。每名读者可以借阅多本图书,每本书只能有一名读者借阅。

② 画出 E-R 图如图 7.18 所示。

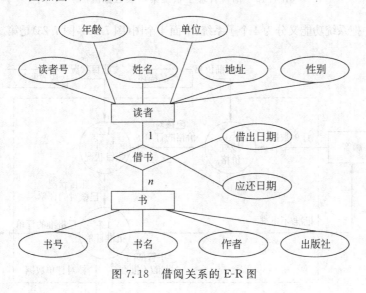

图 7.18　借阅关系的 E-R 图

③ 转换为关系模型。

关系模型为:读者(读者号,姓名,地址,性别,年龄,单位)。

书(书号,书名,作者,出版社),借书(书号,读者号,借出日期,应还日期)。

（3）销售管理子系统分 E-R 图的设计。

销售管理子系统的主要功能是：处理顾客和销售员送来的订单，工厂是根据订货安排生产的，交出货物同时开出发票，收到顾客付款后，根据发票存根和信贷情况进行应收款处理。

图 7.19 是第一层数据流图，虚线部分划出了系统边界。

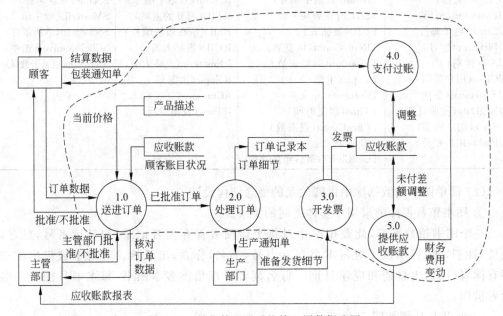

图 7.19　销售管理子系统第一层数据流图

图 7.19 中把系统功能又分为 4 个子系统，下面 4 个图（图 7.20～图 7.23）是第二层数据流图。

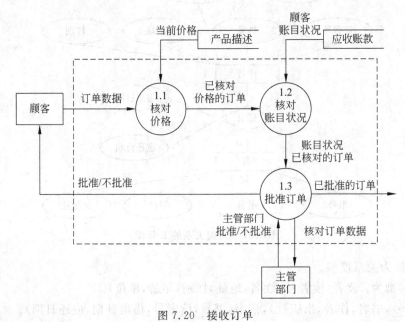

图 7.20　接收订单

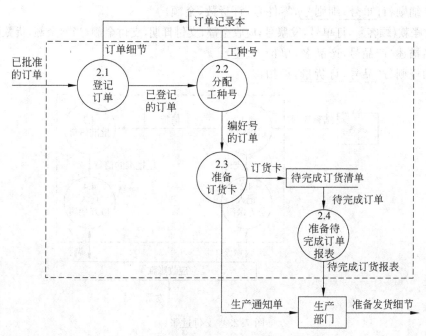

图 7.21　处理订单

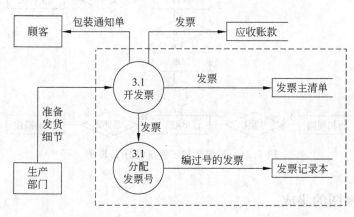

图 7.22　开发票

参照第二层数据流图和数据字典,遵循两个准则,进行如下调整。

① 订单与订单细节是 1∶n 的联系。

② 原订单和产品的联系实际上是订单细节和产品的联系。

③ 图 7.23 中"发票主清单"是一个数据存储,不必作为实体加入分 E-R 图。

④ 工厂对大宗订货给予优惠。

得到分 E-R 图如图 7.24 所示。

对销售管理子系统的每个实体定义的属性如下。

顾客{<u>顾客号</u>,顾客名,地址,电话,信贷状况,账目余额}。

订单{<u>订单号</u>,顾客号,订货项数,订货日期,交货日期,工种号,生产地点}。

订单细则{订单号,细则号,零件号,订货数,金额}。

应收账款{顾客号,订单号,发票号,应收金额,支付日期,支付金额,当前余额,货款限额}。

产品描述{产品号,产品名,单价,重量}。

折扣规则{产品号,订货量,折扣}。

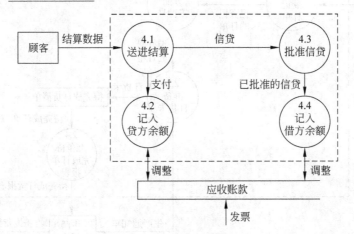

图 7.23   支付过账

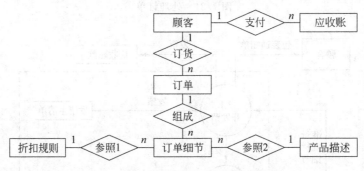

图 7.24   销售管理子系统的分 E-R 图

7.3.4   视图的集成

在对数据库系统进行概念结构设计时一般采用自底向上的设计方法,把繁杂的大系统分解子系统。首先设计各个子系统的局部视图,然后通过视图集成的方式将各子系统有机地融合起来,综合成一个系统的总视图。这样,设计清晰,由简到繁。由于数据库系统是从整体角度看待和描述数据的,因此数据不再面向某个应用而是面向整个系统。因此必须进行视图集成,使得数据库能被全系统的多个用户、多个应用共享使用。一般说来,视图集成可以有两种方式。

① 多个分 E-R 图一次集成。一次集成多个分 E-R 图,通常用于局部视图比较简单的情况。

② 逐步集成,用累加的方式一次集成两个分 E-R 图。

无论采用哪种方式,每次集成局部 E-R 图时都需要分两步走,如图 7.25 所示。

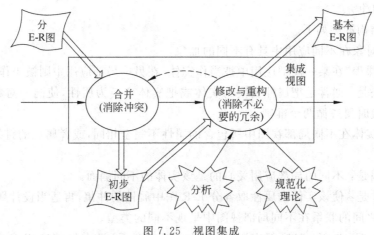

图 7.25 视图集成

① 合并,解决各分 E-R 图之间的冲突,将各分 E-R 图合并起来生成初步 E-R 图。

② 修改和重构,消除不必要的冗余,生成基本 E-R 图。

1. 合并分 E-R 图,生成初步 E-R 图

各分 E-R 图存在冲突,各个局部应用所面对的问题不同。由不同的设计人员进行设计各个分 E-R 图之间必定会存在许多不一致的地方;合并分 E-R 图的主要工作与关键在于:合理消除各分 E-R 图的冲突。冲突的种类有:属性冲突、命名冲突、结构冲突。

(1) 属性冲突

存在两类属性冲突。

① 属性域冲突。属性值的类型、取值范围或取值集合不同。

例 1 由于学号是数字,因此某些部门(即局部应用)将学号定义为整数形式,而由于学号不用参与运算,因此另一些部门(即局部应用)将学号定义为字符型形式。不同部门对学号的编码及其长度也不同。

例 2 某些部门(即局部应用)以出生日期形式表示学生的年龄,而另一些部门(即局部应用)用整数形式表示学生的年龄。

② 属性取值单位冲突。

例如学生的身高,有的以 m 为单位,有的以 cm 为单位,有的以尺为单位。

属性冲突的解决方法是:通常用讨论、协商等行政手段加以解决。

(2) 命名冲突

存在两类命名冲突。

① 同名异义。不同意义的对象在不同的局部应用中具有相同的名字。

例如局部应用 A 中将教室称为房间,局部应用 B 中将学生宿舍称为房间。

② 异名同义(一义多名)。同一意义的对象在不同的局部应用中具有不同的名字。

例如:有的部门把教科书称为课本,有的部门则把教科书称为教材。

命名冲突可能发生在属性级、实体级、联系级上。其中属性的命名冲突更为常见。

命名冲突的解决方法是:通过讨论、协商等行政手段加以解决。

（3）结构冲突

有三类结构冲突如下。

① 同一对象在不同应用中具有不同的抽象。

例如："课程"在某一局部应用中被当作实体，在另一局部应用中则被当作属性。

解决方法是：通常是把属性变换为实体或把实体变换为属性，使同一对象具有相同的抽象。变换时要遵循两个准则。

② 同一实体在不同局部视图中所包含的属性不完全相同，或者属性的排列次序不完全相同。

产生原因是：不同的局部应用关心的是该实体的不同侧面。

解决方法是：使该实体的属性取各分 E-R 图中属性的并集，再适当设计属性的次序。

③ 实体之间的联系在不同局部视图中呈现不同的类型。

例 1 实体 E1 与 E2 在局部应用 A 中是多对多联系，而在局部应用 B 中是一对多联系。

例 2 在局部应用 C 中 E1 与 E2 发生联系，而在局部应用 D 中 E1、E2、E3 三者之间有联系。

解决方法是：根据应用的语义对实体联系的类型进行综合或调整。

例如：合并分 E-R 图，生成初步 E-R 图实例，如图 7.26 所示。

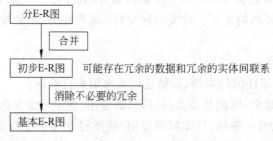

图 7.26　消除不必要的冗余，设计生成基本 E-R 图

例如：生成学校管理系统的初步 E-R 图，以合并学籍管理局部视图、课程管理局部视图为例。

这两个分 E-R 图存在着多方面的冲突。

a. 班主任实际上也属于教师，也就是说学籍管理中的班主任实体与课程管理中的教师实体在一定程度上属于异名同义，可以将学籍管理中的班主任实体与课程管理中的教师实体统一称为教师，统一后教师实体的属性构成为

教师｛职工号，姓名，性别，职称，是否为优秀班主任｝

b. 将班主任改为教师后，教师与学生之间的联系在两个局部视图中呈现两种不同的类型，一种是学籍管理中教师与学生之间的指导联系，一种是课程管理中教师与学生之间的教学联系，由于指导联系实际上可以包含在教学联系之中，因此可以将这两种联系综合为教学联系。

c. 性别在两个局部应用中具有不同的抽象，在学籍管理中为实体，在课程管理中为

属性,按照前面提到的两个原则,在合并后的 E-R 图中性别只能作为实体,否则它无法与宿舍实体发生联系。

d. 在两个局部 E-R 图中,学生实体属性组成及次序都存在差异,应将所有属性综合,并重新调整次序。假设调整结果为

学生{学号,姓名,出生日期,年龄,所在系,年级,平均成绩}

2. 修改与重构,生成基本 E-R 图

基本任务是:消除不必要的冗余,设计生成基本 E-R 图。

(1) 冗余

冗余的数据是指可由基本数据导出的数据,冗余的联系是指可由其他联系导出的联系。

冗余数据和冗余联系容易破坏数据库的完整性,给数据库维护增加困难,并不是所有的冗余数据与冗余联系都必须加以消除,有时为了提高某些应用的效率,不得不以冗余信息作为代价。

设计数据库概念结构时,哪些冗余信息必须消除,哪些冗余信息允许存在,需要根据用户的整体需求来确定。消除不必要的冗余后的初步 E-R 图称为基本 E-R 图。

(2) 消除冗余的方法

① 分析方法。

以数据字典和数据流图为依据,根据数据字典中关于数据项之间逻辑关系的说明来消除冗余。

例如:教师工资单中包括该教师的基本工资、各种补贴、应扣除的房租水电费以及实发工资。

由于实发工资可以由前面各项推算出来,因此可以去掉,在需要查询实发工资时根据基本工资、各种补贴、应扣除的房租水电费数据临时生成。

如果是为了提高效率,人为地保留了一些冗余数据,则应把数据字典中数据关联的说明作为完整性约束条件。一种更好的方法是把冗余数据定义在视图中。

② 规范化理论。

函数依赖的概念提供了消除冗余联系的形式化工具方法。

a. 确定分 E-R 图实体之间的数据依赖 FL。实体之间 $1:1$、$1:n$、$m:n$ 的联系可以用实体码之间的函数依赖来表示。

例如:班级和学生之间 $1:n$ 的联系为学号→班级号。

学生和课程之间 $m:n$ 的联系为(学号,课程号)→成绩。

b. 求 FL 的最小覆盖 GL,差集为 $D=FL-GL$。

逐一考察 D 中的函数依赖,确定是否是冗余的联系,若是,就把它去掉。消除冗余,设计生成基本 E-R 图实例如下。

例如:在学校管理系统中,

a. 学生实体中的年龄属性可以由出生日期推算出来,属于冗余数据,应该去掉。

这样不仅可以节省存储空间,而且当某个学生的出生日期有误,进行修改后,无须修改年龄,减少了产生数据不一致的机会。

学生{学号,姓名,出生日期,所在系,年级,平均成绩}

b. 教室实体与班级实体的上课联系可以由教室与课程之间的开设联系、课程与学生之间的选修联系、学生与班级之间的组成联系三者推导出来,因此属于冗余联系,可以消除掉。

c. 学生实体中的平均成绩可以从选修联系中的成绩属性中推算出来。

如果应用中需要经常查询某个学生的平均成绩,每次都进行这种计算效率就会太低,因此为提高效率,保留该冗余数据,为维护数据一致性,应定义一个触发器来保证学生的平均成绩等于该学生各科成绩的平均值。任何一科成绩修改后,或该学生学了新的科目并有成绩后,就触发该触发器去修改该学生的平均成绩属性值。

【例 7-1】 某工厂管理信息系统的视图集成,该工厂物资管理 E-R 图如图 7.27 所示。

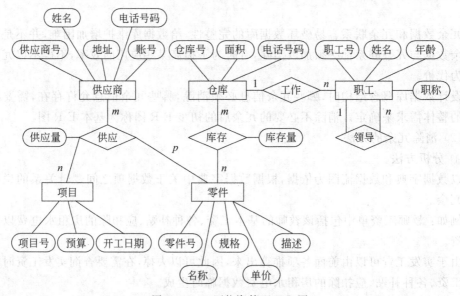

图 7.27　工厂物资管理 E-R 图

销售管理子系统图的图请详见图 7.24 销售管理子系统的分 E-R 图。

该集成过程,解决了以下问题。

异名同义,项目和产品含义相同。

库存管理中职工与仓库的工作关系已包含在劳动人事管理的部门与职工之间的联系中,所以可以取消,劳动人事管理的分 E-R 图见图 7.28。

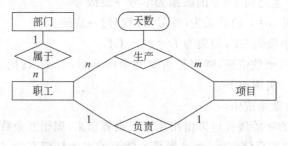

图 7.28　劳动人事管理的分 E-R 图

职工之间领导与被领导关系可由部门与职工(经理)之间的领导关系、部门与职工之间的从属关系两者导出,所以也可以取消,结果如图 7.29 所示。

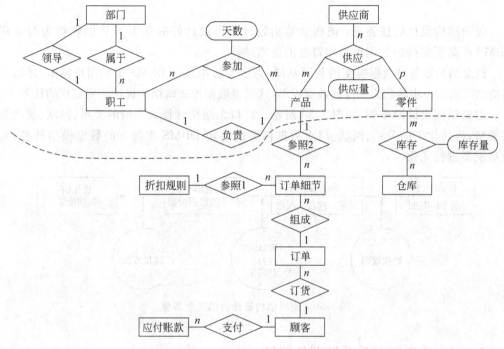

图 7.29　某工厂管理信息系统的基本 E-R 图

3. 验证整体概念结构

视图集成后形成一个整体的数据库概念结构,对该整体概念结构还必须进行进一步验证,确保它能够满足下列条件。

① 整体概念结构内部必须具有一致性,不存在互相矛盾的表达。

② 整体概念结构能准确地反映原来的每个视图结构,包括属性、实体及实体间的联系。

③ 整体概念结构能满足需求分析阶段所确定的所有要求。

④ 整体概念结构最终还应该提交给用户,征求用户和有关人员的意见,进行评审、修改和优化,然后把它确定下来,作为数据库的概念结构,作为进一步设计数据库的依据。

设计局部视图步骤如下。

① 选择局部应用。

② 逐一设计分 E-R 图。

标定局部应用中的实体、属性、关键字,实体间的联系,用 E-R 图描述出来。

概念结构设计的步骤为:抽象数据并设计局部视图、集成局部视图,得到全局概念结构、验证整体概念结构。

7.4　逻辑结构设计

逻辑结构设计的任务是：把概念结构设计阶段设计好的基本 E-R 图转换为与选用 DBMS 产品所支持的数据模型相符合的逻辑结构。

概念结构是各种数据模型的共同基础，为了能够用某一 DBMS 实现用户需求，还必须将概念结构进一步转化为相应的数据模型，这正是数据库逻辑结构设计所要完成的任务。

逻辑结构设计的步骤，如图 7.30 所示。将概念结构转换为一般的关系、网状、层次数据模型；将转化来的关系、网状、层次数据模型向特定 DBMS 支持下的数据模型转换；对数据模型进行优化。

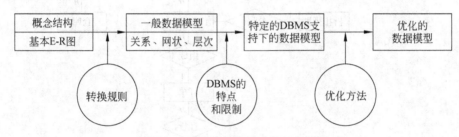

图 7.30　逻辑结构设计时的三个步骤

7.4.1　E-R 图向关系模型的转换

E-R 图向关系模型的转换要解决的问题是：如何将实体型和实体间的联系转换为关系模式，如何确定这些关系模式的属性和码。

E-R 图由实体、实体的属性和实体之间的联系三个要素组成，关系模型的逻辑结构是一组关系模式的集合，将 E-R 图转换为关系模型的转换内容是：将实体、实体的属性和实体之间的联系转化为关系模式，转换原则如下。

① 一个实体型转换为一个关系模式。

关系的属性：实体型的属性。

关系的关键字：实体型的关键字。

例如：学生实体可以转换为如下关系模式。

学生(学号，姓名，出生日期，所在系，年级，平均成绩)

同样，将性别、宿舍、班级、档案材料、教师、课程、教室、教科书分别转换为一个关系模式。

② 一个 $m:n$ 联系转换为一个关系模式。

关系的属性：与该联系相连的各实体的关键字以及联系本身的属性。

关系的关键字：各实体关键字的组合。

例如："选修"联系是一个 $m:n$ 联系，可以将它转换为如下关系模式，其中学号与课程号为关系的组合关键字。

选修(学号，课程号，成绩)

③ 一个 1∶n 联系可以转换为一个独立的关系模式,也可以与 n 端对应的关系模式合并。

a. 转换为一个独立的关系模式。

关系的属性。与该联系相连的各实体的关键字以及联系本身的属性。

关系的关键字。n 端实体的关键字。

b. 与 n 端对应的关系模式合并。

合并后关系的属性。在 n 端关系中加入 1 端关系的关键字和联系本身的属性。

合并后关系的关键字。不变。

可以减少系统中的关系个数,一般情况下更倾向于采用这种方法。

例如:"组成"联系为 1∶n 联系。将其转换为关系模式的两种方法如下。

• 使其成为一个独立的关系模式。

组成(学号,班级号)

• 将其学生关系模式合并。

学生(学号,姓名,出生日期,所在系,年级,班级号,平均成绩)

④ 一个 1∶1 联系可以转换为一个独立的关系模式,也可以与任意一端对应的关系模式合并。

a. 转换为一个独立的关系模式。

关系的属性。与该联系相连的各实体的码以及联系本身的属性。

关系的候选关键字。每个实体的码均是该关系的候选关键字。

b. 与某一端对应的关系模式合并。

合并后关系的属性。加入对应关系的关键字和联系本身的属性。

合并后关系的关键字。不变。

例如:"管理"联系为 1∶1 联系,可以有三种转换方法。

• 转换为一个独立的关系模式。

　　管理(职工号,班级号)　或　管理(职工号,班级号)

• "管理"联系与班级关系模式合并,则只需在班级关系中加入教师关系的关键
　字——职工号。

　　班级(班级号,学生人数,职工号)

• "管理"联系与教师关系模式合并,则只需在教师关系中加入班级关系的关键
　字——班级号。

　　教师(职工号,姓名,性别,职称,班级号,是否为优秀班主任)

注意:从理论上讲,1∶1 联系可以与任意一端对应的关系模式合并。

但在一些情况下,与不同的关系模式合并效率会大不一样。因此究竟应该与哪端的关系模式合并需要根据应用的具体情况而定。由于连接操作是最费时的操作,所以一般要以尽量减少连接操作为目标。如果要经常查询某个班级的班主任姓名,则将管理联系与教师关系合并会更好些。

⑤ 三个或三个以上实体间的一个多元联系转换为一个关系模式。

关系的属性。与该多元联系相连的各实体的关键字及联系本身的属性。

关系的关键字。各实体关键字的组合。

例如："讲授"联系是一个三元联系,可以将它转换为如下关系模式,其中课程号、职工号和书号为关系的组合关键字。

讲授(课程号,职工号,书号)

⑥ 同一实体集的实体间的联系,即自联系,也可按上述 $1:1$、$1:n$ 和 $m:n$ 三种情况分别处理。

例如:如果教师实体集内部存在领导与被领导的 $1:n$ 自联系,我们可以将该联系与教师实体合并,这时主码职工号将多次出现,但作用不同,可用不同的属性名加以区分。

教师(职工号,姓名,性别,职称,系主任)

⑦ 具有相同关键字的关系模式可合并。

目的是:减少系统中的关系个数。

合并方法是:将其中一个关系模式的全部属性加入到另一个关系模式中,然后去掉其中的同义属性(可能同名也可能不同名),并适当调整属性的次序。

例如:"拥有"关系模式拥有(学号,性别)

与学生关系模式

学生(学号,姓名,出生日期,所在系,年级,班级号,平均成绩)

都以学号为关键字,可以将它们合并为一个关系模式。

学生(学号,姓名,性别,出生日期,所在系,年级,班级号,平均成绩)

例如:按照上述 7 条原则,学生管理子系统中的 18 个实体和联系可以转换为下列关系模型。

a. 学生(学号,姓名,性别,出生日期,所在系,年级,班级号,平均成绩,档案号)

b. 性别(性别,宿舍楼)

c. 宿舍(宿舍编号,地址,性别,人数)

d. 班级(班级号,学生人数)

e. 教师(职工号,姓名,性别,职称,班级号,是否为优秀班主任)

f. 教学(职工号,学号)

g. 课程(课程号,课程名,学分,教室号)

h. 选修(学号,课程号,成绩)

i. 教科书(书号,书名,价钱)

j. 教室(教室编号,地址,容量)

k. 讲授(课程号,教师号,书号)

l. 档案材料(档案号,…)

该关系模型由 12 个关系模式组成。其中,

学生关系模式包含了"拥有"联系、"组成"联系、"归档"联系所对应的关系模式,教师关系模式包含了"管理"联系所对应的关系模式,宿舍关系模式包含了"住宿"联系所对应的关系模式,课程关系模式包含了"开设"联系所对应的关系模式。

例如:把图 7.29 某工厂管理信息系统的基本 E-R 图中虚线上部的 E-R 图转换为关系模型。

部门实体对应的关系模式为：部门(<u>部门号</u>,部门名,经理的职工号,…)

此关系模式已包含了联系"领导"所对应的关系模式,经理的职工号是关系的候选码。

职工实体对应的关系模式为：职工(<u>职工号</u>,部门号,职工名,职务,…)

该关系模式已包含了联系"属于"所对应的关系模式。

产品实体对应的关系模式为：产品(<u>产品号</u>,产品名,产品组长的职工号,…)

供应商实体对应的关系模式为：供应商(<u>供应商号</u>,姓名,…)

零件实体对应的关系模式为：零件(<u>零件号</u>,零件名,…)

联系"参加"所对应的关系模式为：职工工作(<u>职工号</u>,产品号,工作天数,…)

联系"供应"所对应的关系模式为：供应(<u>产品号</u>,供应商号,零件号,供应量)

又例如：某工厂销售管理子系统的 E-R 图及其生成的实体关系图如图 7.31 和图 7.32 所示。

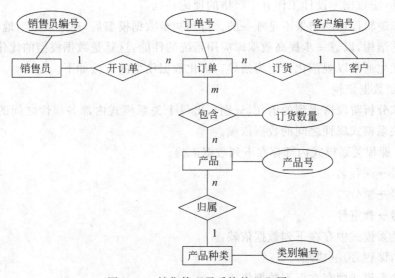

图 7.31　销售管理子系统的 E-R 图

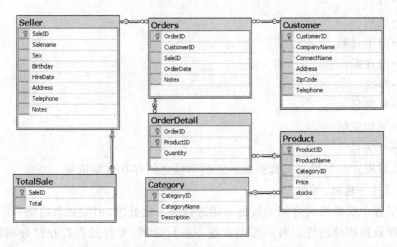

图 7.32　销售管理子系统的实体关系图

7.4.2　向特定 DBMS 规定的模型进行转换

一般的数据模型还需要向特定 DBMS 规定的数据模型进行转换。转换的主要依据是所选用的 DBMS 的功能及限制。但要严格、熟练掌握相应的 DBMS 的性能及语言，还没有通用规则。

对于关系模型来说，这种转换通常都比较简单。

7.4.3　数据模型的优化

规范化理论为数据库设计人员判断关系模式的优劣提供了理论标准，可用以指导关系数据模型的优化，用来预测模式可能出现的问题，为设计人员提供了自动产生各种模式的算法工具，使数据库设计工作有了严格的理论基础。

数据库逻辑设计的结果不是唯一的。得到初步数据模型后，还应该适当地修改、调整数据模型的结构，以进一步提高数据库应用系统的性能，这就是数据模型的优化。关系数据模型的优化通常以规范化理论为指导。优化数据模型的方法如下。

① 确定数据依赖。

按需求分析阶段所得到的语义，分别写出每个关系模式内部各属性之间的数据依赖以及不同关系模式属性之间的数据依赖。

例如：课程关系模式内部存在下列数据依赖。

课程号→课程名

课程号→学分

课程号→教室号

选修关系模式中存在下列数据依赖。

(学号,课程号)→成绩

学生关系模式中存在下列数据依赖。

学号→姓名

学号→性别

学号→出生日期

学号→所在系

学号→年级

学号→班级号

学号→平均成绩

学号→档案号

学生关系模式的学号与选修关系模式的学号之间存在数据依赖。

学生.学号→选修.学号

② 对于各个关系模式之间的数据依赖进行极小化处理，消除冗余的联系。

③ 按照数据依赖的理论对关系模式逐一进行分析，考查是否存在部分函数依赖、传递函数依赖、多值依赖等，确定各关系模式分别属于第几范式。

例如：经过分析可知,课程关系模式属于 BC 范式。

④ 按照需求分析阶段得到的各种应用对数据处理的要求,分析对于这样的应用环境这些模式是否合适,确定是否要对它们进行合并或分解。

并不是规范化程度越高的关系就越优。

当一个应用的查询中经常涉及两个或多个关系模式的属性时,系统必须经常地进行连接运算,而连接运算的代价是相当高的,可以说关系模型低效的主要原因就是由连接运算引起的,因此在这种情况下,第二范式甚至第一范式也许是最好的。

非 BCNF 的关系模式虽然从理论上分析会存在不同程度的更新异常,但如果在实际应用中对此关系模式只是查询,并不执行更新操作,就不会产生实际影响。对于一个具体应用来说,到底规范化进行到什么程度,需要权衡响应时间和潜在问题两者的利弊才能决定。一般说来,第三范式就足够了。

例如：在关系模式学生成绩单(学号,英语,数学,语文,平均成绩)中存在下列函数依赖。

学号→英语

学号→数学

学号→语文

学号→平均成绩

(英语,数学,语文)→平均成绩

显然有：学号→(英语,数学,语文)

因此该关系模式中存在传递函数依赖,是 2NF 关系。

虽然平均成绩可以由其他属性推算出来,但如果应用中需要经常查询学生的平均成绩,为提高效率,我们仍然可保留该冗余数据,对关系模式不再做进一步分解。

⑤ 对关系模式进行必要的分解。

按照需求分析阶段得到的各种应用对数据处理的要求,对关系模式进行必要的分解或合并,以提高数据操作的效率和存储空间的利用率。

常用分解方法有：水平分解和垂直分解。

水平分解的概念是：把(基本)关系的元组分为若干子集合,定义每个子集合为一个子关系,以提高系统的效率。

a. 水平分解的适用范围。

• 满足"80/20 原则"的应用。

80/20 原则。一个大关系中,经常被使用的数据只是关系的一部分,约 20%。

把经常使用的数据分解出来,形成一个子关系,可以减少查询的数据量。

• 并发事务经常存取不相交的数据。

如果关系 R 上具有 n 个事务,而且多数事务存取的数据不相交,则 R 可分解为少于或等于 n 个子关系,使每个事务存取的数据对应一个关系。

垂直分解概念是：把关系模式 R 的属性分解为若干子集合,形成若干子关系模式。

垂直分解的原则是：经常在一起使用的属性从 R 中分解出来形成一个子关系模式。

垂直分解的优点是：可以提高某些事务的效率。

垂直分解的缺点是：可能使另一些事务不得不执行连接操作，从而降低了效率。

垂直分解的适用范围是：取决于分解后 R 上的所有事务的总效率是否得到了提高。

b. 进行垂直分解的方法。

对于简单情况，进行直观分解；

对于复杂情况，用第 6 章中的模式分解算法。

垂直分解必须不损失关系模式的语义（保持无损连接性和保持函数依赖性）。

7.4.4　设计用户子模式

定义数据库全局模式主要是从系统的时间效率、空间效率、易维护等角度出发的。然后，还应该根据局部应用的需要，结合具体的 DBMS 的特点来设计用户子模式。目前，关系数据库一般都提供了视图的概念，利用这一功能可以设计出更符合用户需要的用户子模式。

定义用户外模式时应该更注重考虑用户的习惯与方便，包括以下三个方面。

（1）使用更符合用户习惯的别名

合并各分 E-R 图曾做了消除命名冲突的工作，以使数据库系统中同一关系和属性具有唯一的名字。这在设计数据库整体结构时是非常必要的。

但对于某些局部应用，由于改用了不符合用户习惯的属性名，可能会使他们感到不方便。因此在设计用户的子模式时可以重新定义某些属性名，使其与用户习惯一致。

当然，为了应用的规范化，我们也不应该一味地迁就用户。

例如：负责学籍管理的用户习惯于称教师模式的职工号为教师编号。因此可以定义视图，在视图中将职工号重定义为教师编号。

（2）针对不同级别的用户定义不同的外模式（视图），以满足系统对安全性的要求

例如：教师关系模式中包括职工号、姓名、性别、出生日期、婚姻状况、学历、学位、政治面貌、职称、职务、工资、工龄、教学效果等属性。

学籍管理应用只能查询教师的职工号、姓名、性别、职称等数据；课程管理应用只能查询教师的职工号、姓名、性别、学历、学位、职称、教学效果等数据；教师管理应用则可以查询教师的全部数据。

定义两个外模式：

教师_学籍管理（职工号，姓名，性别，职称）

教师_课程管理（职工号，姓名，性别，学历，学位，职称，教学效果）

授权学籍管理应用只能访问教师_学籍管理视图。

授权课程管理应用只能访问教师_课程管理视图。

授权教师管理应用能访问教师表。

这样就可以防止用户非法访问本来不允许他们查询的数据，保证了系统的安全性。

（3）简化用户对系统的使用

如果某些局部应用中经常要使用某些很复杂的查询，为了方便用户，可以将这些复杂查询定义为视图。

例如：关系模式产品（产品号，产品名，规格，单价，生产车间，生产负责人，产品成本，

产品合格率,质量等级),可以在产品关系上建立两个视图。

为一般顾客建立的视图为：产品 1(<u>产品号</u>,产品名,规格,单价)

为产品销售部门建立的视图为：产品 2(<u>产品号</u>,产品名,规格,单价,车间,生产负责人)

顾客视图中只包含允许顾客查询的属性。

销售部门视图中只包含允许销售部门查询的属性。

生产领导部门则可以查询全部产品数据。

可以防止用户非法访问不允许他们查询的数据,保证了系统的安全性。

7.5　数据库的物理设计

什么是数据库的物理设计？数据库在物理设备上的存储结构与存取方法称为数据库的物理结构,它依赖于给定的计算机系统。为一个给定的逻辑数据模型选取一个最适合应用环境的物理结构的过程,就是数据库的物理设计。

关系数据库物理设计的内容主要包括关系模式选择存取方法；设计关系、索引等数据库文件的物理存储结构。数据库的物理设计步骤通常分为两步。①确定数据库的物理结构,在关系数据库中主要指存取方法和存储结构；②对物理结构进行评价,评价的重点是时间效率和空间效率。

如果评价结果满足原设计要求,就可进入到物理实施阶段,否则,就需要重新设计或修改物理结构,有时甚至要返回逻辑设计阶段修改数据模型。

7.5.1　数据库的物理设计的内容和方法

1. 设计物理数据库结构的准备工作

① 充分了解应用环境,详细分析要运行的事务,以获得数据库物理设计所需的参数。

② 充分了解所用 RDBMS 的内部特征,特别是系统提供的存取方法和存储结构。

③ 充分了解外存设备的特性,选择数据库物理设计所需的参数。

2. 选择数据库物理设计所需的参数

① 数据库查询事务,了解下述信息：

查询的关系；查询条件所涉及的属性；连接条件所涉及的属性；查询的投影属性。

② 数据更新事务,了解下述信息：

被更新的关系；每个关系上的更新操作条件所涉及的属性；修改操作要改变的属性值。

③ 每个事务在各关系上运行的频率和性能要求。

④ 为关系模式选择存取方法,建立存取路径。

⑤ 设计关系、索引等数据库文件的物理存储结构。

7.5.2　关系模式存取方法选择

数据库系统是多用户共享的系统,对同一个关系要建立多条存取路径才能满足多用户的多种应用要求。

物理设计的第一个任务就是要确定选择哪些存取方法,建立哪些存取路径。

RDBMS 常用的存取方法分别是:索引方法(目前主要是 B+树索引方法,是使用最普遍、最经典的存取方法)、聚簇(Cluster)方法、Hash 方法等。

1. 索引存取方法的选择

选择索引存取方法实际上就是根据应用要求确定在哪些属性列上建立索引;在哪些属性列上建立组合索引;哪些索引要设计为唯一索引。

选择索引存取方法的一般规则如下。如果一个/组属性经常在查询条件中出现,就考虑在这个/组属性上建立索引/组合索引;如果一个属性经常作为最大值和最小值等聚集函数的参数,就考虑在这个属性上建立索引;如果一个/组属性经常在连接操作的连接条件中出现,就考虑在这个/组属性上建立索引。

关系上定义的索引数并不是越多越好,定义的索引数过多会带来较多的额外开销,即维护索引的开销、查找索引的开销等。

2. 聚簇存取方法的选择

(1) 什么是聚簇

为了提高某个属性(或属性组)的查询速度,把这个或这些属性(称为聚簇码)上具有相同值的元组集中存放在连续的物理块称为聚簇。

许多关系型 DBMS 都提供了聚簇功能,建立聚簇索引后,基本表中的数据也需要按指定的聚簇属性值的升序或降序存放。也即聚簇索引的索引项顺序与表中元组的物理顺序一致。

注意:在一个基本表中最多只能建立一个聚簇索引。

例如:CREATE CLUSTER INDEX Stusname ON Student(Sname);

在 Student 表的 Sname 列上建立一个聚簇索引 Stusname,而且 Student 表中的记录将按照 Sname 值的升序存放。

聚簇索引的适用范围为:很少对基本表进行增删操作,很少对其中的变长列进行修改操作。

(2) 聚簇的用途

① 大大提高按聚簇属性进行查询的效率。

例如:假设学生关系按所在系建有索引,现在要查询信息系的所有学生名单。

如果将信息系的 600 名学生分布在 600 个不同的物理块上时,至少要执行 600 次 I/O 操作。

如果将同一系的学生元组集中存放,则每读一个物理块就可得到多个满足查询条件的元组,从而显著地减少了访问磁盘的次数。

② 节省存储空间。

聚簇以后,聚簇码相同的元组集中在一起了,因而聚簇码值不必在每个元组中重复存储,只要在一组中存一次就行了。

(3) 聚簇的局限性

① 聚簇只能提高某些特定应用的性能。

② 建立与维护聚簇的开销相当大。

对已有关系建立聚簇,将导致关系中的元组移动其物理存储位置,并使此关系上原有的索引无效,必须重建。当一个元组的聚簇码改变时,该元组的存储位置也要做相应移动。

(4) 聚簇的适用范围

① 既适用于单个关系独立聚簇,也适用于多个关系组合聚簇。

例如:假设用户经常要按系别查询学生成绩单,这一查询涉及学生关系和选修关系的连接操作,即需要按学号连接这两个关系,为提高连接操作的效率,可以把具有相同学号值的学生元组和选修元组在物理上聚簇在一起。这就相当于把多个关系按"预连接"的形式存放,从而大大提高了连接操作的效率。

② 当通过聚簇码进行访问或连接是该关系的主要应用,与聚簇码无关的其他访问很少或者是次要的时,可以使用聚簇。

尤其当 SQL 语句中包含有与聚簇码有关的 ORDER BY,GROUP BY,UNION,DISTINCT 等子句或短语时,使用聚簇特别有利,可以省去对结果集的排序操作。

(5) 选择聚簇存取方法

① 设计候选聚簇。

对经常在一起进行连接操作的关系可以建立组合聚簇。

如果一个关系的一组属性经常出现在相等比较条件中,则该单个关系可建立聚簇。

如果一个关系的一个(或一组)属性上的值重复率很高,则此单个关系可建立聚簇。即对应每个聚簇码值的平均元组数不能太少。太少了,聚簇的效果就不明显了。

② 检查候选聚簇中的关系,取消其中不必要的关系。

从独立聚簇中删除经常进行全表扫描的关系。

从独立/组合聚簇中删除更新操作远多于查询操作的关系。

从独立/组合聚簇中删除重复出现的关系。

当一个关系同时加入多个聚簇时,必须从这多个聚簇方案(包括不建立聚簇)中选择一个较优的,即使得在这个聚簇上运行各种事务的总代价最小。

3. Hash 存取方法的选择

选择 Hash 存取方法的规则是:当一个关系满足下列两个条件时,可以选择 Hash 存取方法,该关系的属性主要出现在等值连接条件中或主要出现在相等比较选择条件中,该关系的大小可预知,而且不变。或该关系的大小动态改变,但所选用的 DBMS 提供了动态 Hash 存取方法。

7.5.3　确定数据库的存储结构

确定数据的存放位置和物理结构的内容,包括关系、索引、聚簇、日志、备份等。

1. 确定数据的存放位置和存储结构

为了提高系统性能,应根据应用情况将数据的异变部分与稳定部分、存取频率较高部分和存取频率较低部分分开存放。

2. 确定系统配置

影响数据存放位置和存储结构的因素有硬件环境;应用需求;存取时间;存储空间利用率;维护代价。其中存取时间、存储空间利用率、维护代价这三个方面常常是相互矛盾的。

例如:消除一切冗余数据虽能够节约存储空间和减少维护代价,但往往会导致检索代价的增加,必须进行权衡,选择一个折中方案。

基本原则是根据应用情况将易变部分与稳定部分;存取频率较高部分与存取频率较低部分分开存放,以提高系统性能。

例如:数据库数据备份、日志文件备份等由于只在故障恢复时才使用,而且数据量很大,故可以考虑存放在磁带上。

如果计算机有多个磁盘,可以考虑将表和索引分别放在不同的磁盘上,在查询时,由于两个磁盘驱动器分别在工作,因而可以保证物理读写速度比较快。

可以将比较大的表分别放在两个磁盘上,以加快存取速度,这在多用户环境下特别有效。

可以将日志文件与数据库对象(表、索引等)放在不同的磁盘以改进系统的性能。

DBMS产品一般都提供了一些存储分配参数。同时使用数据库的用户数、同时打开的数据库对象数、使用的缓冲区长度、个数、时间片大小、数据库的大小、装填因子、锁的数目等。

系统都为这些变量赋予了合理的缺省值。但是这些值不一定适合每一种应用环境,在进行物理设计时,需要根据应用环境确定这些参数值,以使系统性能最优。

在物理设计时对系统配置变量的调整只是初步的,在系统运行时还要根据系统实际运行情况做进一步的调整,以期切实改进系统性能。

7.5.4 评价物理结构

对数据库物理设计过程中产生的多种方案进行细致的评价,从中选择一个较优的方案作为数据库的物理结构。

评价物理数据库的方法完全依赖于所选用的 DBMS,主要是定量估算各种方案的存储空间、存取时间、维护代价,对估算结果进行权衡、比较,选择出一个较优的合理的物理结构。如果该结构不符合用户需求,则需要修改设计。

7.6 数据库的实施

数据库实施的工作内容包括用 DDL 定义数据库结构、组织数据入库、编制与调试应用程序、数据库试运行。

7.6.1 定义数据库结构

确定了数据库的逻辑结构与物理结构后,就可以用所选用的 DBMS 提供的数据定义语言(DDL)来严格描述数据库结构。

例如：对于前面的例子,可以用如下 SQL 语句定义表结构。

```
CREATE TABLE 学生
(学号 Char(8) PRIMARY KEY,
…
);
    CREATE TABLE 课程
(
…
);
…
```

接下来是在这些基本表上定义视图。

```
CREATE VIEW …
  (
      …
  );
  …
```

如果需要使用聚簇,在建基本表之前,应先用 CREATE CLUSTER 语句定义聚族。

7.6.2　数据装载

数据库结构建立好后,就可以向数据库中装载数据了。组织数据入库是数据库实施阶段最主要的工作。组织数据录入就要将各类源数据从各个局部应用中抽取出来,输入计算机,再分类转换,最后综合成符合新设计的数据库结构的形式,输入数据库。由于要入库的数据在原来的系统中的格式结构与新系统中的不完全一样,有的差别可能还比较大,不仅向计算机内输入数据时会发生错误,转换过程中也有可能会出错。

因此在源数据入库之前要采用多种方法对它们进行检验,以防止不正确的数据入库,这部分的工作在整个数据输入子系统中是非常重要的。

数据装载方法有以下两种。

1. 人工方法

采用人工方法辅助数据入库适用于小型系统,主要步骤如下。

(1) 筛选数据。需要装入数据库中的数据通常都分散在各个部门的数据文件或原始凭证中,所以首先必须把需要入库的数据筛选出来。

(2) 转换数据格式。筛选出来的需要入库的数据,其格式往往不符合数据库要求,还需要进行转换。这种转换有时可能很复杂。

(3) 输入数据。将转换好的数据输入计算机中。

(4) 校验数据。检查输入的数据是否有误。

2. 计算机辅助数据入库

此方法适用于中大型系统,主要步骤如下。

（1）筛选数据。

（2）输入数据。由录入员将原始数据直接输入计算机中。数据输入子系统应提供输入界面。

（3）校验数据。数据输入子系统采用多种检验技术检查输入数据的正确性。

（4）转换数据。数据输入子系统根据数据库系统的要求，从录入的数据中抽取有用成分，对其进行分类，然后转换数据格式。抽取、分类和转换数据是数据输入子系统的主要工作，也是数据输入子系统的复杂性所在。

（5）综合数据。数据输入子系统对转换好的数据根据系统的要求进一步综合成最终数据。

如果数据库是在老的文件系统或数据库系统的基础上设计的，则数据输入子系统只需要完成转换数据、综合数据两项工作，直接将老系统中的数据转换成新系统中需要的数据格式即可。

为了保证数据能够及时入库，应在数据库物理设计的同时编制数据输入子系统。

7.6.3　编制与调试应用程序

数据库应用程序的设计应该与数据库设计并行进行。

在数据库实施阶段，当数据库结构建立好后，就可以开始编制与调试数据库的应用程序了。调试应用程序时由于数据入库尚未完成，可先使用模拟数据。

7.6.4　数据库试运行

应用程序调试完成，并且已有一小部分数据入库后，就可以开始数据库的试运行了。数据库试运行也称为联合调试，其主要工作包括以下几点。

① 功能测试。实际运行应用程序，执行对数据库的各种操作，测试应用程序的各种功能。

② 性能测试。测量系统的性能指标，分析是否符合设计目标。

③ 数据库性能指标的测量。

数据库物理设计阶段在评价数据库结构估算时间、空间指标时，做了许多简化和假设，忽略了许多次要因素，因此结果必然很粗糙。

数据库试运行则是要实际测量系统的各种性能指标（不仅是时间、空间指标），如果结果不符合设计目标，则需要返回物理设计阶段，调整物理结构，修改参数；有时其至需要返回逻辑设计阶段，调整逻辑结构。

④ 数据的分期入库。

重新设计物理结构其至逻辑结构，会导致数据重新入库。由于数据入库工作量实在太大，所以可以采用分期输入数据的方法，先输入小批量数据供先期联合调试使用；待试运行基本合格后再输入大批量数据。逐步增加数据量，逐步完成运行评价。

⑤ 数据库的转储和恢复。

在数据库试运行阶段，系统还不稳定，硬、软件故障随时都可能发生，系统的操作人员对新系统还不熟悉,误操作也不可避免。因此,必须做好数据库的转储和恢复工作,尽量减少对数据库的破坏。

7.7 数据库运行与维护

数据库试运行结果符合设计目标后,数据库就可以真正投入运行了,数据库投入运行标志着开发任务的基本完成和维护工作的开始。由于应用环境在不断变化、数据库运行过程中物理存储会不断变化,对数据库设计进行评价、调整、修改等维护工作是一个长期的任务,是设计工作的继续和提高。

在数据库运行阶段,对数据库经常性的维护工作主要由 DBA 完成,包括以下几个方面的工作。

1. 数据库的转储和恢复

转储和恢复是系统正式运行后最重要的维护工作之一。DBA 要针对不同的应用要求制订不同的转储计划,定期对数据库和日志文件进行备份。一旦发生介质故障,即利用数据库备份及日志文件备份,尽快将数据库恢复到某种一致性状态。

2. 数据库的安全性、完整性控制

DBA 必须根据用户的实际需要授予不同的操作权限,在数据库运行过程中,由于应用环境的变化,对安全性的要求也会发生变化,需要 DBA 根据实际情况修改原有的安全性控制。

由于应用环境的变化,数据库的完整性约束条件也会变化,也需要 DBA 不断修正,以满足用户要求。

3. 数据库性能的监督、分析和改进

在数据库运行过程中,DBA 必须监督系统运行,对监测数据进行分析,找出改进系统性能的方法。DBA 利用监测工具获取系统运行过程中一系列性能参数的值。

DBA 通过仔细分析这些数据,判断当前系统是否处于最佳运行状态,如果不是,则需要通过调整某些参数来进一步改进数据库性能。

4. 数据库的重组织和重构造

(1) 数据库的重组织

为什么要重组织数据库?因为数据库运行一段时间后,由于记录的不断增、删、改,会使数据库的物理存储变坏,从而降低数据库存储空间的利用率和数据的存取效率,使数据库的性能下降。所以这时 DBA 就要对数据库进行重组织。要按原设计要求重新安排存储位置、回收垃圾、减少指针链等,以提高系统性能。

重组织的形式。全部重组织;部分重组织;只对频繁增、删的表进行重组织。

重组织的目标。提高系统性能。

重组织的工作。按原设计要求重新安排存储位置、回收垃圾、减少指针链。

数据库的重组织不会改变原设计的数据逻辑结构和物理结构,即不修改数据库的模

式和内模式。DBMS 一般都提供了供重组织数据库使用的实用程序,帮助 DBA 重新组织数据库。

(2) 数据库的重构造

为什么要进行数据库的重构造? 数据库应用环境常常发生变化,如增加新的应用或新的实体,取消了某些应用,有的实体与实体间的联系也发生了变化等,使原有的数据库设计不能满足新的需求,需要调整数据库的模式和内模式。这就要进行数据库重构造。

数据库的重构造则是指部分修改数据库的模式和内模式,即修改原设计的逻辑和物理结构。

7.8 小   结

数据库的设计过程是:需求分析、概念结构设计、逻辑结构设计、物理设计、实施、运行维护。设计过程中往往还会有许多反复。

数据库各级模式的形成。数据库的各级模式是在设计过程中逐步形成的。

需求分析阶段综合各个用户的应用需求(现实世界的需求)。

概念设计阶段形成独立于机器特点、独立于各个 DBMS 产品的概念模式(信息世界模型),用 E-R 图来描述。

在逻辑设计阶段将 E-R 图转换成具体的数据库产品支持的数据模型如关系模型,形成数据库逻辑模式。然后根据用户处理的要求,出于安全性的考虑,在基本表的基础上再建立必要的视图(VIEW)形成数据的外模式。

在物理设计阶段根据 DBMS 特点和处理的需要,进行物理存储安排,设计索引,形成数据库内模式。

整个数据库设计过程体现了结构特征与行为特征的紧密结合。目前很多 DBMS 都提供了一些辅助工具(CASE 工具),为加快数据库设计速度,设计人员可根据需要选用。

习   题   7

一、单项选择题

1. 下列不属于需求分析阶段工作的是_____。

　　A. 分析用户活动　　　B. 建立 E-R 图　　　C. 建立数据字典　　　D. 建立数据流图

2. 数据流图是在数据库_____阶段完成的。

　　A. 逻辑设计　　　　B. 物理设计　　　　C. 需求分析　　　　D. 概念设计

3. 数据字典中未保存下列_____信息。

　　A. 模式和子模式　　　　　　　　　B. 存储模式

　　C. 文件存取权限　　　　　　　　　D. 数据库所用的文字

4. 在数据库设计中,用 E-R 图来描述信息结构但不涉及信息在计算机中的表示,它属于数据库设计的_____阶段。

　　A. 需求分析　　　　　B. 概念设计　　　　C. 逻辑设计　　　　D. 物理设计

5. 概念模型独立于_____。

　　A. E-R 模型　　　　　　　　　　　B. 硬件设备和 DBMS

　　C. 操作系统　　　　　　　　　　　D. DBMS

6. E-R 图是数据库设计的工具之一,它适用于建立数据库的_____。

　　A. 概念模型　　　　B. 逻辑模型　　　　C. 结构模型　　　　D. 物理模型

7. 数据库逻辑结构设计的主要任务是_____。

　　A. 建立 E-R 图和说明书　　　　　B. 创建数据库说明

　　C. 建立数据流图　　　　　　　　　D. 把数据送入数据库

8. 在关系数据库设计中,设计关系模式是_____的任务。

　　A. 需求分析阶段　　　　　　　　　B. 概念设计阶段

　　C. 逻辑设计阶段　　　　　　　　　D. 物理设计阶段

9. 数据库概念设计的 E-R 图中,用属性描述实体的特征,属性在 E-R 图中用_____表示。

　　A. 矩形　　　　　B. 四边形　　　　　C. 菱形　　　　　D. 椭圆形

10. 从 E-R 模型向关系模型转换时,一个 $m:n$ 联系转换为关系模式时,该关系模式的码是_____。

　　A. m 端实体的码　　　　　　　　B. n 端实体的码

　　C. m 端实体码与 n 端实体码的组合　　　D. 重新选取其他属性

11. 当局部 E-R 图合并成全局 E-R 图时可能出现冲突,不属于合并冲突的是_____。

　　A. 属性冲突　　　B. 语法冲突　　　C. 结构冲突　　　D. 命名冲突

12. E-R 图中的联系可以与_____实体有关。

　　A. 0 个　　　　　B. 1 个　　　　　C. 1 个或多个　　　D. 多个

13. 数据流图(DFD)是用于描述结构化方法中_____阶段的工具。

　　A. 可行性分析　　B. 详细设计　　　C. 需求分析　　　D. 程序编码

14. 若两个实体之间的联系是 $1:m$ 的,则实现 $1:m$ 联系的方法是_____。

　　A. 在 m 端实体转换的关系中加入 1 端实体转换关系的码

　　B. 将 m 端实体转换关系的码加入 1 端的关系中

　　C. 在两个实体转换的关系中,分别加入另一个关系的码

　　D. 将两个实体转换成一个关系

15. 下列属于数据库物理设计工作的是_____。

　　A. 将 E-R 图转换为关系模式　　　B. 选择存取路径

　　C. 建立数据流图　　　　　　　　　D. 收集和分析用户活动

16. 下面不属于数据库物理设计阶段应考虑的问题是_____。

　　A. 存取方法的选择

　　B. 索引与入口设计

　　C. 与安全性、完整性、一致性有关的问题

D. 用户子模式设计

17. "为哪些表,在哪些字段上,建立什么样的索引"这一设计内容应该属于数据库设计中的_____。

  A. 逻辑设计阶段   B. 概念设计阶段

  C. 物理设计阶段   D. 需求分析阶段

18. 在 E-R 模型中,如果有三个不同的实体型,三个 $m:n$ 联系,根据 E-R 模型转换为关系模型的规则,转换为关系的数目是_____。

  A. 4   B. 5   C. 6   D. 7

19. 数据库设计中,确定数据库存储结构,即确定关系、索引、聚簇、日志、备份等数据的存储安排和存储结构,这是数据库设计的_____。

  A. 需求分析阶段   B. 逻辑设计阶段

  C. 概念设计阶段   D. 物理设计阶段

20. 数据库物理设计完成后,进入数据库实施阶段,下述工作中,_____一般不属于实施阶段的工作。

  A. 建立库结构   B. 系统调试

  C. 加载数据   D. 扩充功能

21. 在关系数据库设计中,设计关系模式是数据库设计中_____的任务。

  A. 逻辑设计阶段   B. 概念设计阶段

  C. 物理设计阶段   D. 需求分析阶段

22. 在关系数据库设计中,对关系进行规范化处理,使关系达到一定的范式,例如达到 3NF,这是_____的任务。

  A. 需求分析阶段   B. 概念设计阶段

  C. 物理设计阶段   D. 逻辑设计阶段

23. 概念模型是现实世界的第一层抽象,这一类最著名的模型是_____。

  A. 层次模型   B. 关系模型   C. 网状模型   D. E-R 模型

24. 对实体和实体之间的联系采用同样的数据结构表达的数据模型为_____。

  A. 网状模型   B. 关系模型   C. 层次模型   D. 非关系模型

25. 在概念模型中客观存在并可相互区别的事物称为_____。

  A. 实体   B. 元组   C. 属性   D. 结点

26. 公司有多个部门和多名职员,每个职员只能属于一个部门,一个部门可以有多名职员,从职员到部门的联系类型是_____。

  A. 多对多   B. 一对一   C. 一对多   D. 多对一

27. 在数据库设计中,将 E-R 图转换成关系数据模型的过程属于_____。

  A. 需求分析阶段   B. 逻辑设计阶段

  C. 概念设计阶段   D. 物理设计阶段

28. 子模式 DDL 是用来描述_____。

  A. 数据库的总体逻辑结构   B. 数据库的局部逻辑结构

  C. 数据库的物理存储结构   D. 数据库的概念结构

二、填空题

1. "三分_____,七分_____,十二分_____"是数据库建设的基本规律。

2. 数据库实施阶段包括两项重要的工作,一项是_____,另一项是应用程序的_____和_____。

3. 实体之间的联系有_____、_____、_____三种。

4. 如果两个实体之间具有 $m:n$ 联系,则将它们转换为关系模型的结果是_____个关系;$m:n$ 的联系转换为关系模式时,其码包括_____。

5. E-R 模型是对现实世界的一种抽象,它的主要成分是_____、联系和_____。

6. _____表达了数据和处理的关系,_____则是系统中各类数据描述的集合,是进行详细的数据收集和数据分析所获得的主要成果。

7. 数据字典中应包括对以下几部分数据的描述:_____、_____、_____。

8. 各分 E-R 图之间的冲突主要有三类:_____、_____和_____。

三、综合题

1. 试述数据库设计的全部过程。

2. 试述数据库设计过程各个阶段的设计描述。

3. 数据字典的内容和作用是什么?

4. 试述数据库概念结构设计的重要性和设计步骤。

5. 为什么要视图集成?视图集成的方法是什么?

6. 什么是数据库的逻辑结构设计?试述其设计步骤。

7. 规范化理论对数据库设计有什么指导意义?

8. 试述数据库物理设计的内容和步骤。

9. 什么是数据库的再组织和重构造?为什么要进行数据库的再组织和重构造?

10. 在出版社的局部应用,包括两个实体:"出版社"和"作者"。这两个实体是多对多的联系,请读者自己设计适当的属性,画出 E-R 图,再将其转换为关系模型(包括关系名、属性名、码和完整性约束条件)。

11. 请设计一个图书馆数据库,此数据库中对每个借阅者保存读者记录,包括读者号,姓名,地址,性别,年龄,单位。对每本书存有书号,书名,作者,出版社。对每本借出的书存有读者号、借出日期和应还日期。要求:给出 E-R 图,再将其转换为关系模型。

12. 请为电冰箱经销商设计一个数据库,要求包括生产厂商和产品的信息。生产厂商的信息包括厂商名称、地址、电话;产品的信息包括品牌、型号、价格;生产厂商生产某产品的数量和日期。要求:(1)将数据库用 E-R 图来描述。(2)转换成关系模型并注明码和完整性约束条件。

13. 设某汽车运输公司数据库中有三个实体集。一是"车队"实体集,属性有车队号、车队名等;二是"车辆"实体集,属性有牌照号、厂家、出厂日期等;三是"司机"实体集,属性有司机编号、姓名、电话等。

车队与司机之间存在"聘用"联系,每个车队可聘用若干司机,但每个司机只能应聘于一个车队,车队聘用司机有"聘用开始时间"和"聘期"两个属性。

车队与车辆之间存在"拥有"联系,每个车队可拥有若干车辆,但每辆车只能属于一个车队。

司机与车辆之间存在着"使用"联系,司机使用车辆有"使用日期"和"公里数"两个属性,每个司机可使用多辆汽车,每辆汽车可被多个司机使用。

(1) 请根据以上描述,绘制相应的 E-R 图,并直接在 E-R 图上注明实体名、属性、联系类型。

(2) 将 E-R 图转换成关系模型,画出相应的数据库模型图,并说明主键和外键。

(3) 分析这些关系模式中所包含的函数依赖,根据这些函数依赖,分析相应的关系模式达到了第几范式,并对这些关系模式进行规范化。

第 8 章　数据库恢复技术

据有关数据统计,每年有 70% 以上的用户在使用 U 盘、移动硬盘等存储设备时因为误删、病毒破坏、物理损坏、硬件故障等问题遭遇过数据丢失灾难。诸多事件说明我们在享受数据信息带来的便利的同时,也不得不面对数据丢失带来的巨大损失。

相对于有价的存储介质(硬盘、U 盘、CF 卡、Flash 存储卡),无价的数据更显得弥足珍贵,于是找回丢失的数据,尽可能降低损失程度成为了一件迫在眉睫的事情。面对巨大的信息安全漏洞,数据恢复技术也同时应运而生。而所谓的数据恢复技术,简单地说就是通过各种手段把丢失和遭到破坏的数据还原为正常数据。

8.1　数据库恢复概述

数据库恢复是一种通过技术手段,将保存在数据库中丢失的电子数据进行抢救和恢复的技术。数据库恢复即系统失效后的数据恢复,配合定时备份数据库,使数据不丢失。数据库恢复是目前非常尖端的计算机技术,因为各个数据库厂商对自己的数据库产品内部的东西都视为商业机密,所以没有相关的技术资料,掌握和精通恢复技术的人员极少。

数据库的备份主要有如下策略。

- 完全备份

完全备份就是通过海量转储形成的备份。其最大的优点是恢复数据库的操作简便,它只需要将最近一次的备份恢复。完全备份所占的存储空间很大且备份的时间较长,只能在一个较长的时间间隔进行完全备份。其缺点是当根据最近的完全备份进行数据恢复时,完全备份之后对数据所做的任何修改都将无法恢复。当数据库较小、数据不是很重要或数据操作频率较低时,可采用完全备份的策略进行数据备份和恢复。

- 完全备份加事务日志备份

事务日志备份必须与数据库的完全备份联合使用,才能实现数据备份和恢复功能。将完全备份和事务日志备份联用进行数据备份和恢复时,备份步骤如下。

① 定期进行完全备份,例如一天一次或两天一次。

② 更频繁地进行事务日志备份,如一小时一次或两小时一次等。

当需要数据库恢复时,首先用最近一次完全备份恢复数据库,然后用最近一次完全备份之后创建的所有事务日志备份,按顺序恢复完全备份之后发生在数据库上的所有操作。

完全备份和事务日志备份相结合的方法,能够完成许多数据库的恢复工作。但它对那些不在事务日志中留下记录的操作,仍无法恢复数据。

- 同时使用三种备份

在同时使用数据库完全备份和事务日志备份的基础上,再以增量备份(即增量转储)作为补充,可以在发生数据丢失时将损失减到最小。同时使用三种备份恢复数据时,要求数据备份操作按以下顺序进行。

① 定期执行完全备份,例如一天一次或两天一次等。

② 进行增量备份,如 4 小时一次或 6 小时一次等。

③ 进行事务日志备份,如一小时一次或两小时一次等。

在发生数据丢失或操作失败时,按下列顺序恢复数据库。

① 用最近一次的完全备份恢复数据库;

② 用最近一次的增量备份恢复数据库;

③ 用在最近一次的完全备份之后创建的所有事务日志备份,按顺序恢复最近一次完全备份之后发生在数据库上的所有操作。

在数据库中恢复大致有三种方法,即应急(Crash)恢复、版本(Version)恢复和前滚(Rool Forward)恢复。

1. 应急恢复

应急恢复用于防止数据库处于不一致或不可用状态。数据库执行的事务(也称工作单元)可能被意外中断,若在作为工作单位一部分的所有更改完成和提交之前发生故障,则该数据库就会处于不一致和不可用的状态。这时,需要将该数据库转化为一致和可用的状态。

为此,需要回滚未完成的事务,并完成当发生崩溃时仍在内存中的已提交事务。如在COMMIT 语句之前发生了电源故障,则在下一次重新启动并再次访问该数据库时,需要回滚到执行 COMMIT 语句前的状态。回滚语句的顺序与最初执行时的顺序相反。

2. 版本恢复

版本恢复指的是使用备份操作期间创建的映像来复原数据库的先前版本。这种恢复是通过使用一个以前建立的数据库备份恢复出一个完整的数据库。一个数据库的备份允许你把数据库恢复至和这个数据库在备份时完全一样的状态。而从备份建立后到日志文件中最后记录的所有工作事务单位将全部丢失。

3. 前滚恢复

这种恢复技术是版本恢复的一个扩展,使用完整的数据库备份和日志相结合,可以使一个数据库或者被选择的表空间恢复到某个特定时间点。如果从备份时刻起到发生故障时的所有日志文件都可以获得的话,就可以恢复到日志上涵盖的任意时间点。前滚恢复需要在配置中被明确激活才能生效。

8.1.1 事务的概念和特性

事务是一系列的数据库操作，是数据库应用程序的基本逻辑单元。事务处理技术主要包括数据库恢复技术和并发控制技术。所谓事务是用户定义的一个操作序列，这些操作要么全做要么全不做，是一个不可分割的工作单位。"一荣俱荣，一损俱损"这句话很能体现事务的思想，很多复杂的事务要分步进行，但它们组成一个整体，要么整体生效，要么整体失效。

这种思想反映到数据库上，就是多个 SQL 语句，要么所有执行成功，要么所有执行失败。例如：在关系数据库中，一个事务可以是一条 SQL 语句，一组 SQL 语句或整个程序。

事务和程序是两个概念。一般来说，一个程序包含多个事务。

事务的开始与结束可以由用户显式控制。如果用户没有显式地定义事务，就由 DBMS 按缺省规定自动划分事务。在 SQL 语言中，定义事务的语句有三条。

BEGIN TRANSACTION

COMMIT

ROLLBACK

事务通常是以 BEGIN TRANSACTION 开始，以 COMMIT 或 ROLLBACK 结束的。

COMMIT 表示提交，即提交事务的所有操作。具体地说就是将事务中所有对数据库的更新写回到磁盘上的物理数据库中去，事务正常结束。ROLLBACK 表示回滚，即在事务运行的过程中发生了某种故障，事务不能继续执行，系统将事务中对数据库的所有已完成的操作全部撤销，滚回到事务开始时的状态。这里的操作指对数据库的更新操作。

事务的 4 个特性简称事务的 ACID 特性。

① 原子性（Atomicity）。事务是一个独立的逻辑单位，事务中包括的诸操作要么全做，要么全不做。如果把一个事务看作一个程序，它要么完整地被执行，要么完全不执行。就是说事务的操纵序列或者完全应用到数据库或者完全不影响数据库。这种特性称为原子性。假如用户在一个事务内完成了对数据库的更新，这时所有的更新对外部世界必须是可见的，或者完全没有更新。前者称事务已提交，后者称事务撤销。DBMS 必须确保由成功提交的事务完成的所有操纵在数据库内有完全的反映，而失败的事务对数据库完全没有影响。

② 一致性（Consistency）。事务的执行结果必须是使数据库从一个一致性状态变到另一个一致性状态。一致性处理数据库中对所有语义约束的保护。假如数据库的状态满足所有的完整性约束，就说该数据库是一致的。例如，当数据库处于一致性状态 S1 时，对数据库执行一个事务，在事务执行期间假定数据库的状态是不一致的，当事务执行结束时，数据库处在一致性状态 S2。

举例来说,银行转账。从账号 A(20 万)中取出 10 万元,存入账号 B(10 万)。

定义一个事务,该事务包括两个操作。

- $A=A-10$
- $B=B+10$

这两个操作要么全做,要么全不做。

- 全做或者全不做,数据库都处于一致性状态。
- 如果只做一个操作,数据库就处于不一致性状态。

具体如图 8.1 所示。

③ 隔离性(Isolation)。一个事务的执行不能被其他事务干扰。即并发执行的各个事务之间不能互相干扰。

举例:飞机订票系统中的一个活动序列如下。

a. 甲售票点读出某航班的机票余量=16 张;

b. 乙售票点读出同一航班的机票余量也为 16 张;

c. 甲售票点卖出一张机票,修改余量为 15 张,并把 A 写回数据库;

d. 乙售票点也卖出一张机票,也修改余量为 15 张,并把 A 写回数据库。

甲　READ(A);　　乙　READ(A);

甲　$A:=A-1$;　　乙　$A:=A-1$;

甲　WRITE(A);　　乙　WRITE(A);

结果卖出了两张机票,数据库中机票余票只减少 1 张。原因是甲、乙售票过程是交叉进行的。因此,要把甲、乙售票点的操作放在两个事务中,一个执行完了才能执行另一个。该例表明事务执行没有遵循事务的隔离性,如图 8.2 所示。

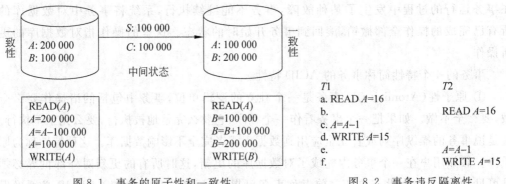

图 8.1　事务的原子性和一致性　　　　　　图 8.2　事务违反隔离性

隔离性是 DBMS 针对并发事务间的冲突提供的安全保证。DBMS 可以通过加锁在并发执行的事务间提供不同级别的分离。假如并发交叉执行的事务没有任何控制,操纵相同的共享对象的多个并发事务的执行可能引起异常情况。DBMS 可以在并发执行的事务间提供不同级别的分离。隔离的级别和并发事务的吞吐量之间存在反比关系。较多事务的可隔离性可能会带来较高的冲突和较多的事务流产。流产的事务要消耗资源,这些资源必须要重新被访问。因此,确保高分隔级别的 DBMS 需要更多的开销。一种解决方法是:串行执行事务(一个接一个),即事务并发执行的结果和某一串行执行的结果相同。

④ 持续性(Durability)。一个事务一旦提交,它对数据库中数据的改变就是永久性的。

持续性意味着当系统或介质发生故障时,确保已提交事务的更新不能丢失。即对已提交事务的更新能恢复。一旦一个事务被提交,DBMS 就必须保证提供适当的冗余,使其耐得住系统的故障。所以,持续性主要在于 DBMS 的恢复性能。

事务是恢复和并发控制的基本单位。保证事务的 ACID 特性是事务处理的重要任务。事务的 ACID 特性可能遭到破坏的因素有:

- 多个事务并行运行时,不同事务的操作交叉执行。
- 事务在运行过程中被强行停止。

在第一种情况下,数据库管理系统必须保证多个事务的交叉运行不影响这些事务的原子性。在第二种情况下,数据库管理系统必须保证被强行终止的事务对数据库和其他事务没有任何影响。

8.1.2 故障的种类

故障是不可避免的,常见的有计算机硬件故障、系统软件和应用软件的错误、操作员的失误、恶意的破坏等。数据库管理系统对故障的运行未能至正常终止点就夭折。事务内部故障对策如下。

- DBMS 提供恢复子系统;
- 保证故障发生后,能把数据库中的数据从错误状态恢复到某种逻辑一致的状态;
- 保证事务的 ACID 特性。

恢复技术是衡量系统优劣的重要指标。所谓数据库恢复即把数据库从错误状态恢复到某一已知的正确状态。

数据库系统中发生的故障是多种多样的,大致可以归结为以下几类。

(1) 事务内部故障

事务内部故障是指某个事务在运行过程中由于种种原因未能正常运行到终点,常见原因有:

- 输入数据有误运算。例如,事务内部的非法输入、溢出、超出资源限制等。
- 系统错误,系统进入一种不良状态(如死锁),使得事务无法继续正常执行,出现这类问题的事务可以在以后的某个时间重新执行某些应用程序而解决出错。

事务内部更多的故障是非预期的,是不能由应用程序处理的。事务故障意味着事务没有达到预期的终点(COMMIT 或者显式的 ROLLBACK),因此,数据库可能处于不正确状态。

恢复程序要在不影响其他事务运行的情况下,强行回滚(ROLLBACK)该事务,即撤销该事务已经做出的任何对数据库的修改,使得该事务好像根本没有启动一样。这类恢复操作称为事务撤销(UNDO)。

(2) 系统故障

系统故障是指造成系统停止运转的任何事件,使得系统要重新启动。例如,特定类型的硬件错误(CPU 故障)、操作系统故障、DBMS 代码错误、突然停电等。这类故障影响正在运行的所有事务,但不破坏数据库。这时主存内容,尤其是数据库缓冲区(在内存)中的内容都将丢失,所有运行事务都将非正常终止。

发生系统故障时,一些尚未完成的事务的结果可能已送入物理数据库,有些已完成的事务可能有一部分甚至全部留在缓冲区,尚未写回到磁盘上的物理数据库中,从而造成数据库可能处于不正确的状态,即数据库处于不一致状态。

为保证数据一致性,恢复子系统必须在系统重新启动时让所有非正常终止的事务回滚,强行撤销(UNDO)所有未完成的事务。重做(REDO)所有已提交的事务,以将数据库真正恢复到一致状态。

(3) 介质故障

系统故障常称为软故障(Soft Crash),介质故障称为硬故障(Hard Crash)。硬故障指外存故障,如磁盘损坏、磁头碰撞,瞬时强磁场干扰等。这类故障将破坏数据库或部分数据库,并影响正在存取这部分数据的所有事务。这类故障比前两类故障发生的可能性小得多,但破坏性最大。

介质故障的恢复。装入数据库发生介质故障前某个时刻的数据副本,重做自此时起的所有成功事务,将这些事务已提交的结果重新记入数据库。

(4) 计算机病毒

计算机病毒是具有破坏性、可以自我复制的计算机程序。计算机病毒已成为计算机系统的主要威胁,自然也是数据库系统的主要威胁。因此数据库一旦被破坏就要用恢复技术把数据库加以恢复。首先要清除病毒和阻止恶意攻击,采用与介质故障恢复相同的方法。

总结各类故障,对数据库的影响有两种可能性。一是数据库本身被破坏。二是数据库没有被破坏,但数据可能不正确,这是由事务的运行被非正常终止造成的。

8.2　恢复的实现技术与策略

数据库恢复即系统失效后的数据库恢复,配合定时备份数据库,使数据库不丢失数据。

恢复操作的基本原理是:冗余,利用存储在系统其他地方的冗余数据来重建数据库中已被破坏或不正确的那部分数据。

恢复的实现技术较为复杂,一个大型数据库产品,恢复子系统的代码要占全部代码的10%以上。

8.2.1　数据转储

恢复机制涉及的两个关键问题是:
① 如何建立冗余数据。
② 如何利用这些冗余数据实施数据库恢复。

　　建立冗余数据最常用的技术是数据转储和登录日志文件。通常在一个数据库系统中,这两种方法是一起使用的。

　　所谓转储即 DBA 定期地将整个数据库复制到磁盘或另一个磁盘上保存起来的过程。这些备用的数据文本称为后备副本或后援副本。

　　当数据库遭到破坏后可以将后备副本重新装入,但重装后备副本只能将数据库恢复到转储时的状态,要想恢复到故障发生时的状态,必须重新运行自转储以后的所有更新事务,如图 8.3 所示。

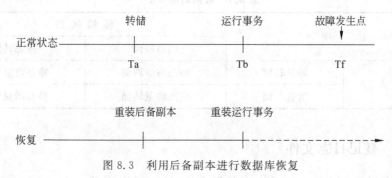

图 8.3 利用后备副本进行数据库恢复

　　转储是十分耗费时间和资源的,不能频繁进行。DBA 应该根据数据库的使用情况确定一个适当的转储周期。

　　转储可分为静态转储和动态转储。

　　静态转储是在系统中无运行事务时进行的转储操作。即转储操作开始的时刻,数据库处于一致性状态,而转储期间不允许(或不存在)对数据库的任何存取、修改活动。显然,静态转储得到的一定是一个数据一致性的副本。静态转储简单,但转储必须等待正在运行的用户事务结束才能进行,同样,新的事务必须等待转储结束才能执行。显然,这会降低数据库的可用性。

　　动态转储是指转储期间允许对数据库进行存取或修改。即转储和用户事务可以并发执行。动态转储可克服静态转储的缺点,它不用等待正在运行的用户事务结束,也不会影响新事务的运行。但是,转储结束时后援副本上的数据并不能保证正确有效,如图 8.4 所示。

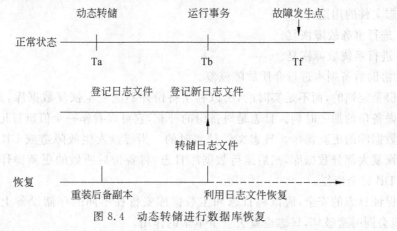

图 8.4 动态转储进行数据库恢复

转储还可以分为海量转储和增量转储两种方式。海量转储是指每次转储全部数据库。增量转储则指每次只转储上一次转储后更新过的数据。从恢复角度看,使用海量转储得到的后备副本进行恢复一般来说会更方便些。但如果数据库很大,事务处理又十分频繁,则增量转储方式更实用更有效。

数据转储的两种方式分别可以在两种状态下进行,因此数据转储方法可以分为 4 类:动态海量转储、动态增量转储、静态海量转储和静态增量转储,如表 8.1 所示。

表 8.1　数据转储分类

选　　项		转 储 状 态	
		动态转储	静态转储
转储方式	海量转储	动态海量转储	静态海量转储
	增量转储	动态增量转储	静态增量转储

8.2.2　登记日志文件

日志文件(log)是用来记录事务对数据库的更新操作的文件。

日志文件的格式有两种。

① 以记录为单位的日志文件。

② 以数据块为单位的日志文件。

日志文件内容包括:

- 各个事务的开始标记(BEGIN TRANSACTION)。
- 各个事务的结束标记(COMMIT 或 ROLLBACK)。
- 各个事务的所有更新操作。
- 与事务有关的内部更新操作。

每条日志记录的内容包括:事务标识、操作类型(插入、删除或修改)、操作对象(记录 ID、Block No)、更新前数据的旧值(对插入操作而言,此项为空值)、更新后数据的新值(对删除操作而言,此项为空值)。

日志文件的用途有:

- 进行事务故障恢复。
- 进行系统故障恢复。
- 协助后备副本进行介质故障恢复。

备份是定期的,而不是实时的,所以利用备份并不能完全恢复数据库,只能将数据库恢复至做备份的那一时刻。日志是对备份的补充,它可以看作一个值班日记,它将记录下所有对数据库的更新操作。日志文件是实时的。当磁盘发生故障造成 DB 损坏时,先利用备份恢复大部分数据库,然后运行数据库日志,将备份后所做的更新操作再重做一遍,从而使 DB 完全恢复。

为保证日志的安全,应该将日志和主数据库安排在不同的存储设备上,否则日志和 DB 可能会同时遭破坏,日志也就失去了本来的作用。

日志记录有几种,"更新日志记录"描述一次数据库写操作,它有如下几个字段。

- 事务标识。执行写操作事务的唯一标识。
- 数据项标识。所写的数据项的唯一标识,通常是数据项在磁盘上的位置。
- 旧值。数据项的写前值。
- 新值。数据项的写后值。

日志文件在数据库恢复中起着非常重要的作用。可以用来进行事务故障恢复和系统故障恢复,并协助后备副本进行介质故障恢复。具体地讲,事务故障恢复和系统故障恢复必须用日志文件。

在动态转储方式中必须建立日志文件,后援副本和日志文件综合起来才能有效地恢复数据库。

为保证数据库是可恢复的,登记日志文件时必须遵循两条原则,登记的次序必须严格按并行事务执行的时间次序,必须先写日志文件,后写数据库。

- 写日志文件操作。把表示这个修改的日志记录写到日志文件。
- 写数据库操作。把对数据的修改写到数据库中。

为什么要先写日志文件? 写数据库和写日志文件是两个不同的操作,在这两个操作之间可能发生故障。如果先写了数据库修改,而在日志文件中没有登记这个修改,则以后就无法恢复这个修改了。如果先写日志,但没有修改数据库,按日志文件恢复时只不过是多执行一次不必要的 UNDO 操作,并不会影响数据库的正确性。

在静态转储方式中,也可以建立日志文件。当数据库毁坏后可重新装入后援副本把数据库恢复到转储结束时刻的正确状态,然后利用日志文件,把已完成的事务进行重做处理,对故障发生时尚未完成的事务进行撤销处理。

8.2.3　恢复策略

事务故障指的是事务在运行至正常终止点前被中止。

恢复方法由恢复子系统应利用日志文件撤销(UNDO)此事务已对数据库进行的修改。

事务故障的恢复由系统自动完成,不需要用户干预。

① 反向扫描文件日志(即从最后向前扫描日志文件),查找该事务的更新操作。

② 对该事务的更新操作执行逆操作。即将日志记录中"更新前的值"(Before Image,BI)写入数据库。

插入操作。"更新前的值"为空,相当于做删除操作。

删除操作。"更新后的值"为空,相当于做插入操作。

修改操作。则用 BI 代替 AI(After Image)。

③ 继续反向扫描日志文件,查找该事务的其他更新操作,并做同样的处理。

④ 如此处理下去,直至读到此事务的开始标记,事务故障恢复就完成了。

系统故障造成数据库不一致状态的原因有:

- 一些未完成事务对数据库的更新已写入数据库。
- 一些已提交事务对数据库的更新还留在缓冲区没来得及写入数据库。

恢复方法有：

① UNDO 故障发生时未完成的事务。

② REDO 已完成的事务。

系统故障的恢复由系统在重新启动时自动完成，不需要用户干预。

① 正向扫描日志文件（即从头扫描日志文件）。

REDO 队列。在故障发生前已经提交的事务。

UNDO 队列。故障发生时尚未完成的事务。

② 对 UNDO 队列事务进行 UNDO 处理。

反向扫描日志文件，对每个 UNDO 事务的更新操作执行逆操作，即将日志记录中的 BI 写入 DB。

③ 对 REDO 队列事务进行 REDO 处理。

正向扫描日志文件，对每个 REDO 事务重新执行登记的操作，即将日志记录中的 AI 写入 DB。

介质故障发生后，磁盘上的物理数据和日志文件被破坏，这是最严重的一种故障，恢复方法是重装数据库，然后重做已完成的事务。具体地说就是：

（1）装入最新的数据库后备副本（离故障发生时刻最近的转储副本），使数据库恢复到最近一次转储时的一致性状态。对于动态转储的数据库副本，还需同时装入转储开始时刻的日志文件副本，利用恢复系统故障的方法（即 REDO＋UNDO），才能将数据库恢复到一致性状态。

（2）装入相应的日志文件副本（转储结束时刻的日志文件副本），重做已完成的事务。即首先扫描日志文件，找出故障发生时已提交的事务的标识，将其记入重做队列。然后正向扫描日志文件，对重做队列中的所有事务进行重做处理。即将日志记录中"更新后的值"写入数据库。

这样就可以将数据库恢复至故障前某一时刻的一致状态了。

介质故障的恢复需要 DBA 介入。但 DBA 只需要重装最近转储的数据库副本和有关的各日志文件副本，然后执行系统提供的恢复命令即可，具体的恢复操作仍由 DBMS 完成。

8.3　具有检查点的恢复技术

当系统发生故障时，需全面搜索检查日志文件，以决定哪些事务需要 REDO 操作，哪些事务需要 UNDO 操作。原则上需搜索整个日志来决定该信息，但带来的问题如下。

① 搜索过程耗时。

② 根据提供的算法，大多数需要的事务都将其更新写入了 DB。

为降低开销，我们引入检查点机制。

检查点记录的内容有：

① 建立检查点时刻所有正在执行的事务清单。

② 这些事务最近一个日志记录的地址。

重新开始文件的内容。记录各个检查点记录在日志文件中的地址。

① 将当前日志缓冲区中的所有日志记录写入磁盘的日志文件中。

② 在日志文件中写入一个检查点记录。

③ 将当前数据缓冲区的所有数据记录写入磁盘的数据库中。

④ 把检查点记录在日志文件中的地址写入一个重新开始文件。

具有检查点的日志文件和重新开始文件见图 8.5。

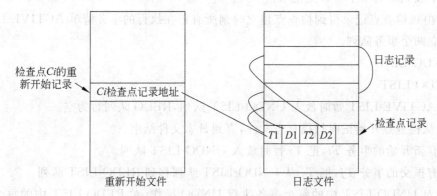

图 8.5　具有检查点的日志文件和重新开始文件

恢复子系统可定期或不定期地建立检查点保存数据库状态。

定期。按照预定的一个时间间隔。

不定期。按照某种规则,比如日志文件已写满一半建立一个检查点。

利用检查点方法可以改善恢复效率。

当事务 T 在一个检查点之前提交,T 对数据库所做的修改已写入数据库。

在进行恢复处理时,没有必要对事务 T 执行 REDO 操作。

系统出现故障时,恢复子系统将根据事务的不同状态采取不同的恢复策略,如图 8.6 所示。

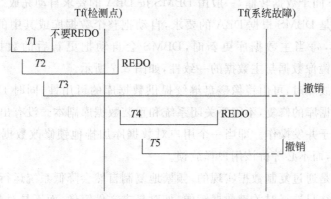

图 8.6　恢复子系统采取的不同策略

T1,在检查点之前提交;

T2,在检查点之前开始执行,在检查点之后故障点之前提交;

T3,在检查点之前开始执行,在故障点时还未完成;

T4,在检查点之后开始执行,在故障点之前提交;

T5,在检查点之后开始执行,在故障点时还未完成。

系统使用检查点方法进行恢复的步骤如下。

① 从重新开始文件中找到最后一个检查点记录在日志文件中的地址,由该地址在日志文件中找到最后一个检查点记录。

② 由该检查点记录得到检查点建立时刻所有正在执行的事务清单 ACTIVE-LIST。建立两个事务队列。

UNDO-LIST

REDO-LIST

把 ACTIVE-LIST 暂时放入 UNDO-LIST 队列,REDO 队列暂为空。

③ 从检查点开始正向扫描日志文件,直到日志文件结束。

如有新开始的事务 Ti,把 Ti 暂时放入 UNDO-LIST 队列。

如有提交的事务 Tj,把 Tj 从 UNDO-LIST 队列移到 REDO-LIST 队列。

④ 对 UNDO-LIST 中的每个事务执行 UNDO 操作,对 REDO-LIST 中的每个事务执行 REDO 操作。

介质故障是对系统影响最为严重的一种故障,严重影响数据库的可用性。介质故障恢复比较费时。为预防介质故障,DBA 必须周期性地转储数据库。为提高数据库可用性的解决方案,有时采用数据库镜像(Mirror)用于数据库恢复。

8.4 数据库镜像

为了避免介质故障影响数据库的可用性,许多 DBMS 还提供了数据库镜像(Mirror)和复制功能,它不同于数据转储,一般由 DBMS 按 DBA 的要求自动完成。

数据库镜像是 DBMS 根据 DBA 的要求,自动把整个数据库或其中的关键数据复制到另一个磁盘上,每当主数据库更新时,DBMS 会自动把更新后的数据复制过去,即 DBMS 自动保证镜像数据与主数据的一致性,如图 8.7 所示。

当出现介质故障时,可由镜像磁盘继续提供数据库的可用性,同时 DBMS 自动利用镜像磁盘进行数据库的修复,不需要关闭系统和重装数据库副本。没有出现故障时,数据库镜像还可以用于并发操作。即当一个用户对数据库加排他锁修改数据时,其他用户可以读镜像数据库,而不必等待该用户释放锁。

数据库镜像是通过复制数据实现的,频繁地复制自然会降低系统运行效率,因此在实际应用中用户往往只选择对关键数据镜像,如对日志文件镜像,而不是对整个数据库进行镜像。

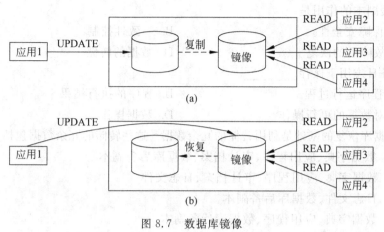

图 8.7 数据库镜像

习 题 8

一、选择题

1. 一个事务的执行,要么全部完成,要么全部不做,一个事务中对数据库的所有操作都是一个不可分割的操作序列的属性是_____。

   A. 原子性　　　　B. 一致性　　　　C. 独立性　　　　D. 持久性

2. 表示两个或多个事务可以同时运行而不互相影响的是_____。

   A. 原子性　　　　B. 一致性　　　　C. 独立性　　　　D. 持久性

3. 事务的持续性是指_____。

   A. 事务中包括的所有操作要么都做,要么都不做

   B. 事务一旦提交,对数据库的改变就是永久的

   C. 一个事务内部的操作对并发的其他事务是隔离的

   D. 事务必须使数据库从一个一致性状态变到另一个一致性状态

4. SQL 语言中的 COMMIT 语句的主要作用是_____。

   A. 结束程序　　　B. 返回系统　　　C. 提交事务　　　D. 存储数据

5. SQL 语言中用_____语句实现事务的回滚。

   A. CREATE TABLE　　　　　　　B. ROLLBACK

   C. GRANT 和 REVOKE　　　　　　D. COMMIT

6. 若系统在运行过程中,由于某种硬件故障,使存储在外存上的数据部分损失或全部损失,这种情况称为_____。

   A. 介质故障　　　B. 运行故障　　　C. 系统故障　　　D. 事务故障

7. 在 DBMS 中实现事务持久性的子系统是_____。

   A. 安全管理子系统　　　　　　　B. 完整性管理子系统

   C. 并发控制子系统　　　　　　　D. 恢复管理子系统

8. 后援副本的作用是_____。

  A. 保障安全性
  B. 一致性控制
  C. 故障后的恢复
  D. 数据的转储

9. 事务日志用于保存_____。

  A. 程序运行过程
  B. 程序的执行结果
  C. 对数据的更新操作
  D. 数据操作

10. 数据库恢复的基础是利用转储的冗余数据。这些转储的冗余数据包括_____。

  A. 数据字典、应用程序、审计档案、数据库后备副本
  B. 数据字典、应用程序、审计档案、日志文件
  C. 日志文件、数据库后备副本
  D. 数据字典、应用程序、数据库后备副本

11. 数据恢复最常用的技术是_____。

  A. 数据转储和登记日志文件
  B. 数据转储和备份
  C. 完全备份和事务日志备份
  D. 增量备份和事务日志备份

二、简答题

1. 数据库转储的意义是什么? 试比较各种数据转储方法。

2. 数据库恢复的基本技术有哪些?

3. 数据库运行中可能产生的故障有哪几类? 哪些故障影响事务的正常执行? 哪些故障破坏数据库数据?

4. 数据库中为什么要有恢复子系统? 它的功能是什么?

5. 简要说明日志文件在数据恢复中的作用以及登记日记文件时必须遵循的两条原则。

6. 简述事务的概念及 SQL 中的事务定义语句。

第 9 章 并 发 控 制

9.1 并发控制概述

数据库是一个共享资源,其重要特征是能为多个用户提供数据共享。允许多个用户同时使用的数据库系统称为多用户数据库系统。例如飞机订票数据库系统、银行数据库系统等都是多用户数据库系统。在这样的系统中,同一时刻并行执行的事务数目可达数百之多。

当多个用户并发地访问数据库时可能会出现多个事务同时存取同一数据的情况。若对并发操作不进行适当的控制就可能会导致读取或保存不正确数据的情况,破坏数据的一致性。为此数据库管理系统必须提供并发控制机制来协调并发用户的并发操作以保证并发事务的隔离性,保证数据库的一致性。并发控制机制是衡量一个数据库管理系统性能的重要指标之一。

在单处理机系统中,事务的并行执行实际上是指这些事务轮流交叉运行。这种并行执行方式称为交叉并发方式(Interleaved Concurrency)。虽然单处理机系统中的并行事务并没有真正地并行运行,但是减少了处理机的空闲时间,提高了系统的效率。

在多处理机系统中,每个处理机可以运行一个事务,多个处理机可以同时运行多个事务,实现多个事务的真正并行执行。这种并行执行方式称为同时并发方式(Simultaneous Concurrency)。本章讨论的数据库系统并发控制技术是以单处理机系统为基础的,但这些理论可以推广到多处理机的情况。

当多个用户并发访问数据库时会出现多个事务同时存取同一数据的情况,有可能导致数据的不一致性。

例如:设存款余额 $R=1000$ 元,事务 $T1$ 取款 100 元,事务 $T2$ 取款 200 元,如果正常操作,事务 $T1$ 执行完毕再执行事务 $T2$,存款余额更新后应该是 700 元。但是如果按照如下顺序操作,则会有不同的结果。

① 事务 $T1$ 读取存款余额 $R=1000$ 元;

② 事务 $T2$ 读取存款余额 $R=1000$ 元;

③ 事务 $T1$ 取款 100 元,修改存款余额 $R=R-100=900$(元),把 $R=900$ 元写回数据库;

④ 事务 $T2$ 取款 200 元,修改存款余额 $R=R-200=800$(元),把 $R=800$ 元写回数据库。

结果两个事务共取走存款 300 元,而数据库中的存款却只减少了 200 元。这种情况就被称为数据库的不一致性。

并发操作可能带来的数据不一致性包括三类：丢失更新、读脏数据和不可重复读。

当两个事务 T1 和 T2 读取同一数据，并发地执行更新操作时，T2 把 T1 或 T1 把 T2 的更新结果覆盖掉了，就会出现数据更新丢失的问题，导致数据的不一致。前面所举存款余额计算错误的例子就属于数据库不一致性中的丢失更新。出现这种错误的原因是没有对两个事务的并发操作加以正确的控制引起的，通过表 9.1 我们可以清楚地看出这种丢失更新是如何发生的。

表 9.1 丢失更新

时间	数据库中 R 的值	事务 T1	事务 T2	时间	数据库中 R 的值	事务 T1	事务 T2
t_0	1000			t_5		UPDATE R	
t_1		READ R		t_6	900		
t_2			READ R	t_7			UPDATE R
t_3		R=R−100		t_8	800		
t_4			R=R−200				

两个事务 T1 和 T2 并发访问同一数据，事务 T1 更新了数据 R，事务 T2 读取了更新后的数据 R，但后来事务 T1 由于某种原因被撤销，T1 对数据 R 的修改无效，数据 R 恢复原值。这将导致事务 T2 读取的数据 R 与数据库中 R 的真实内容不一致，这种情况称为"读脏数据"或者"污读"。通过表 9.2 我们可以看清楚读脏数据的过程。

表 9.2 读脏数据

时间	数据库中 R 的值	事务 T1	事务 T2	时间	数据库中 R 的值	事务 T1	事务 T2
t_0	1000			t_4	900		
t_1		READ R		t_5			READ R
t_2		R=R−100		t_6		ROLLBACK	
t_3		UPDATE R		t_7	1000		

两个事务 T1 和 T2 并发访问同一数据，事务 T1 读取了数据 R，事务 T2 读取并更新了数据 R，当事务 T1 再读取数据 R 以进行核对时，发现两次得到的 R 的值不一致，这种情况称为"不可重读"。表 9.3 列出了数据不可重读的过程。

表 9.3 不可重读

时间	数据库中 R 的值	事务 T1	事务 T2	时间	数据库中 R 的值	事务 T1	事务 T2
t_0	1000			t_3			R=R−200
t_1		READ R		t_4			UPDATE R
t_2			READ R	t_5	800		

需要注意的是，有时数据库应用允许一定程度的不一致性，例如某些统计工作涉及数据量很大，读到一些"脏"数据对统计精度没什么大的影响，这时就可以降低对数据一致性的要求以减少系统开销。

9.2 封 锁

9.2.1 封锁的概念

封锁是实现并发控制的一个非常重要的技术。所谓封锁就是事务 T 在对某个数据对象例如表、记录等操作之前，先向系统发出请求，对其加锁。加锁后事务 T 就对该数据对象有了一定的控制，在事务 T 释放它的锁之前，其他的事务不能更新此数据对象。

封锁对数据的控制程度由封锁的类型决定。基本的封锁类型有两种：排他锁（Exclusive Locks，X 锁）和共享锁（Share Locks，S 锁）。

排他锁又称为写锁。若事务 T 对数据对象 A 加上 X 锁，则只允许事务 T 读取和修改 A，而其他任何事务都不能再对 A 加任何类型的锁，直到事务 T 释放 A 上的锁。这就保证了其他事务在事务 T 释放 A 上的锁之前不能再读取和修改数据对象 A。

共享锁又称为读锁。若事务 T 对数据对象 A 加上 S 锁，则事务 T 可以读 A 但不能修改 A，其他事务只能再对 A 加 S 锁，而不能加 X 锁，直到 T 释放 A 上的 S 锁。这就保证了其他事务可以读 A，但在事务 T 释放 A 上的 S 锁之前不能对数据对象 A 做任何修改。

9.2.2 活锁

当某个事务请求对某一数据进行排他性封锁时，由于其他事务对该数据的操作而使这个事务处于永久的等待状态，这种状态称为活锁。

活锁形成原理如表 9.4 所示。如果事务 $T1$ 封锁了数据 R，事务 $T2$ 又请求封锁 R，于是 $T2$ 等待。$T3$ 也请求封锁 R，当 $T1$ 释放了 R 上的封锁之后系统首先批准了 $T3$ 的请求，$T2$ 仍然等待。然后 $T4$ 又请求封锁 R，当 $T3$ 释放了 R 上的封锁之后系统又批准了 $T4$ 的请求……$T2$ 有可能永远等待。

表 9.4 活锁

时间	事务 $T1$	事务 $T2$	事务 $T3$	事务 $T4$
t_0	LOCK R			
t_1		LOCK R		
t_2		WAIT	LOCK R	
t_3	UNLOCK	WAIT	WAIT	LOCK R
t_4		WAIT	LOCK R	WAIT
t_5		WAIT		WAIT
t_6		WAIT	UNLOCK	WAIT
t_7		WAIT		LOCK R
t_8		WAIT		

避免活锁的简单方法是采用先来先服务的策略。当多个事务请求封锁同一数据对象时,封锁子系统按请求封锁的先后次序对事务排队,数据对象上的锁一旦释放就批准申请队列中第一个事务获得锁。

9.2.3 死锁

在同时处于等待状态的两个或多个事务中,其中的每一个在它能够进行之前,都等待着某个数据,而这个数据已被它们中的某个事务所封锁,这种状态称为死锁。

如表 9.5 所示,如果事务 $T1$ 封锁了数据 $R1$,$T2$ 封锁了数据 $R2$,然后 $T1$ 又请求封锁 $R2$,因 $T2$ 已封锁了 $R2$,于是 $T1$ 等待 $T2$ 释放 $R2$ 上的锁。接着 $T2$ 又申请封锁 $R1$,因 $T1$ 已封锁了 $R1$,$T2$ 也只能等待 $T1$ 释放 $R1$ 上的锁。这样就出现了 $T1$ 在等待 $T2$,而 $T2$ 又在等待 $T1$ 的局面,$T1$ 和 $T2$ 两个事务永远不能结束,形成死锁。

表 9.5 死锁

时间	事务 $T1$	事务 $T2$	时间	事务 $T1$	事务 $T2$
t_0	LOCK $R1$		t_4	WAIT	
t_1		LOCK $R2$	t_5	WAIT	LOCK $R1$
t_2		...	t_6	WAIT	WAIT
t_3	LOCK $R2$		t_7	WAIT	WAIT

发生死锁的必要条件有以下 4 个。

互斥条件,一个数据对象一次只能被一个事务所使用,即对数据的封锁采用排他式。

不可抢占条件,一个数据对象只能被占有它的事务所释放,而不能被别的事务强行抢占。

部分分配条件,一个事务已经封锁分给它的数据对象,但仍然要求封锁其他数据。

循环等待条件,允许等待其他事务释放数据对象,系统处于加锁请求相互等待的状态。

死锁一旦发生,系统效率将会大大下降,因而要尽量避免或解决死锁的发生。

目前解决数据库死锁问题主要有两类方法,一类方法是采取一定的措施来预防死锁的发生,另一类方法是允许死锁发生,同时采用一定手段定期诊断系统中有无死锁,若有则解除之。

1. 死锁的预防

在数据库中,产生死锁的原因是两个或多个事务都已封锁了一些数据对象,然后又都请求对已被其他事务封锁的数据对象加锁,从而出现死等待。防止死锁的发生其实就是要破坏产生死锁的条件。预防死锁通常有两种方法。

(1) 一次封锁法

一次封锁法要求每个事务必须一次将所有要使用的数据全部加锁,否则就不能继续执行。在表 9.5 的例子中,如果事务 $T1$ 将数据对象 $R1$ 和 $R2$ 一次加锁,$T1$ 就可以执行下去,而 $T2$ 等待。$T1$ 执行完后释放 $R1$,$R2$ 上的锁,$T2$ 继续执行。这样就不会发生死锁。

一次封锁法虽然可以有效地防止死锁的发生,但也存在问题。第一,一次就将以后要用到的全部数据加锁,势必扩大了封锁的范围,从而降低了系统的并发度。第二,数据库中数据是不断变化的,原来不要求封锁的数据,在执行过程中可能会变成封锁对象,所以很难事先精确地确定每个事务所要封锁的数据对象,为此只能扩大封锁范围,将事务在执行过程中可能要封锁的数据对象全部加锁,这就进一步降低了并发度。

(2) 顺序封锁法

顺序封锁法是预先为数据对象规定一个封锁顺序,所有事务都按这个顺序实行封锁。例如在 B 树结构的索引中,可规定封锁的顺序必须从根结点开始,然后是下一级的子女结点,逐级封锁。

顺序封锁法可以有效地防止死锁,但也同样存在问题。第一,数据库系统中封锁的数据对象极多,并且随数据的插入、删除等操作而不断地变化,要维护这样的资源的封锁顺序非常困难,成本很高。第二,事务的封锁请求可以随着事务的执行而动态地决定,很难事先确定每一个事务要封锁哪些对象,因此也就很难按规定的顺序去施加封锁。

可见,在操作系统中广为采用的预防死锁的策略并不很适合数据库的特点,因此DBMS 在解决死锁的问题上普遍采用的是诊断并解除死锁的方法。

2. 死锁的诊断与解除

数据库系统中诊断死锁的方法与操作系统类似,一般使用超时法或事务等待图法。

(1) 超时法

如果一个事务的等待时间超过了规定的时限,就认为发生了死锁。超时法实现简单,但其不足也很明显。一是有可能误判死锁,事务因为其他原因使等待时间超过时限,系统会误认为发生了死锁。二是时限若设置得太长,死锁发生后不能及时发现。

(2) 等待图法

事务等待图是一个有向图 $G=(T,U)$。T 为结点的集合,每个结点表示正运行的事务;U 为边的集合,每条边表示事务等待的情况。若 $T1$ 等待 $T2$,则 $T1,T2$ 之间划一条有向边,从 $T1$ 指向 $T2$。

- 图 9.1(a)中,事务 $T1$ 等待 $T2$,$T2$ 等待 $T1$,产生了死锁。
- 图 9.1(b)中,事务 $T1$ 等待 $T2$,$T2$ 等待 $T3$,$T3$ 等待 $T4$,$T4$ 又等待 $T1$,产生了死锁。
- 图 9.1(b)中,事务 $T3$ 可能还等待 $T2$,在大回路中又有小的回路。

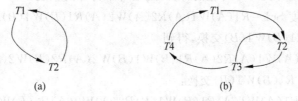

(a)　　　　　　　　　　(b)

图 9.1　事务等待图

事务等待图动态地反映了所有事务的等待情况。并发控制子系统周期性地(比如每隔 1min)生成事务等待图,如果发现图中存在回路,则表示系统中出现了死锁。一旦检测到系统中存在死锁,就要设法解除。通常采用的方法是选择一个处理死锁代价最小的事务,将其撤销,释放此事务占有的所有资源,使其他事务得以继续运行下去。当然,对撤销的事务所执行的数据修改操作必须加以恢复。

9.3 并发调度的可串行性

9.3.1 可串行化调度

计算机系统对并发事务中并发操作的调度是随机的,而不同的调度可能会产生不同的结果,那么哪个结果是正确的,哪个是不正确的呢?

如果一个事务运行过程中没有其他事务同时运行,也就是说它没有受到其他事务的干扰,那么就可以认为该事务的运行结果是正常的或者预想的。因此将所有事务串行起来的调度策略一定是正确的调度策略。虽然以不同的顺序串行执行事务可能会产生不同的结果,但不会将数据库置于不一致状态,所以都是正确的。

多个事务的并发执行是正确的,当且仅当其结果与按某一次序串行地执行它们时的结果相同,我们称这种调度策略为可串行化(Serializable)的调度。

可串行性(Serializability)是并发事务正确性的准则。按这个准则规定,一个给定的并发调度,当且仅当它是可串行化的,才认为是正确调度。

为了保证并发操作的正确性,DBMS的并发控制机制必须提供一定的手段来保证调度是可串行化的。从理论上讲,在某一事务执行时禁止其他事务执行的调度策略一定是可串行化的调度,这也是最简单的调度策略,但这种方法实际上是不可取的,这使用户不能充分共享数据库资源。目前 DBMS 普遍采用封锁方法实现并发操作调度的可串行性,从而保证调度的正确性。

9.3.2 冲突可串行化调度

冲突操作指不同的事务对同一个数据的读写操作和写写操作,除此之外的其他操作都是不冲突操作。一个调度 Sc 在保证冲突操作次序不变的情况下,通过交换两个事务不冲突操作的次序得到另一个调度 Sc',如果 Sc' 是串行的,则调度 Sc 为冲突可串行化的调度。如果一个调度是冲突可串行化的,则一定是可串行化的调度。

假设有一个调度 $Sc1 = R1(A)W1(A)R2(A)W2(A)R1(B)W1(B)R2(B)W2(B)$,

把 $W2(A)$ 与 $R1(B)W1(B)$ 交换,得到

$$R1(A)W1(A)R2(A)R1(B)W1(B)W2(A)R2(B)W2(B)$$

再把 $R2(A)$ 与 $R1(B)W1(B)$ 交换:

$$Sc2 = R1(A)W1(A)R1(B)W1(B)R2(A)W2(A)R2(B)W2(B)$$

Sc2 等价于一个串行调度 $T1, T2$。Sc1 则是一个冲突可串行化的调度。

冲突可串行化调度是可串行化调度的充分条件,但并不是必要条件,也存在不满足冲突可串行化条件的可串行化调度。

例如,$T1 = W1(Y)W1(X), T2 = W2(Y)W2(X), T3 = W3(X)$。

调度 $L1 = W1(Y)W1(X)W2(Y)W2(X)W3(X)$ 是一个串行调度。

调度 $L2 = W1(Y)W2(Y)W2(X)W1(X)W3(X)$ 不满足冲突可串行化。但是调度 $L2$

是可串行化的,因为 $L2$ 执行的结果与调度 $L1$ 相同,Y 的值都等于 $T2$ 的值,X 的值都等于 $T3$ 的值。

通常商用 DBMS 采用封锁机制来实现并发控制,那么如何使封锁机制能够产生可串行化调度呢? 两段锁协议就是一种很重要的可串行化调度实现方法。

9.4 两段锁协议

两段锁协议(Two-Phase Locking,2PL)是最常用的一种封锁协议,指所有事务必须分两个阶段对数据项加锁和解锁。

- 在对任何数据进行读、写操作之前,首先要申请并获得对该数据的封锁;
- 在释放一个封锁之后,事务不再申请和获得任何其他封锁。

两段锁的第一阶段是获得封锁,也称为扩展阶段。在此阶段,事务可以申请获得任何数据项上的任何类型的锁,但是不能释放任何锁。第二阶段是释放封锁,也称为收缩阶段。在这阶段,事务可以释放任何数据项上的任何类型的锁,但是不能再申请任何锁。

需要说明的是,事务遵守两段锁协议是可串行化调度的充分条件,而不是必要条件。也就是说,若并发事务都遵守两段锁协议,则对这些事务的任何并发调度策略都是可串行化的;若只对并发事务的一个调度是可串行化的,则不一定所有事务都符合两段锁协议。

另外要注意两段锁协议和防止死锁的一次封锁法的异同之处。一次封锁法要求每个事务必须一次将所有要使用的数据全部加锁,否则就不能继续执行,因此一次封锁法遵守两段锁协议;但是两段锁协议并不要求事务必须一次将所有要使用的数据全部加锁,因此遵守两段锁协议的事务可能发生死锁。

9.5 封锁的粒度

9.5.1 多粒度封锁

封锁对象的大小称为封锁粒度(Granularity)。封锁对象可以是逻辑单元,也可以是物理单元。以关系数据库为例,封锁对象可以是这样一些逻辑单元。属性值、属性值的集合、元组、关系、索引项、整个索引直至整个数据库;也可以是页(数据页或索引页)、页块等物理单元。

封锁粒度与系统的并发度和并发控制的开销密切相关。直观地看,封锁的粒度越大,数据库所能够封锁的数据单元就越少,并发度就越小,系统开销也越小;反之,封锁的粒度越小,并发度较高,系统开销也就越大。

例如,若封锁粒度是数据页,事务 $T1$ 需要修改元组 $L1$,则 $T1$ 必须对包含 $L1$ 的整个数据页 A 加锁。如果 $T1$ 对 A 加锁后事务 $T2$ 要修改 A 中的元组 $L2$,则 $T2$ 被迫等待,直到 $T1$ 释放 A。如果封锁粒度是元组,则 $T1$ 和 $T2$ 可以同时对 $L1$ 和 $L2$ 加锁,不需要互相等待,提高了系统的并行度。又如,事务 T 需要读取整个表,若封锁粒度是元组,T 必须对表中的每一个元组加锁,显然开销极大。

如果一个系统同时支持多种封锁粒度供不同的事务选择,这种封锁粒度就是比较理想的,称为多粒度封锁(Multiple Granularity Locking)。选择封锁粒度时应该同时考虑封锁开销和并发度两个因素,适当选择封锁粒度以求得最优的效果。一般来说,需要处理大量元组的事务可以以关系为封锁粒度;需要处理多个关系的大量元组的事务可以以数据库为封锁粒度;而对于一个处理少量元组的用户事务,以元组为封锁粒度就比较合适了。

9.5.2　意向锁

意向锁的含义是:对任一结点加锁时,必须先对它的上层结点加意向锁。引进意向锁是为了提高封锁子系统的效率。在多粒度封锁方法中,一个数据对象可能以两种方式加锁——显式封锁和隐式封锁。显式封锁是直接加到数据对象上的封锁;隐式封锁指该数据对象没有独立加锁,是由于其上级结点加锁而使该数据对象加上了锁。系统在对某一数据对象加锁时,不仅要检查该数据对象上有无显式或隐式封锁与之冲突,还要检查所有上级结点和下级结点,看所申请的封锁是否与这些结点上的封锁相冲突。显然,这样的检查方法执行效率很低,所以有必要引进意向锁。

常用的三种意向锁分别是:意向共享锁(Intent Share Lock,IS 锁);意向排他锁(Intent Exclusive Lock,IX 锁);共享意向排他锁(Share Intent Exclusive Lock,SIX 锁)。

1. IS 锁

如果对一个数据对象加 IS 锁,表示它的后裔结点拟(意向)加 S 锁。例如,要对某个元组加 S 锁,则首先要对关系和数据库加 IS 锁。

2. IX 锁

如果对一个数据对象加 IX 锁,表示它的后裔结点拟(意向)加 X 锁。例如,要对某个元组加 X 锁,则首先要对关系和数据库加 IX 锁。

3. SIX 锁

如果对一个数据对象加 SIX 锁,表示对它加 S 锁,再加 IX 锁,即 SIX＝S＋IX。例如对某个表加 SIX 锁,则表示该事务要读整个表(所以要对该表加 S 锁),同时会更新个别元组(所以要对该表加 IX 锁)。

习　题　9

1. 为什么数据库需要进行并发控制?
2. 并发操作会带来哪几类数据的不一致性? 请简述之。
3. 什么是封锁? 基本封锁类型有哪些? 试述它们的含义。
4. 什么是活锁? 什么是死锁? 有哪些死锁预防、诊断或解除方法?
5. 什么是两段锁协议?
6. 什么是意向锁? 为什么要引进意向锁?

第10章 数据库应用程序的开发系统案例分析

案例 酒店住宿及消费管理系统

10.1 需求分析

10.1.1 案例的应用背景

在信息化高度普及的今天,酒店因业务涉及的工作环节不再仅仅是传统的住宿、结账业务,而成为服务性行业的典型代表。酒店作为一个服务性行业,从客房的营销即客人的预订开始,到入住登记直至最后退房结账,整个过程应该能体现以宾客为中心,提供快捷、方便的服务,给宾客一种顾客至上的享受,提高酒店的管理水平,简化各种复杂操作,在最合理最短时间内完成酒店业务规范操作,这才能令旅客舒适难忘,增加宾客回头率。本套酒店管理系统正是为了帮助酒店客房管理人员有效地管理客房,以提高酒店客房办公效率而开发的。

本系统实现了一个简单的酒店住宿及消费管理。在本系统里,主要是对来宾接待、客房的信息、房态以及收银结账的管理。为管理者提供迅速、高效的服务,减少手工处理的烦琐与误差,及时、准确地反映酒店的工作情况、经营情况。

当前,借助于酒店管理信息系统来创造客观的经济效益,已经成为许多酒店的首选。酒店的竞争集中在智能化、信息化等方面。因而,酒店管理系统的设计目标也相应集中在三个方面。为酒店的管理决策者提供及时准确地掌握酒店经营各个环节的信息技术;针对酒店的经营,为节省运营成本、提高运营质量和管理效率的信息化管理和控制技术;直接面对客户提供的信息化服务。具体可以通过以下几个方面来提高酒店的管理效率。

① 为销售方面提供全面、准确的信息数据。

② 为客人提供快捷、细致、周到的服务。

③ 为财务提供严密的账务系统。

④ 具有处理各种复杂情况的能力。

⑤ 为领导决策提供强有力的支持。

因此,开发这样一套软件是很有必要的事情,对于我们计算机专业即将毕业的学生来说,也是将计算机应用于现实的一次很有意义的实践活动。

10.1.2 系统可行性分析

可行性分析也称为可行性研究,是在系统调查的基础上,针对新系统的开发是否具备必要性和可能性,对新系统的开发从技术、经济、社会的方面进行分析和研究,以避免投资失误,保证新系统的开发成功。可行性研究的目的就是用最小的代价在尽可能短的时间内确定问题是否能够解决。该系统的可行性分析包括以下几个方面的内容。

1. 技术可行性

酒店住宿及消费管理系统将先进的电脑技术与现代酒店服务管理完美地结合起来,实现了住宿、消费全新概念的服务和管理方式。技术上的可行性分析主要分析技术条件能否顺利完成开发工作,硬、软件能否满足开发者的需要等。本系统主要采用了 VS 2005 和 SQL Server 2005 进行相关的开发,而 VS 2005 是面向对象的可视化软件开发工具,其编程平台对数据库的访问做了很好的封装,数据库接口的转换只需动态更改控件的相关属性即可;另考虑到 SQL Server 数据库服务器用户,亦提供 SQL Server 数据库接口,微软公司的 SQL Server 数据库能够处理大量数据,同时保持数据的完整性并提供许多高级管理功能。它的灵活性、安全性和易用性为数据库编程提供了良好的条件。

2. 经济可行性

随着旅游业的发展,酒店住宿、消费行业日趋发达,全方位的计算机服务和计算机管理日益流行。同时,酒店管理行业引入计算机服务和管理也取得了优良的经济效益和社会效益。而这些计算机的费用对整个酒店住宿及消费管理系统来说并不是一个很重要的负担。本系统作为一个课程设计项目,不需要任何经费,对于我们学校在经济上是完全没有问题的。而且本系统正式使用后,将会大大地提高酒店住宿管理的效率,因此开发本系统是可行的。

3. 操作可行性

本系统采用 C♯ 语言开发,使用 VS 2005 作为开发平台,后台数据库使用 SQL Server 2005 建立。我们所做的系统是为酒店管理人员开发的,所有设定的用户对象是酒店的工作人员,而且我们设计了友好的界面,同时写出了详细的使用说明,用户只需懂得简单的计算机操作知识就能自由应用本软件。

4. 结论

经分析本系统满足以上几个方面的要求,所以开发本系统是完全可行的。

10.1.3 系统的设计目标

系统开发的总体任务是实现酒店住宿及消费管理的系统化、规范化、自动化、简便化,从而达到提高酒店住宿管理效率的目的。

10.1.4 具体系统的业务过程及功能要求

通过对酒店管理的实际调查分析,得到以下业务流程图。

① 酒店管理系统总业务流程图,如图 10.1 所示。

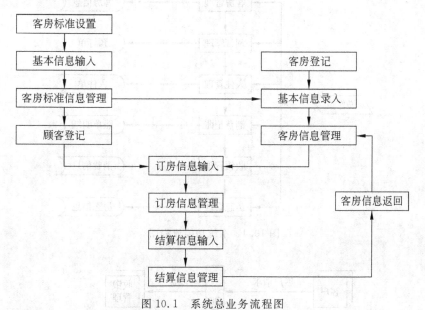

图 10.1　系统总业务流程图

② 管理员的操作业务流程,如图 10.2 所示。

③ 客房预订业务流程图,如图 10.3 所示。

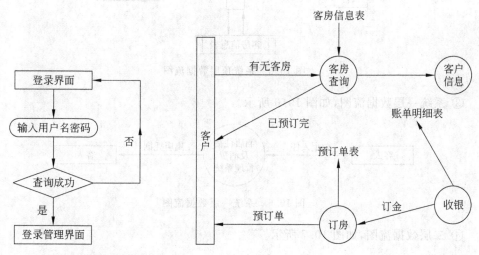

图 10.2　管理员的操作业务流程图　　　　　图 10.3　客房预订业务流程图

10.1.5　数据流图

1. 数据流程图

① 系统功能流程图,如图 10.4 所示。

② 系统顶层数据流图,如图 10.5 所示。

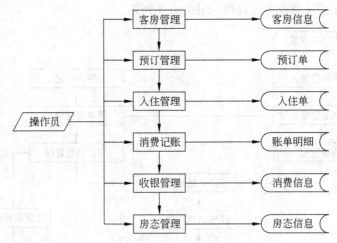

图 10.4　系统功能流程图

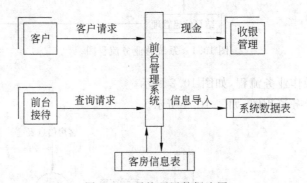

图 10.5　系统顶层数据流图

③ 系统一层数据流图，如图 10.6 所示。

图 10.6　系统一层数据流图

④ 二层数据流图，如图 10.7 所示。

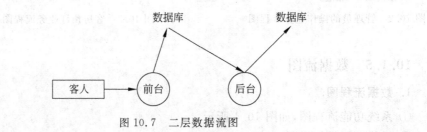

图 10.7　二层数据流图

⑤ 系统信息数据流图,如图 10.8 所示。

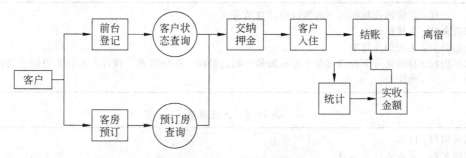

图 10.8 系统信息数据流图

2. 系统的数据字典

(1) 数据流的描述

数据的描述如表 10.1～表 10.8 所示。

表 10.1 操作员表

数据流编号：D-01
数据流名称：授予权限
简　　　述：系统管理员提出权限设置请求
数据流来源：系统管理员
数据流去向：权限设置模块
数据项组成：管理员用户工号＋普通用户工号＋权限

表 10.2 操作员表

数据流编号：D-02
数据流名称：密码修改
简　　　述：修改系统用户的密码
数据流来源：系统管理员
数据流去向：密码修改模块
数据项组成：用户工号＋旧密码＋新密码

表 10.3 预订单表

数据流编号：D-03
数据流名称：录入预订单信息
简　　　述：客户预订客房,操作员登记预订单信息
数据流来源：客户需求信息
数据流去向：生成的预订单
数据项组成：身份证号＋客房类型＋客房编号＋到达时间＋单据状态＋预订人＋联系电话＋备注＋
　　　　　　操作员

表 10.4 预订单表

数据流编号：D-04
数据流名称：预订单信息查询

简　　　述：系统操作员提出查询预订单信息请求	
数据流来源：系统操作员	
数据流去向：生成的预订单	
数据项组成：身份证号＋客房类型＋客房编号＋到达时间＋单据状态＋预订人＋联系电话＋备注＋操作员	

表 10.5　入住单表

数据流编号：D-05

数据流名称：录入入住单信息

简　　　述：客户入住，操作员登记入住信息

数据流来源：客户需求信息

数据流去向：生成的入住单

数据项组成：入住单号＋身份证号＋客房类型＋客房编号＋客房价格＋到达时间＋离店时间＋入住人＋联系电话＋押金＋单据状态＋操作员＋备注说明

表 10.6　入住单表

数据流编号：D-06

数据流名称：入住单信息查询

简　　　述：系统操作员提出查询入住单信息请求

数据流来源：系统操作员

数据流去向：生成的入住单

数据项组成：入住单号＋身份证号＋客房类型＋客房编号＋客房价格＋到达时间＋离店时间＋入住人＋联系电话＋押金＋单据状态＋操作员＋备注说明

表 10.7　账单明细表

数据流编号：D-07

数据流名称：费用管理

简　　　述：输入客户身份证号，记录客户交费

数据流来源：系统操作员

数据流去向：账单明细

数据项组成：账单编号＋身份证号＋住宿费＋娱乐消费＋餐饮消费＋损坏赔偿费＋应收款＋实收款＋操作员＋单据状态＋备注

表 10.8　账单明细表

数据流编号：D-08

数据流名称：账单查询

简　　　述：输入客户身份证号或账单编号，显示客户账单详细信息

数据流来源：系统操作员

数据流去向：账单明细

数据项组成：账单编号＋身份证号＋住宿费＋娱乐消费＋餐饮消费＋损坏赔偿费＋应收款＋实收款＋操作员＋单据状态＋备注

（2）处理过程的描述

处理过程的描述如表 10.9～表 10.16 所示。

表 10.9 操作员表

处 理 过 程 编 号：P-01
处 理 过 程 名 称：授予权限
简　　　述：为相应的用户设置相应的权限
输 入 数 据 流：用户工号
处 理 描 述：系统管理员在添加新操作员时设置操作员权限
输 出 数 据 流：操作员表
最 高 流 量：1人/秒
平 均 流 量：1人/秒

表 10.10 操作员表

处 理 过 程 编 号：P-02
处 理 过 程 名 称：密码修改
简　　　述：修改系统操作员的密码
输入的数据流：系统用户工号
处 理 描 述：管理员登录系统，进入修改密码模块，输入旧密码，输入两次新密码，确认提交。
输出的数据流：用户的新密码
最 高 流 量：10人/秒
平 均 流 量：5人/秒

表 10.11 预订单表

处 理 过 程 编 号：P-03
处 理 过 程 名 称：录入预订单信息
简　　　述：客户预订，系统操作员登记预订单基本信息
输入的数据流：客户预订信息
处 理 描 述：根据客户提供的信息，填写预订单信息表，确认提交，存储到数据库
输出的数据流：预订单
最 高 流 量：100张/秒
平 均 流 量：50张/秒

表 10.12 预订单表

处 理 过 程 编 号：P-04
处 理 过 程 名 称：预订单信息查询
简　　　述：系统操作员提出查询预订单信息请求
输入的数据流：身份证号
处 理 描 述：输入身份证号，提交，查询显示出预订单的信息
输出的数据流：预订单
最 高 流 量：100张/秒
平 均 流 量：50张/秒

表 10.13 入住单表

处 理 过 程 编 号：P-05
处 理 过 程 名 称：录入入住单信息
简　　　述：客户入住，系统操作员登记入住单基本信息
输入的数据流：入住单号或身份证号

处 理 描 述：根据客户提供的信息填写入住单信息表，确认提交，存储到数据库
输出的数据流：入住单
最 高 流 量：100 张/秒
平 均 流 量：50 张/秒

表 10.14　入住单表

处理过程编号：P-06
处理过程名称：入住单信息查询
简　　　　　述：系统操作员提出查询入住单信息请求
输入的数据流：身份证号
处 理 描 述：输入客户身份证号或入住单号，提交，查询显示出入住单的信息
输出的数据流：入住单
最 高 流 量：100 张/秒
平 均 流 量：50 张/秒

表 10.15　账单明细表

处理过程编号：P-07
处理过程名称：费用管理
简　　　　　述：输入身份证号，记录客户的消费账单
输入的数据流：系统操作员
处 理 描 述：输入身份证号，根据客户实际消费情况，登记账单明细
输出的数据流：账单明细
最 高 流 量：100 张/秒
平 均 流 量：50 张/秒

表 10.16　账单明细表

处理过程编号：P-08
处理过程名称：账单查询
简　　　　　述：输入客户的账单编号或身份证号，显示客户消费账单
输入的数据流：客户账单编号或身份证号
过 程 描 述：输入客户账单编号或身份证号，显示出数据库中客户的账单详情
输出的数据流：账单明细
最 高 流 量：100 张/秒
平 均 流 量：80 张/秒

10.2　数据库设计

10.2.1　概念结构设计

如图 10.9 所示是酒店住宿消费管理系统总体 E-R 图。
如图 10.10～图 10.15 所示是分 E-R 图。

总E-R图

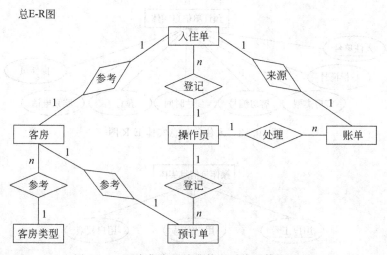

图 10.9 酒店住宿及消费管理系统总体 E-R 图

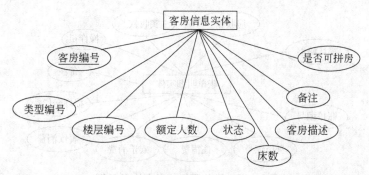

图 10.10 预订单信息实体 E-R 图

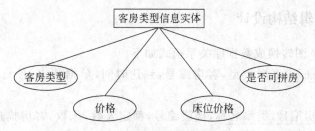

图 10.11 客房类型信息实体 E-R 图

图 10.12 预订单信息实体 E-R 图

图 10.13 入住单信息实体 E-R 图

图 10.14 操作员信息实体 E-R 图

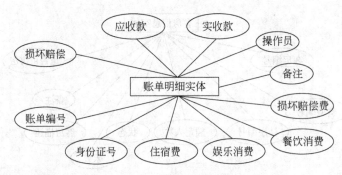

图 10.15 账单明细信息实体 E-R 图

10.2.2 逻辑结构设计

把系统的 E-R 图转换成数据库关系模式如下。

预订单(身份证号,客房类型,客房编号,到达时间,单据状态,预订人,联系电话,备注,操作员)

客房信息(客房编号,类型名称,楼层编号,额定人数,床数,客房描述,备注,状态,是否可拼房)

入住单(入住单号,身份证号,客房类型,客房编号,客房价格,到达时间,离店时间,入住人,联系电话,押金,单据状态,操作员,备注说明)

客房类型(类型名称,价格,床位价格,是否可拼房)

账单明细(账单编号,身份证号,住宿费,娱乐消费,餐饮消费,损坏赔偿费,应收款,实收款,操作员,单据状态,备注)

管理员表(用户工号,用户密码,用户权限)

数据库中的关系表如表 10.17～表 10.22 所示。

表 10.17 "预订单"数据表

列名	数据类型	允许空
身份证号	Varchar(50)	☐
客房类型	Varchar(20)	☐
客房编号	Varchar(12)	☑
到达时间	Smalldatetime	☐
单据状态	Varchar(50)	☑
预订人	Varchar(50)	☑
联系电话	Varchar(50)	☑
备注	Varchar(500)	☑
操作员	Varchar(20)	☐
		☐

注：此表已达到 BCNF 范式。

表 10.18 "客房信息表"数据表

列名	数据类型	允许空
客房编号	Varchar(12)	☐
类型名称	Varchar(20)	☐
楼层编号	Nvarchar(20)	☐
额定人数	Int	☐
床数	Int	☐
客房描述	Nvarchar(60)	☑
备注	Nvarchar(100)	☑
状态	Nvarchar(4)	☑
是否可拼房	bit	☑
		☐

注：此表已达到 BCNF 范式。

表 10.19 "入住单表"数据表

列名	数据类型	允许空
入住单号	Int	☐
身份证号	Varchar(50)	☐
客房类型	Varchar(20)	☐
客房编号	Varchar(12)	☐
客房价格	Money	☐
到达时间	Smalldatetime	☐
离店时间	Smalldatetime	☑
入住人	Varchar(20)	☑
联系电话	Varchar(40)	☑
押金	Money	☑
单据状态	Varchar(50)	☑
操作员	Varchar(20)	☐
备注说明	Varchar(500)	☑
		☐

注：此表已达到 BCNF 范式。

表 10.20 "客房类型"数据表

列名	数据类型	允许空
类型名称	Varchar(20)	☐
价格	Money	☑
床位价格	Money	☑
是否可拼房	bit	☑
		☐

注：此表已达到 3NF 范式。

表 10.21 "操作员"数据表

列名	数据类型	允许空
用户工号	Varchar(20)	☐
用户密码	Varchar(20)	☐
用户权限	Varchar(20)	☐
		☐

注：此表已达到 3NF 范式。

表 10.22 "账单明细"数据表

列名	数据类型	允许空
账单编号	Int	☐
身份证号	Varchar(30)	☐
住宿费	Money	☐
娱乐消费	Money	☑
餐饮消费	Money	☑
损坏赔偿费	Money	☑
应收款	Money	☐
实收款	Money	☑
操作员	Varchar(20)	☐
单据状态	Varchar(20)	☑
备注	Varchar(500)	☑
		☐

注：此表已达到 BCNF 范式。

10.2.3 物理设计

数据库在物理设备上的存储结构与存取方法称为数据库的物理结构，它依赖于选定的数据库管理系统。为一个给定的逻辑数据模型选取一个最适合的应用要求的物理结构的过程，就是数据库的物理设计。

数据库物理设计的内容包括为关系模型选择存取方法；设计关系、索引等数据库文件的物理存储结构。还要对物理结构进行评价，评价的重点是时间和空间效率。

1. 关系模式存取方法的选择

确定数据库的存取方法,就是确定建立哪些存储路径以实现快速存取数据库中的数据。现行的 DBMS 一般都提供了多种存取方法,如索引法、Hash 法等。我们为数据库中各基本表都建立了相应的索引(代码略)。为实现级联式删除而建立的触发器代码如下。

```
USE [酒店住宿及消费管理系统]
GO
CREATE TRIGGER [dbo].[tri_客房类型_del]
ON [dbo].[客房类型]
FOR DELETE
AS
DELETE FROM 客房信息 WHERE 类型名称=(SELECT 类型名称 FROM deleted)
```

2. 确定数据库的存储结构

由于不同 PC 所安装的数据库软件位置不一定相同,所以数据文件与日志文件的存放位置也不一定相同。我们存放数据文件与日志文件的位置在 C:\Program Files\Microsoft SQL Server\MSSQL.1\MSSQL\Data。

3. 数据库关系图

在 SQL Server 上建立的该数据库的 6 张表之间的关系图如图 10.16 所示。

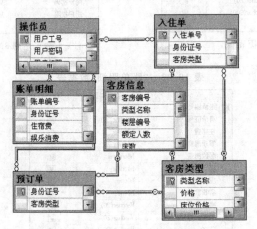

图 10.16　数据库关系图

10.3　案例的应用程序设计

10.3.1　总体设计

本系统主要有 4 大模块:初始化设置、业务管理、房态管理、系统管理,详细功能如下。

① 初始化管理。房态类型设置、客房信息设置。

② 业务管理。预订管理、入住管理、消费管理、收银管理。

③ 房态管理。管理酒店当前房态,并保持更新。

④ 系统管理。系统退出、数据备份、数据还原。

本酒店住宿及消费管理系统包含如图 10.17 所示的功能。

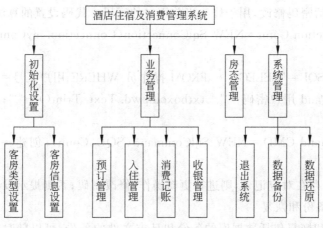

图 10.17　系统功能模块图

10.3.2　初始用户界面设计

1. 用户登录模块界面

本用户界面分管理员和普通用户,如图 10.18 所示,输入用户工号和密码即可登录界面。

2. 预订单添加模块界面

由系统管理员将客户预订房间的信息添加到如图 10.19 所示的预订单中。

图 10.18　用户登录

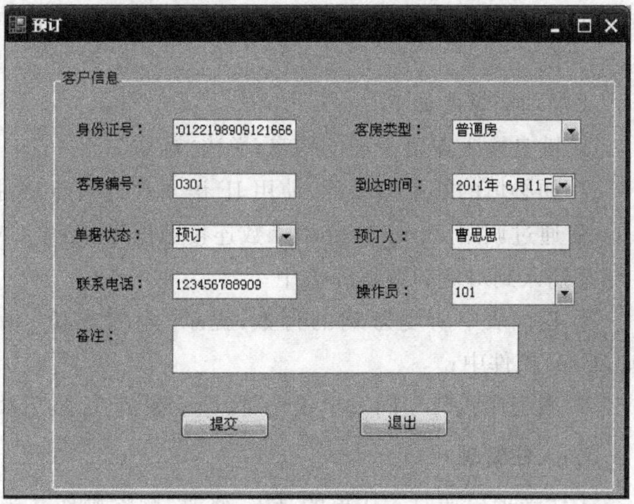

图 10.19　预订单添加

10.3.3　系统功能模块设计

1. 系统设置

（1）密码修改

系统设置包括密码修改，用于修改当前用户的密码。代码设置的算法如下。

① SqlConnection Conn＝NEW SqlConnection(Connection. myConnString)；连接数据库；

② STRING SQL＝"SELECT ＊ FROM 操作员 WHERE 用户工号＝'"＋txtboxName. Text. Trim()＋"'and 用户密码＝'"＋txtboxoldpwd. Text. Trim()＋"'"；根据条件查询数据库中的记录；

③ SqlCommand CMD＝NEW SqlCommand(SQL,Conn)；创建一个 SqlCommand 命令；

④ 如果表中存在对应记录，则进行更新操作，修改密码；否则提示没有此用户。

（2）数据库备份和恢复

数据库备份和恢复包括数据库的备份和日志文件的备份，可以随时将数据备份到硬盘或 U 盘保存，以免以后系统出现故障，可以借助这些备份文件进行恢复。当数据丢失或出现其他故障后，可以从备份文件恢复数据。

（3）权限管理

权限管理用于设置服务员或是管理员，根据权限不同，所拥有的操作权限不同。

（4）退出

退出该酒店住宿及消费管理信息系统。

2. 预订管理

预订管理包括对预订单的录入、修改、删除操作以及取消预订操作。当加载预订单管理页面时，将数据库中的数据显示在 DataGrid 控件中，可以根据不同查询条件查询需要的预订单。

添加功能算法如下。

① 键盘输入需要添加的信息，单击"确定"；

② 如必填的有未填写的，使用 IF 语句进行判断，会提示"请输入完整信息"；

③ 通过调用 Connection()函数连接数据库，创建 CMD 命令，执行 SQL 语句，将所添加信息插入到对应的数据库表中；

④ 返回表中所受影响的行数，提示"添加成功"并将所添加内容填充到主界面的 DataGrid 控件中；

⑤ 当程序执行期间发生错误时，显示该错误，最后释放资源对象 CMD。

3. 入住管理

入住管理包括对入住单的录入、修改、删除操作。当加载入住管理页面时，将数据库中的数据显示在 DataGrid 控件中，可以根据不同查询条件查询客户的入住单。

修改功能算法如下。

① 键盘输入所需修改的项,单击"修改";

② 如必填的有未填写的,使用 IF 语句进行判断,会提示"请输入完整信息";

③ 通过调用 Connection()函数连接数据库,创建 CMD 命令,执行 SQL 语句,将所更新信息更新至数据库对应的数据表中;

④ 返回表中所受影响的行数,提示"修改成功"并将所添加内容填充到主界面的 DataGrid 控件中;

⑤ 当程序执行期间发生错误时,显示该错误,最后释放资源对象 CMD。

4. 房态管理

由于客户预订客房和入住时,要查看房间的当前状态,该功能用于显示当前酒店中所有房间的状态,并保持即时更新,其功能算法如下。

① 设置房态图,画一个 16×4 的表格,显示房态图;

② 设置一个更改房态信息的按钮更新房态信息。

5. 消费管理

账单查询。可以根据输入的身份证号或账单编号查询客户的消费情况以及删除废弃的账单。

删除功能算法如下。

① 根据文本框中的条件,单击"删除",删除对应条件的记录信息;

② 使用 IF 语句进行判断删除条件是否为空;

③ 通过调用 Connection()函数连接数据库,创建 CMD 命令,执行 SQL 语句,删除数据表中对应的记录;

④ 返回表中所受影响的行数,提示"删除成功"并将所删除以后的内容填充到主界面的 DataGrid 控件中;

⑤ 当程序执行期间发生错误时,显示该错误,最后释放资源对象 CMD。

6. 收银管理

退房结算。客户退房消费结算。

计算实收款的算法如下。

① 录入应收款、退房房号以及退房人的身份证号;

② 通过调用 Connection()函数连接数据库,创建 CMD 命令,执行 SQL 语句,根据身份证号对应到数据库中的记录;

③ 本系统设定好了三种用户。普通用户不打折、一般会员 9.5 折、VIP 用户 9 折,单击"计算"按钮,生成实收款,并将对应的客房房态更新为"空房",更新到数据库的数据表中。

7. 登录模块

登录界面分为管理员和服务员两类用户登录,前面已经出现过此图,此处略。

10.4　系　统　实　现

10.4.1　各用户界面的实现

如图 10.20 所示为系统的主界面图。主界面图有系统的总功能描述。

图 10.20　系统主界面

系统主界面中添加了一个 toolStrip 控件,在此控件中设置了 11 个 toolStripButton 按钮,用于单击加载对应的功能模块界面。

10.4.2　C♯访问数据库的方式

本系统是通过 C♯语句进行连接的,因为使用的是 SQL Server 2005,所以连接的时候先用数据库连接字符串,建立一个数据库连接类:Connection.cs。进行连接的字符串语句如下。

```
class Connection
  { public static string myConnString
    { get { return "Data Source=.;Initial Catalog=酒店住宿及消费管理系统;
         Integrated Security =SSPI"; }
    }
  }
```

注:
① 这里的 Data Source 或 Server 表示数据源所在的计算机名称或 IP 地址,可以互换。
② Initial Catalog 表示连接的数据库名称,可写为 database。
③ Integrated Security 表示是否要对集成身份验证。
④ 如果使用的是混合验证,需要提供用户名 user id 和密码 password 字段。
上面是用本地连接对数据库进行连接的,在连接之前要先在 Connection.cs 文件开头处添加命名空间 using System.data.sqlclient。

10.4.3 与 SQL Server 数据库的连接

1. CREATE DATABASE 创建数据库

```
CREATE DATABASE [酒店住宿及消费管理系统] ON PRIMARY
( NAME=N'酒店住宿及消费管理系统', FILENAME=N'C:\Program Files\Microsoft SQL
  Server\MSSQL.1\MSSQL\DATA\酒店住宿及消费管理系统.mdf',SIZE=2240KB,MAXSIZE=
  UNLIMITED, FILEGROWTH=1024KB)
LOG ON
( NAME=N'酒店住宿及消费管理系统_log', FILENAME=N'C: \Program Files\Microsoft
  SQL Server\MSSQL.1\MSSQL\DATA\酒店住宿及消费管理系统_log.LDF',SIZE=832KB,
  MAXSIZE=2048GB,FILEGROWTH=10%)
GO
```

2. CREATE TABLE 创建表

```
CREATE TABLE [dbo].[客房类型](
    [类型名称] [Varchar](20) NOT NULL,
    [价格] [Money] NULL,
    [床位价格] [Money] NULL,
    [是否可拼房] [bit] NULL,
CONSTRAINT [PK_客房类型_1] PRIMARY KEY CLUSTERED
(
    [类型名称] ASC
)WITH (PAD_INDEX=OFF, STATISTICS_NORECOMPUTE =OFF, IGNORE_DUP_KEY=OFF,
ALLOW_ROW_LOCKS =ON, ALLOW_PAGE_LOCKS =ON) ON [PRIMARY]
) ON [PRIMARY]
```

3. 接连字符串

Connection 对象最重要的属性是连接字符串 myConnString，这也是 Connection 对象唯一的非只读属性，用于提供登录数据库和指向特定数据库所需的信息，格式如下。

```
Connectionstring ="Data Source =.; Initial Catalog =酒店住宿及消费管理系统;
Integrated Security=SSPI;"
```

Data Source 指定服务器名，Initial Catalog 指定数据库的名字，Integrated Security 指明访问它的一种安全机制。

4. 创建并使用连接对象

在定义了连接字符串之后，即可进行连接，要先加载头文件 using System. data. sqlclient。

```
SqlConnection Con=NEW SqlConnection(myConnString);
```

连接数据库的两个主要方法是 open()和 close()。open 方法使用 myConnString 属性中的信息联系数据源，并建立一个打开的连接。而 close 方法是关闭已打开的连接。

10.4.4 主要程序代码的实现

1. 数据库连接代码

建立一个数据库连接类 Connection.cs。

```
class Connection
{
  public static string myConnString
  {
    get { return "Data Source=.;Initial Catalog=酒店住宿及消费管理系统;
    Integrated Security=SSPI"; }
  }
/*关于 SQL 连接语句中的 Integrated Security=SSPI 解决方法
即 Security Support Provider Interface。
设置 Integrated Security 为 True 的时候,连接语句前面的 userid,password 是不起作用
的,即采用 Windows 身份验证模式。只有设置为 False 或省略该项的时候,才按照 userid,
password 来连接。Integrated Security 可以设置为 True,False,Yes,No,还可以设置为
SSPI,相当于 True,建议用这个代替 True。*/
}
```

2. 登录模块代码

```
public partial class Login : Form
  {
    public Login()
    {
      InitializeComponent();
    }
    private void Login_FormClosed(object sender, FormClosedEventArgs e)
    {
      Application.Exit();
    }
    int count=1;
    private void btnsure_Click(object sender, EventArgs e)
    {
    if ((txtboxname.Text.Trim()=="") || (txtboxpwd.Text.Trim()=="") ||
    (usecombox1.Text.Trim()==""))
      {
        MessageBox.Show("请输入完整信息", "提示", MessageBoxButtons.OK,
        MessageBoxIcon.Warning);
        txtboxname.Focus();
      }
    else
      {
```

```
string constr= "Data Source= .; Initial Catalog=酒店住宿及消费管理系统;
Integrated Security=True ";
SqlConnection con=new SqlConnection(constr);
cn.Open();
SqlCommand cmd=new SqlCommand("select * from 操作员 where 用户工号=
@userid and 用户密码=@password and 用户权限=@userpower", cn);
        SqlParameter myuserid=new SqlParameter();
        myuserid.ParameterName="@userid";
        myuserid.Value=txtboxname.Text;
        cmd.Parameters.Add(myuserid);
        SqlParameter mypsw=new SqlParameter();
        mypsw.ParameterName="@password";
        mypsw.Value=txtboxpwd.Text;
        cmd.Parameters.Add(mypsw);
        SqlParameter mypower=new SqlParameter();
        mypower.ParameterName="@userpower";
        mypower.Value=usecombox1.Text;
        cmd.Parameters.Add(mypower);
        SqlDataReader cc=cmd.ExecuteReader();
        if (cc.Read())
        {
        name=cc["用户工号"].ToString();
        power=cc["用户权限"].ToString();
        Hide();
        }
        else
        {
          if (count <=3)
          {
            label4.Text="输入的用户名、密码或权限有误!";
            label4.Visible=true;
            txtboxpwd.Focus();
          }
          else
          {
            MessageBox.Show("你的输入已超过最大限度,退出系统…");
            Application.Exit();
          }
        }
        cc.Close();
        cn.Close();
        count++;
    }
}
```

```
        private string name;
        private string power;
        public string what
        {
            get
            {
                return name;
            }
        }
        public string ppower
        {
            get
            {
                return power;
            }
        }
    private void btnclose_Click_1(object sender, EventArgs e)
    {
        this.Close();
    }
}
```

3. 主页面代码

```
public partial class MainForm : Form
{
    public MainForm()
    {
        InitializeComponent();
    }
    private void MainForm_Load(object sender, EventArgs e)
    {
        Login login=new Login();
        login.ShowDialog();
    }
    Private void toolStrip1_ItemClicked(object sender,ToolStripItemClickedEventArgs e)
    {
        switch (toolStrip1.Items.IndexOf(e.ClickedItem))
        {
            case 0:
            Form my客房类型设置=new 客房类型设置();
            for (int x=0; x <this.MdiChildren.Length; x++)
            {
                Form tempChild= (Form)this.MdiChildren[x];
                tempChild.Close();
```

```
}
my 客房类型设置 .MdiParent=this;
my 客房类型设置 .WindowState=FormWindowState.Maximized;
my 客房类型设置 .Show();
break;
case 2:
Form my 客房信息设置=new 客房信息设置 ();
for (int x=0; x <this.MdiChildren.Length; x++)
{
  Form tempChild= (Form)this.MdiChildren[x];
  tempChild.Close();
}
my 客房信息设置 .MdiParent=this;
my 客房信息设置 .WindowState=FormWindowState.Maximized;
my 客房信息设置 .Show();
break;
case 4:
Form my 预订管理=new 预订管理 ();
for (int x=0; x <this.MdiChildren.Length; x++)
{
  Form tempChild= (Form)this.MdiChildren[x];
  tempChild.Close();
}
my 预订管理 .MdiParent=this;
my 预订管理 .WindowState=FormWindowState.Maximized;
my 预订管理 .Show();
break;
case 6:
Form my 入住管理=new 入住管理 ();
for (int x=0; x <this.MdiChildren.Length; x++)
{
  Form tempChild= (Form)this.MdiChildren[x];
  tempChild.Close();
}
my 入住管理 .MdiParent=this;
my 入住管理 .WindowState=FormWindowState.Maximized;
my 入住管理 .Show();
break;
case 8:
Form my 消费记账=new 消费记账 ();
for (int x=0; x <this.MdiChildren.Length; x++)
{
  Form tempChild= (Form)this.MdiChildren[x];
  tempChild.Close();
```

```
          }
          my 消费记账.MdiParent=this;
          my 消费记账.WindowState=FormWindowState.Maximized;
          my 消费记账.Show();
          break;
          case 10:
          Form my 收银管理=new 收银管理();
          for (int x=0; x<this.MdiChildren.Length; x++)
          {
            Form tempChild= (Form)this.MdiChildren[x];
            tempChild.Close();
          }
          my 收银管理.MdiParent=this;
          my 收银管理.WindowState=FormWindowState.Maximized;
          my 收银管理.Show();
          break;
          case 12:
          Form my 房态管理=new 房态管理(0);
          for (int x=0; x<this.MdiChildren.Length; x++)
          {
            Form tempChild= (Form)this.MdiChildren[x];
            tempChild.Close();
          }
          my 房态管理.MdiParent=this;
          my 房态管理.WindowState=FormWindowState.Maximized;
          my 房态管理.Show();
          break;
          case 14:
          Form my 系统管理=new 系统管理 ();
          for (int x=0; x<this.MdiChildren.Length; x++)
          {
            Form tempChild= (Form)this.MdiChildren[x];
            tempChild.Close();
          }
          my 系统管理.MdiParent=this;
          my 系统管理.WindowState=FormWindowState.Maximized;
          my 系统管理.Show();
          break;
          case 16:
          Form my 数据备份=new 数据备份();
          for (int x=0; x<this.MdiChildren.Length; x++)
          {
            Form tempChild= (Form)this.MdiChildren[x];
            tempChild.Close();
```

```
      }
      my 数据备份.MdiParent=this;
      my 数据备份.WindowState=FormWindowState.Maximized;
      my 数据备份.Show();
      break;
      case 18:
      Form my 数据还原=new 数据还原();
      for (int x=0; x <this.MdiChildren.Length; x++)
      {
        Form tempChild= (Form)this.MdiChildren[x];
        tempChild.Close();
      }
      my 数据还原.MdiParent=this;
      my 数据还原.WindowState=FormWindowState.Maximized;
      my 数据还原.Show();
      break;
      case 20:
      this.Close();
      break;
    }
  }
}
```

4. 添加功能代码(添加客房类型)

```
public partial class 客房类型添加 : Form
  {
  public 客房类型添加()
  {
    InitializeComponent();
  }
  private void btnSure_Click(object sender, EventArgs e)
  {
    if (textBox3.Text=="" || textBox1.Text==""||textBox1.Text=="")
    {
    MessageBox.Show("请输入完整信息", "提示", MessageBoxButtons.OK,
    MessageBoxIcon.Warning);
    textBox1.Focus();
    }
    else
    {
    SqlConnection Conn=new SqlConnection(Connection.myConnString);
    Conn.Open();
    string sql="select * from 客房类型 where 类型名称='"+textBox3.Text.Trim()+"'";
    SqlCommand cmd=new SqlCommand(sql, Conn);
```

```
        if (null==cmd.ExecuteScalar())
        {
          sql="insert into 客房类型 values('"+textBox3.Text.Trim()+"','"+
          Convert.ToUInt32(textBox1.Text.Trim())+"','"+Convert.ToUInt32
          (textBox2.Text.Trim())+"','"+(checkBox1.Checked? 1 : 0)+"')";
          cmd.CommandText=sql;
          cmd.ExecuteNonQuery();
          MessageBox.Show("添加成功!", "提示");
          textBox3.Text="";
          textBox1.Text="";
          textBox2.Text="";
          checkBox1.Text="";
        }
        else
        {
          MessageBox.Show("已有该类型的客房!", "提示");
          textBox3.Text="";
          textBox3.Focus();
        }
        Conn.Close();
        }
    }
  private void btnCancle_Click(object sender, EventArgs e)
  {
    this.Close();
  }
}
```

5. 删除功能代码（按客房编号删除客房信息）

```
private void btnSure_Click(object sender, EventArgs e)
  {
    if (textBox1.Text.Trim()=="")
    {
    MessageBox.Show("请输入所要删除的客房编号!", "提示", MessageBoxButtons.OK,
    MessageBoxIcon.Warning);
    textBox1.Focus();
    }
    else
    {
    SqlConnection Conn=new SqlConnection(Connection.myConnString);
    Conn.Open();
    string sql="select * from 客房信息 where 客房编号='"+textBox1.Text.Trim()+"'";
    SqlCommand cmd=new SqlCommand(sql, Conn);
    if (null !=cmd.ExecuteScalar())
```

```
    {
      sql="delete from 客房信息 where 客房编号='"+textBox1.Text.Trim()+"'";
      cmd.CommandText=sql;
      cmd.ExecuteNonQuery();
      MessageBox.Show("删除成功!","提示");
    }
    else
    {
      MessageBox.Show("没有此客房信息!","提示");
      textBox1.Text="";
      textBox1.Focus();
    }
    Conn.Close();
  }
}
```

6. 修改功能代码(修改入住单信息)

```
public partial class 入住单修改 : Form
{
  public 入住单修改()
  {
    InitializeComponent();
  }


  private void btnAdd_Click(object sender, EventArgs e)
  {
    if (textBox1.Text.Trim()=="" || comboBox1.Text.Trim()=="" || textBox1.
    Text=="" || textBox2.Text=="" || textBox3.Text=="")
    {
      MessageBox.Show("请输入完整信息","提示",MessageBoxButtons.OK,
      MessageBoxIcon.Warning);
      textBox1.Focus();
    }
    else
    {
    SqlConnection Conn=new SqlConnection(Connection.myConnString);
    Conn.Open();
    string sql="select * from 入住单 where 身份证号='"+textBox1.Text.Trim()+"'";
    SqlCommand cmd=new SqlCommand(sql, Conn);
    if (null !=cmd.ExecuteScalar())
    {
      sql="update 入住单 set 身份证号='"+textBox1.Text.Trim()+"',客房类型=
      '"+comboBox1.Text.Trim()+"',客房编号='"+textBox2.Text.Trim()+"',
      客房价格='"+Convert.ToInt32(textBox10.Text.Trim())+"',到达时间=
```

```
                    '"+Convert.ToDateTime(dateTimePicker1.Value)+"',离店时间=
                    '"+Convert.ToDateTime(dateTimePicker2.Value)+"',入住人=
                    '"+textBox3.Text.Trim()+"',联系电话='"+textBox4.Text.Trim()+"',
                    押金='"+Convert.ToUInt32(textBox5.Text.Trim())+"',单据状态=
                    '"+textBox7.Text.Trim()+"',操作员='"+textBox8.Text.Trim()+"',
                    备注说明='"+textBox7.Text.Trim()+"'where 身份证号=
                    '"+textBox1.Text.Trim()+"'";
                    cmd.CommandText=sql;
                    cmd.ExecuteNonQuery();
                    MessageBox.Show("修改成功!","提示");
                    textBox1.Text="";
                    comboBox1.Text="";
                    textBox2.Text="";
                    textBox3.Text="";
                    textBox4.Text="";
                    textBox5.Text="";
                    textBox7.Text="";
                    textBox8.Text="";
                    textBox9.Text="";
                    textBox10.Text="";
                    textBox1.Focus();
                }
            else
            {
                MessageBox.Show("无此预订单信息!","提示");
                textBox1.Text="";
                comboBox1.Text="";
                textBox2.Text="";
                textBox3.Text="";
                textBox4.Text="";
                textBox5.Text="";
                textBox7.Text="";
                textBox8.Text="";
                textBox9.Text="";
                textBox10.Text="";
                textBox1.Focus();
                }
            Conn.Close();
        }
```

7. 数据库备份代码

```
public partial class 数据备份: Form
{
    public 数据备份()
```

```
    {
        InitializeComponent();
    }
    public class DBHelper
    {   SqlCommand com=null;              //执行命令
        SqlConnection con=null;          //连库类
        /// <summary>
        /// 构造函数
        /// </summary>
        public DBHelper()
        {   //连接数据库字符串
            //string connStr="Data source=.;Initial Catalog=酒店住宿及消费管理系
            统;Integrated Security=true";
            con=new SqlConnection(Connection.myConnString);
            //打开数据库连接
            con.Open();
            com=new SqlCommand();
            com.Connection=con;
        }
        /// <summary>
        /// 增删改查
        /// </summary>
        /// <param name="sql"></param>
        /// <returns></returns>
        public int UpdateDeleteAdd(string sql)
        {
            com.CommandText=sql;
            int rows=com.ExecuteNonQuery();
            return rows;
        }
        /// <summary>
        /// 关闭数据库连接
        /// </summary>
        public void GetClose()
        {
            con.Close();
        }
    }
    private void btnBack_Click(object sender, EventArgs e)
    {
        DBHelper db=null;
        try
        {
            string path=txtPath.Text;
```

```
        File.Delete(path);
        string sql=string.Format("backup database {0} to disk='{1}'", "酒店住宿及
        消费管理系统", txtPath.Text);
        db=new DBHelper();
        db.UpdateDeleteAdd(sql);
        MessageBox.Show("备份成功", "温馨提示", MessageBoxButtons.OK,
        MessageBoxIcon.Information);
    }
    catch (Exception ex)
    {   MessageBox.Show(ex.Message);
    }
    finally
    {   db.GetClose();
    }
}
private void btnPath_Click(object sender, EventArgs e)
{
    SaveFileDialog sfd=new SaveFileDialog();
    sfd.InitialDirectory=Application.StartupPath+"\\";
    sfd.Filter="备份文件(＊.bak)|＊.bak";
    if (sfd.ShowDialog()==DialogResult.OK)
    {   this.txtPath.Text=sfd.FileName;
        this.btnBack.Enabled=true;
    }
}
}
```

8. 数据库还原

```
public partial class 数据还原 : Form
{
  public 数据还原()
  {   InitializeComponent();
  }
  private void btnRevertPath_Click(object sender, EventArgs e)
  {
    OpenFileDialog ofd=new OpenFileDialog();
    ofd.InitialDirectory=Application.StartupPath+"\\";
    ofd.Filter="备份文件(＊.bak)|＊.bak";
    if (ofd.ShowDialog()==DialogResult.OK)
    {   this.txtRevertPath.Text=ofd.FileName;
        this.btnRevert.Enabled=true;
    }
  }
  private void btnRevert_Click(object sender, EventArgs e)
```

```
    {
        SqlConnection con=new SqlConnection(Connection.myConnString);
        try
        {
            con.Open();
            string sql="";
            sql="use master";
            SqlCommand com=new SqlCommand(sql, con);
            com.ExecuteNonQuery();
            sql="drop database 酒店住宿及消费管理系统";
            com=new SqlCommand(sql, con);
            com.ExecuteNonQuery();
            sql=string.Format("use master restore database {0} from disk='{1}'", "酒
            店住宿及消费管理系统", txtRevertPath.Text);
            com=new SqlCommand(sql, con);
            com.ExecuteNonQuery();
            DialogResult result=MessageBox.Show("恢复成功,是否重新进入?", "恢复成功",
            MessageBoxButtons.YesNo, MessageBoxIcon.Information);
            if (result==DialogResult.Yes)
            {
                Process.Start(Application.StartupPath+"\\酒店住宿及消费管理系统.exe");
                Application.Exit();
            }
        }
        catch (Exception ex)
        { MessageBox.Show(ex.Message);
        }
        finally
        { con.Close();
        }
    }
}
```

10.5　数据库与应用系统的实施、运行维护

10.5.1　系统运行维护

1. 系统维护的定义

系统维护是系统生存周期的最后一个阶段,就是系统开发期后的运行维护期。它是指在管理信息系统交付使用后,为了改正错误、改进性能和其他属性、满足新的需要而对系统进行修改的过程。

2. 工作中常见的问题

"系统维护"是软件生命周期中的一个重要部分,在软件生存周期的头两个时期没有严格而又科学的管理和规划,必然会导致在最后阶段出现问题。下面列出维护工作中常见的问题。

(1) 软件难以看懂

原来的软件代码的书写习惯非常差,很难阅读,每个程序员编码的习惯不同,编程的格式也不同。

(2) 修改带来不良影响

对某一功能模块的修改,需要做多大范围的测试才能保证它没有给其他模块带来负作用,由于各种成本的限制,很多时候只能以"打补丁"的方式来进行修改,而不是全面解决问题,以至于积累了很多潜伏的风险;跟踪软件版本的演化是一件非常困难的事;对程序的修改,导致了文档的不一致。

(3) 原来的软件质量有缺陷

软件本身就有质量问题,只是日常维护已经很不容易,更不要说修改;软件设计时为维护工作考虑得太少,软件的可移植性、可扩展性很差。设备、软件的更新换代对软件的兼容性提出了巨大的考验。必须要专业人员才能维护。

(4) 客户需求不断变化

软件的更新速度赶不上需求变化的速度;原来的技术、模式、结构不能满足新的需求;多次变化后连客户也不清楚到底要什么;层层堆叠的补丁给系统带来了预料之外的负担。例如不断增加的、过多的报表降低了系统效率。

上述种种问题在现有的没采用结构化思想开发出来的软件中,都或多或少地存在着。使用结构化分析和设计的方法进行开发工作可以从根本上提高软件的可维护性。

3. 维护的内容

(1) 程序的维护

程序的维护是指因业务处理的变化使系统业务出现故障或用户对系统有更高的要求,需要修改部分或全部程序。修改以后,必须书写修改设计报告。修改后的源程序,必须在程序首部的序言性注释语句中进行说明,指出修改的日期、人员。同时,必须填写程序修改登记表,填写内容包括所修改程序的所属子系统名、程序名、修改理由、修改内容、修改人、批准人和修改日期等。

(2) 数据的维护

数据维护指对数据的较大变动,如安装与转换新的数据库;或者某些数据文件或数据库出现异常时的维护工作,如文件的容量太大而出现数据溢出等。

(3) 代码的维护

随着系统的变化,旧的代码不能适应新的要求,需要修改旧的代码体系或制定新的代码体系。代码维护的困难往往不在代码本身的更改,而在于新代码的贯彻。

(4) 硬件的维护

硬件的维护主要指对机器、设备的维护,包括日常的保养和发生故障的修复工作。硬件人员应加强设备的保养以及定期检修,并做好检验记录和故障登记工作。

10.5.2 数据库备份

本系统备份的数据对象是数据库,针对这个进行
C♯代码编写,然后通过代码实现数据库的备份与还
原功能,不会和系统的运行产生任何冲突。备份数据
时首先选择备份的路径,输入文件名,例如酒店住宿
及消费管理系统,就可开始备份了,界面如图 10.21
所示,界面操作简单易理解。备份成功后在指定的路
径下会生成一个“酒店住宿及消费管理系统.bak”文
件。如图 10.21 所示,这是独立备份还原程序运行
界面。

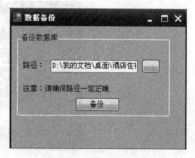

图 10.21　数据备份

10.5.3 系统测试及出现的问题

1. 黑盒子测试法

由于系统规模较小,所以没有安排单独的白盒测试,而是相应地将这部分测试归并到
系统编码过程中。整个测试过程基于自顶向下测试的组装模块的方法,先对主模块进行
基本测试,然后再按深度优先策略逐一将子模块组装到主模块上进行测试,最后再对系统
进行全面的整体测试。本系统主要运用黑盒子测试法对系统进行测试。

黑盒测试也称功能测试或数据驱动测试,它是在已知产品所应具有的功能的基础上,
通过测试来检测每个功能是否能正常使用。黑盒法着眼于程序外部结构,不考虑内部逻
辑结构,针对软件界面和软件功能进行测试。黑盒法是穷举输入测试,只有把所有可能的
输入都作为测试情况使用,才能以这种方法查出程序中所有的错误。实际上测试情况有无
穷多个,不仅要测试所有合法的输入,而且还要对那些不合法但是可能的输入进行测试。

2. 系统黑盒测试过程

(1) 登录界面的测试

双击可执行文件“酒店住宿及消费管理系统.exe”打开应用系统,可见登录界面如
图 10.22 所示,输入正确的用户工号、用户密码、用户类型,单击登录按钮即可登录系统。

若输入错误用户名、密码或用户类型,用户无法登录,如图 10.23 所示。

图 10.22　登录界面

图 10.23　用户名、密码或权限有误

（2）添加功能测试

按照正确的格式输入需要添加的信息，单击"提交"按钮，将一条记录插入数据库的数据表中，如图 10.24 所示。

图 10.24　预订单添加

（3）客房类型功能模块测试

输入完整的客房类型名称，单击"查询"按钮，才能找到相应类型的详细信息，但是无法支持模糊查找，如图 10.25 所示。

图 10.25　查询客房类型

（4）计算实收款模块测试

在计算客人实收款的时候，应付款、用户类型、退房房号等都需要软件使用者自行输入数据，如图 10.26 所示。

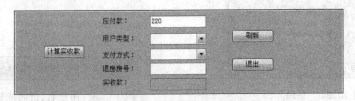

图 10.26　实收款

（5）客房类型修改模块测试

在修改已存在的客房类型信息的时候，需要自己手动输入相应信息，系统无法自动将需要修改的记录传递到相应的模块中，如图 10.27 所示。

（6）房态管理模块测试

在客人预订客房，或者退房后，管理员通过对房态管理模块的管理，将房间信息更改为当前的状态，如图 10.28 所示。

图 10.27　客房类型修改

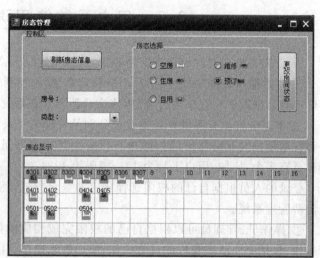

图 10.28　房态管理

10.5.4　系统的优、缺点分析

1. 系统的优点

① 本系统能实现酒店的住宿及消费管理，方便了酒店的管理操作，为酒店管理带来了便捷。

② 本系统设置了对于密码的有效性验证，3 次输入密码不正确，将强制退出本系统，这样能够保证系统的安全性。

③ 本系统能够对数据进行手动备份，管理人员可以定期对数据库进行备份，可以避免在突发事件发生时的数据丢失。

2. 系统的不足

由于时间、水平等各方面的原因，系统还存在一些不足，需要改善。

① 在系统页面设计布局上，有些模块菜单按钮的设计不合理，操作起来比较烦琐，违背了管理系统快捷便利、操作简单的原则，需要改进。

② 在收银退房模块，需要查询账单，操作员进行手动输入应收款计算并得出实收款，在此过程中可能会造成手动输入的错误，增加了酒店在财务管理方面的出错率，会造成财务损失。

③ 还有本系统有些方面的功能不足，例如修改功能不能将要修改的一条记录选中传

递到对应的文本框中,进而对要修改的字段进行更新,不要修改的信息保留,本系统修改信息相对烦琐,只能将要修改的信息全部录入,才能进行数据库的更新操作,这一点实现得相对笨拙。

④ 本系统只能实现手动备份,完善的系统最好能够定期自动地进行备份,这样能避免以后的突发事件,而使数据库没来得及备份,造成一定程度的损失。

10.6　用户系统使用说明书

① 首先将日志文件放在指定路径中,这里指定是 D:\。

② 将数据库文件"酒店住宿及消费管理系统"附加到 SQL Server 2005 软件中的服务器(local)数据库中。直接运行"酒店住宿及消费管理系统.exe"即可进行相关操作。

③ 本系统可以有两种登录方式。分别是管理员登录、操作员登录。管理员可以创建各种普通用户并对操作员的权限进行设置。其中管理员用户工号为 001,密码为 1234。操作员有多个,比如,用户工号为 101,密码为 1234。

登录的人员根据自己的权限选择相应的登录方式,然后输入密码即可登录酒店住宿及消费管理系统。

④ 操作员、管理员可以根据自己的权限完成相应的操作,管理员可以对整个系统进行操作,包括完成酒店管理的日常操作、添加删除操作员以及修改所有用户的密码。操作员登录系统后只能完成酒店管理的日常操作。

⑤ 登录系统后,可选择不同的操作,如预订管理、入住管理、房态管理、消费记账、收银管理。

⑥ 如果要进行数据备份的话,在"酒店住宿及消费管理"界面选择"数据备份",如图 10.29 所示,操作员选择要备份的路径,单击"备份"即可对数据库进行备份。

⑦ 用户可使用"数据还原"工具完成数据库的还原工作。首先要选择恢复数据库的路径,找到对应的数据库,然后单击"还原",完成数据库恢复工作,界面如图 10.30 所示。单击"是"重新进入,跳转到登录界面。

图 10.29　数据备份

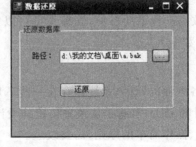

图 10.30　数据还原

第 11 章 "数据库应用程序课程设计"实验指导

11.1 课程设计的目的和要求

"数据库应用程序课程设计"旨在使学生对数据库应用系统的开发过程有一个全面的认识和了解,在程序设计语言课程基本编程训练的基础上,对数据库应用系统的流程和特点有较深入的了解,能够自觉运用数据库原理的理论知识指导软件设计,学会数据库的设计,并能对设计结果的优劣进行正确评价,能够使用已学过的程序设计语言编制具有可读性和可维护性的良好风格的程序。培养分析问题、快速学习新知识并在项目中使用的能力。本课程设计应用 C♯、C++、Java、ASP 等程序设计语言进行数据库应用系统的开发,用 SQL Server 进行后台数据库的管理,编写出某一个小型的管理信息系统。

通过本课程设计可以达成如下目标。能够自觉运用数据库原理的理论知识指导软件设计;学会数据库的设计,并能对设计结果的优劣进行正确的评价;学会如何组织和编写信息系统软件设计文档和软件系统的操作说明;具有一定的独立分析问题、解决问题的能力;掌握 SQL Server 2005 数据库在信息系统开发过程中的应用;掌握使用高级程序设计语言访问后台数据库的方法。

本课程设计的任务是:按照需求分析、总体模块设计、详细设计、编码和测试、调试、评价总结等步骤进行,认真完成每一个阶段的任务,最后提交课程设计报告、软件成果及数据库等材料。所编写的系统应达到以下设计目标。界面设计友好、美观、操作简单易用;数据存储安全、可靠;信息分析清晰、准确;强大的查询功能,保证数据查询的灵活性;系统安全、稳定,占用资源少,对硬件要求低;提供灵活、方便的权限设置功能,使整个系统的管理分工明确。

11.2 课程设计的实验内容

11.2.1 需求分析

1. 实验目的

旨在使学生对开发课题的背景进行需求分析后,在系统调查的基础上,针对新系统的开发是否具备必要性和可能性进行分析和研究,根据设计任务书给出的背景资料,查找相关资料,结合自己的生活经验,对数据进行分析,分析系统的信息要求、处理的功能要求、数据的安全性与完整性要求等,编写详细的数据字典。

2. 实验要求

发放任务书,课题分组,讲解课题要求及相关知识,对课题进行详细需求分析,说明系统的应用背景、具体系统的业务过程、功能模块的要求,采用自顶向下层分解的方法绘制项目的 DFD 分层数据流图,同时完成数据字典的编制。

3. 实验设备、环境

奔腾以上计算机,装有 Windows 或 Windows NT/XP、SQL Server 2005、ASP、C++、C♯ 或 Java 等软件,开发平台使用 MS Visual Studio。

4. 实验步骤及内容

① 发放任务书,课题分组,讲解课题要求及相关知识。

采取分组并分工合作的方式进行课程设计,每组 5~8 人,设置组长,要求各小组独立完成自己的系统开发,严禁抄袭、拷贝他人系统,一旦发现违反本条纪律,抄袭者与提供抄袭者都以零分论处。小组成员必须有明确的分工,文档必须各自分别撰写再汇总,严禁出现挂名现象。态度认真、工作量饱满、完成设计所有要求。指导教师发放任务书,讲解课题要求及相关知识。

② 对项目进行详细的需求分析,确定项目的应用背景,采用自顶向下层分解的方法绘制课题的分层数据流图,同时完成数据字典的编制。

a. 对课题进行初步调查与分析,对课题的应用背景、预期目标进行分析,提出新建系统的设想方案。

b. 分析课题的可行性并总结。分析技术条件方面的可行性、管理因素方面的可行性、经济方面的可行性。

c. 对系统进行详细调查与分析,绘制出系统的业务流程图。

d. 绘制系统的数据流程图及编写出相应的数据字典。

5. 实验注意事项

① 实验过程中注意爱护计算机,实验完毕要按正常操作关闭计算机,遵守规章制度。

② 分层数据流图要画得清楚、明白。

6. 讨论、思考题

① 分析讨论系统详细调查的方法、手段、步骤,对需求分析结果进行讨论、写出实验体会和收获。

② 了解项目分层数据流图的画法。

③ 掌握数据字典的编制方法。

11.2.2 总体模块设计

1. 实验目的

旨在使学生在需求分析的基础上,设计 E-R 模型,详细描述实体的属性和实体之间的联系,消除不必要的冗余。培养分析问题、解决问题的能力。

2. 实验要求

根据分层数据流图,完成系统的模块划分,定义模块公用的数据结构及数据库结构,绘制软件结构图、E-R 图,进行总体模块设计。

3. 实验设备、环境

奔腾以上计算机,装有 Windows 或 Windows NT/XP、SQL Server 2005、ASP、C++、C♯ 或 Java 等软件,开发平台使用 MS Visual Studio。

4. 实验步骤及内容

① 系统总体设计与布局。

② 系统数据库设计,对数据库进行完整性、安全性方面的考虑和设置。

③ 模块功能与处理过程设计。

④ 绘制软件结构图。

⑤ 绘制 E-R 图,注意联系集类型的不同,并说明联系集的具体语义。

5. 实验注意事项

① E-R 图中实体间的比例关系要标注清楚。

② 注意爱护计算机,实验完毕要按正常操作关闭计算机,遵守规章制度。

6. 讨论、思考题

① 讨论思考模块划分的方法与原则。

② 根据课程分组安排,由各小组组长组织学生进行深层次的功能分析与讨论。

③ 掌握概念结构和逻辑结构设计的内容和方法。

11.2.3　详细设计

1. 实验目的

旨在使学生对数据库应用系统的开发过程有一个全面的认识和了解,设计出与数据模型相符合的逻辑结构及相关文档。实现 E-R 图向关系模型的转换,并优化数据模型。

2. 实验要求

根据模块划分,进行详细设计。完成所有模块内部的逻辑结构的设计,将 E-R 图转换成等价的关系模式;按需求对关系模式进行规范化;对规范化后的模式进行评价,调整模式,使其满足性能、存储等方面的要求;完善系统功能模块,完善用户手册。

3. 实验设备、环境

奔腾以上计算机,装有 Windows 或 Windows NT/XP、SQL Server 2005、ASP、C++、C♯ 或 Java 等软件,开发平台使用 MS Visual Studio。

4. 实验步骤及内容

① E-R 图转换为数据库模式,并利用关系数据库的规范化理论对数据模型进行优化处理。

② 模块功能与处理过程设计。

③ 确定数据文件与日志文件的存放位置。

④ 设计在各表的哪些属性上创建主索引(聚簇索引)及非聚簇索引。

5. 实验注意事项

① 注重数据库的优化处理,讨论数据库中的各个表都符合哪种范式。

② 各小组进行设计,设计过程中有问题由教师指导,对于普遍问题,教师给全体学生讲解清楚。

③ 学生根据系统分析与功能设计的结果,利用实验室开放时间去实验室编写各功能模块的程序。

6. 讨论、思考题

① 讨论创建索引所使用的 SQL 命令。

② 建立聚簇索引及非聚簇索引的目的是什么?

③ 预习并掌握程序编程方法。

11.2.4　编码、测试

1. 实验目的

旨在使学生掌握代码编制、调试方法,编制功能完善的程序,进行测试,编写测试报告。培养分析问题、解决问题的能力。

2. 实验要求

① 建立数据库、数据表、视图、相应的完整性约束、加载数据,建立索引、视图等系统必要的对象。

② 在建立好的数据表中实现记录和约束条件的增加、删除和修改。

③ 实现各种查询(简单查询、模糊查询、连接查询、嵌套查询等)。

④ 设计一个存储过程,要求在存储过程中使用游标;设计一个触发器,实现表间的级联删除或修改。

3. 实验设备、环境

奔腾以上计算机,装有 Windows 或 Windows NT/XP、SQL Server 2005、ASP、C++、C♯或 Java 等软件,开发平台使用 MS Visual Studio。

4. 实验步骤及内容

① 程序设计方法、语言的选择。

② 各模块算法的选择。

③ 程序代码的设计,实现各功能模块。

④ 系统与数据库的访问连接。

⑤ 输入输出及界面设计。

⑥ 整个系统的测试。

各小组学生对每个模块代码进行测试,包括单元测试、集成测试、系统测试、验收测试等。

5. 实验注意事项

① 在编程实践中培养良好的程序设计习惯。

② 各小组学生进行程序编码，在过程中有问题由教师指导，对于普遍问题，教师给学生讲解。

③ 学生应利用实验室开放时间去实验室编写程序、调试程序以及对系统进行测试。

6. 讨论、思考题

① 程序设计功能测试方法。

② 利用本课程所学的设计方法、编码与调试方法去做一个自己日常生活中需要解决的问题的小系统。

11.2.5 调试、评价总结

1. 实验目的

调试程序，分组答辩，递交程序代码和可执行程序、课程设计报告。

2. 实验要求

① 对课题软件进行调试。

② 教师对各小组进行答辩，给出成绩。

③ 评价、总结系统的优、缺点。

④ 递交程序代码和可执行程序、课程设计报告。

3. 实验设备、环境

奔腾以上计算机，装有 Windows 或 Windows NT/XP、SQL Server 2005、ASP、C++、C♯或 Java 等软件，开发平台使用 MS Visual Studio。

4. 实验步骤及内容

① 课题软件的调试包括分调、联调、总调。

各小组学生先对每个模块代码进行调试；再将各功能模块程序联合到一起，进行系统联调，最后进行总调，评估所编的系统是否完全与系统设计时的功能相符合。

② 教师对各小组进行答辩，给出成绩。

教师组织人员，从每个小组抽取两个成绩较好的同学，作为答辩评委成员，在教师指导下安排各小组进行答辩，综合评出各小组得分。指导教师需综合考虑课程设计成果、课程设计报告的质量，每个学生对组内课题的贡献大小及工作内容，以及平时的考勤情况、学习态度、能力等因素，给每个学生评分。

③ 对系统运行状况进行整体评价、总结，进行优、缺点分析；分析系统维护的内容，编写好系统维护的计划和方案。

④ 递交程序代码、课程设计报告。

⑤ 课程设计报告包括封面、目录、正文、课程设计体会、致谢、参考文献、用户系统使用说明书、系统的源程序代码等。要求撰写规范，结构合理，条理清晰。

正文要根据数据库设计的 6 个步骤编写课程设计报告的主要内容,即需求分析、概念结构设计、逻辑结构设计、物理结构设计、数据库实施运行维护。

5. 实验注意事项

① 在调试实践中培养良好的调试习惯。

② 各小组学生进行程序调试,教师指导每个小组完成系统联调、编写测试文档。

③ 学生应主动利用课余时间去实验室编写程序、调试程序。

6. 讨论、思考题

① 程序设计系统联调方法。

② 白盒测试与黑盒测试方法的比较。

③ 课程设计报告的规范化书写方法。

④ 如何评价一个信息系统的优劣。

11.2.6 课程设计参考课题

住院收费管理系统	企业销售管理系统	教材发放管理系统
干部档案管理系统	酒店住宿及消费管理系统	教师管理系统
办公信息管理系统	医院门诊管理系统	设备管理系统
商家打折信息管理系统	银行账户管理系统	运动会管理系统
实验室数据上报系统	办公信息管理系统	个人财物管理系统
人事管理信息系统	网吧机房管理系统	洗衣店管理系统
工资管理信息系统	机动车驾驶员考试系统	体育彩票分析系统
考勤管理信息系统	打字店文档管理系统	高校团委团员管理系统
员工培训管理信息系统	合同管理系统	宾馆住宿管理系统
仓库货物管理系统	通讯录管理系统	学籍管理系统
内部行文管理系统	试题库管理系统	房屋中介管理系统
高校科研管理系统	学生成绩管理系统	航班售票管理系统
校园自助银行模拟系统	学生选课信息系统	旅游管理系统

第 12 章 "数据库系统原理"实验

12.1 实验教学大纲

课程名称：数据库系统原理

课程总学时：64

实验学时数：16

开设实验项目数：7

1. 实验教学目的

通过实验教学，学生应掌握 SQL Server 2005 数据库管理系统的使用和管理方法。实验从基本的建立数据库及表对象入手，由浅至深，逐步引导学生建立其他的数据库对象，实施数据完整性，建立查询、视图、触发器、存储过程等，为独立开发数据库应用系统做好准备。

2. 实验项目内容、基本要求与学时分配

序号	实验项目名称	实验类型	实验要求	实验内容简介	应达到的基本要求	学时分配
1	熟悉 SQL Server 2005 环境及数据库文件管理	操作	必做	熟悉登录方法，常用工具、数据库创建、修改与删除	熟练掌握	2
2	表和表数据的操作	设计	必做	掌握利用 SQL Server Management Studio 和 T-SQL 语言创建和管理表的方法	熟练掌握	2
3	关系索引和视图	设计	必做	关系图、视图索引的创建方法	熟练掌握	2
4	约束、默认和规则	设计	必做	掌握约束、默认和规则的创建、绑定、解除绑定和删除的基本操作方法	熟练掌握	2
5	T-SQL 程序设计	设计	必做	T-SQL 中运算符和表达式的使用；SELECT 语句的结构及其应用；几个常用流程控制语句的使用；系统内置函数；用户自定义函数	熟练掌握	4

续表

序号	实验项目名称	实验类型	实验要求	实验内容简介	应达到的基本要求	学时分配
6	存储过程和触发器	设计	必做	了解存储过程、触发器的功能；掌握创建、修改和执行存储过程、触发器的方法	熟练掌握	2
7	数据库备份、恢复、安全管理	设计	必做	备份设备的创建、各种备份数据库以及恢复的方法；用户、角色及权限管理方法	熟练掌握	2

注：

① 实验类型有演示、验证、操作、综合、设计、研究。

② 实验要求指必做、选做。

③ 本实验应在理论课程开课后的第 4～第 5 周后开始开设，与理论课程同时或稍迟结束。要求学生在上实验之前对相关实验内容进行预习后，方能进行实验。

3. 实验考核方式与标准

成绩考核主要依据实验完成情况及所要求完成的实验报告进行评定，要求学生独立完成各项实验，对每个实验提供详细的实验报告，包括操作流程、运行结果和上机体会。

优——实验内容能独立、正确完成，实验报告内容完全正确，数据处理符合实验要求。

良——实验内容能独立、正确完成，实验报告内容基本正确，数据处理符合实验要求。

中——实验内容能独立、正确完成，实验报告内容基本正确，数据处理有偏差。

及格——实验内容能独立、正确完成，实验报告内容不完全正确，数据处理有偏差。

不及格——实验内容不能独立、正确完成，实验报告内容不正确，数据处理有偏差。

4. 实验教材与参考书

序号	书　名	编　者	出版社	版本
1	SQL Server 2005 数据库管理与开发实用教程	李丹,赵占坤等	机械工业出版社	2011
2	数据库系统概论(第 4 版)	萨师煊,王珊	高等教育出版社	2006

12.1.1 熟悉 SQL Server 2005 环境及数据库文件管理

实验项目名称：<u>一、熟悉 SQL Server 2005 环境及数据库文件管理</u> 实验学时：<u>2</u>

同组学生姓名：<u>　　　　　　　　　　　　　　　　　　　　　</u> 实验地点：<u>　　　</u>

实验日期：<u>　　　　　　　　　　　　　　　　　　　　　　</u> 实验成绩：<u>　　　</u>

批改教师：<u>　　　　　　　　　　　　　　　　　　　　　　</u> 批改时间：<u>　　　</u>

1. 实验目的和要求

① 熟悉 SQL Server 2005 工作环境、了解 SQL Server 2005 主要管理工具的用途、掌握登录 SQL Server 2005 的方法；

② 熟悉数据库的组成；

③ 了解数据库快照的使用方法；

④ 掌握创建、修改、删除数据库的方法；

⑤ 熟悉如何查看数据库状态；

⑥ 掌握分离数据库和附加数据库的方法。

2. 实验设备、环境

设备：奔腾 4 或奔腾 4 以上计算机。

环境：Windows 2000 Server 或 Windows 2003 Server、SQL Server 2005 中文版。

3. 实验步骤

① 根据题目要求熟悉 SQL Server 2005 的各种管理工具；

② 分析题意，重点分析题目要求并给出解决方法；

③ 按题目要求完成实际操作任务，并将相关文档资料保存在以自己学号命名的文件夹中；

④ 提交完成的实验结果。

4. 实验内容

1）熟悉 SQL Server 2005 管理工具

SQL Server 2005 系统提供了大量的管理工具，通过这些管理工具可以对系统实现快速、高效管理，主要管理工具如下。

（1）SQL Server Management Studio

① 对象资源管理器。

允许查看和连接到 SQL Server、分析器、集成服务器、报表服务器和 SQL Mobile。一旦连接到特定的服务，就可以在对象结点中查看它的组件，并且可以访问子结点对象。

② 已注册的服务器。

显示当前已注册的服务器。窗格顶部的列表，包括 SQL Server、分析服务器、集成服务器、报表服务器和 SQL Mobile。允许用户在特定的服务器之间快速转换。

③ 模板资源管理器。

提供对查询编辑器的模板和任何用户所创建的自定义模板的快速访问。模板可以通过 SQL Server Management Studio 所支持的任何脚本语言来创建。

④ 解决方案管理器。

提供对现存的 SQL Server、分析服务器和 SQL Mobile 项目的快速访问。当项目被执行时,项目会给出连接、查询和执行的其他函数的详细信息。

(2) SQL Server Business Intelligence Development Studio

SQL Server Business Intelligence Development Studio(商业智能)是为开发人员提供的一种新的项目开发和管理工具。开发人员可以使用 SQL Server Business Intelligence Development Studio 设计端到端的商业智能解决方案。

(3) SQL Server Configuration

SQL Server Configuration(配置管理器)包含了 SQL Server 2005 服务、SQL Server 2005 网络配置和 SQL Native Client 配置三个工具,提供数据库管理人员做服务启动、停止与监控、服务器端支持的网络协议,用户用来访问 SQL Server 的网络相关设置等工作。

(4) SQL Server 外围应用配置

SQL Server 外围应用配置器是 SQL Server 2005 的新增功能,该工具是用来减少 SQL Server 的服务数和组件数的一种方法,以帮助保护 SQL Server 避免出现安全缺口。

(5) Database Engine Tuning Advisor

Database Engine Tuning Advisor(数据库引擎的优化顾问)工具可以实现帮助用户分析工作负荷、提出创建高效索引的建议等功能。

(6) SQL Server 联机丛书

SQL Server 联机丛书主要为用户提供帮助。

(7) sqlcmd

sqlcmd 提供了在命令提示符中输入 Transact-SQL 语句、系统过程和脚本文件的功能。

2) 熟悉数据库的组成

(1) 系统数据库

① master 数据库。

master 数据库存储 SQL Server 2005 系统的所有系统级信息,包括实例范围的元数据、端点、链接服务器和系统配置设置。

② model 数据库。

model 数据库用作存储 SQL Server 2005 实例上创建的所有数据库的模板。SQL Server 2005 在三个方面做了重大改变,包括扩大了最小值取值范围、兼容级别设置为 90 和 PAGE_VERIFY 数据库选项设置为 CHECKSUM。

③ msdb 数据库。

msdb 数据库主要被 SQL Server 2005 代理用于进行复制、作业调度以及管理警报等活动,该数据库通常用于调度任务或排除故障。

④ tempdb 数据库。

tempdb 数据库连接到 SQL Server 2005 所有用户都可能用的全局资源,它保存所有临时表和临时存储过程。另外,它还用来满足所有其他的存储要求,例如,存储 SQL Server 2005 工作表。每次启动 SQL Server 2005 时都会重新创建 tempdb 数据库,以便系统启动时,给数据库总是空的。断开连接时会自动删除临时表和存储过程,并在系统关闭后没有活动的连接。

⑤ resource 数据库。

resource 数据库是一个只读数据库,它包含了 SQL Server 2005 中的所有系统对象。SQL Server 系统对象在物理上持续存在于 resource 数据库中,但逻辑上,他们出现在数据库的 sys 架构上。resource 数据库的物理文件名为 Mssqlsystemresource. mdf。任意移动或重命名 resource 数据库文件,SQL Server 2005 将不能正常启动。

(2) 数据库快照

数据库提供了一种数据库恢复手段,可以在数据库损坏后,还原数据库到数据库快照时的状态。这是 SQL Server 2005 中的新增功能。

① 创建数据库快照。

一般格式如下。

```
CREATE DATABASE database_snapshot_name
  ON
      (NAME=logical_file_name,
      FILENAME='os_file_name'
      ) [,...n]
  AS SNAPSHOT OF source_database_name
```

② 举例:为 MyDB 创建一个快照。

```
CREATE DATABASE MyDB_snapshot
ON
    (NAME=MyDB_data,
    FILENAME='D:\MyDB_snapshot.mdf'
    )
AS SNAPSHOT OF MyDB
```

③ 使用数据库快照。

如果因为某个错误而损坏了数据库,可以选择将数据库恢复到错误出现之前的数据库快照。

```
USE MyDB
RESTORE DATABASE MyDB from DATABASE_SNAPSHOT='MyDB_snapshot'
GO
```

④ 删除快照。

```
DROP DATABASE MyDB_snapshot
```

3) 数据库存储文件

SQL Server 2005 数据库中有 4 种类型的文件来存储信息。

(1) 主数据文件

主数据文件包括数据库的启动信息,并指向数据库中的其他文件。用户数据和对象可存储在该文件中,也可以存储在辅助数据文件中。每个数据库只能有一个主数据文件,其扩展名为.mdf。

(2) 辅助数据文件

辅助数据文件是可选的,由用户定义并存储用户数据。每个数据库可以有多个辅助数据文件,其扩展名为.ndf。

(3) 事务日志文件

事务日志文件是用于保存恢复数据库的日志信息的。每个数据库至少必须有一个日志文件,其扩展名为.ldf。

(4) 文件组

文件组是将多个数据文件集合起来形成一个整体。每个文件组有一个组名。文件组分为主文件组和次文件组。一个文件只能存放在一个文件组中,一个文件组也只能被一个数据库使用。主文件组包含了所有的系统表。当建立数据库时,主文件组包含数据库文件和未指定组的其他文件。事务日志文件不包含在任何文件组中。

4) 创建数据库

(1) 使用向导创建数据库

(2) 语句方式创建数据库

① 最简单的语句创建数据库。

```
CREATE DATABASE databaseName
```

② 一般创建数据库的格式。

```
CREATE DATABASE database_name
[ON
    [<filespec>[,...n]]
    [, <filegroup>[,...n]]
    ]
    [LOG ON { <filespec>[,...n] }]
    [COLLATE collation_name]
[FOR LOAD | FOR ATTACH]
<filespec>::=
[PRIMARY]
( [NAME=logical_file_name,]
    FILENAME='os_file_name'
    [, SIZE=size]
    [, MAXSIZE={ max_size | UNLIMITED }]
        [, FILEGROWTH=growth_increment] ) [,...n]
<filegroup>::=
FILEGROUP filegroup_name <filespec>[,...n]
```

③ 示例。

```
CREATE DATABASE Sales
ON
```

```
( NAME=Sales_dat,
  FILENAME= 'C:\program files\microsoft sql server\mssql\data\saledat.mdf',
  SIZE=10,
  MAXSIZE=50,
  FILEGROWTH=5)
LOG ON
( NAME='Sales_log',
  FILENAME= 'C:\program files\microsoft sql server\mssql\data\salelog.ldf',
  SIZE=5MB,
  MAXSIZE=25MB,
  FILEGROWTH=5MB)
```

（3）请按照要求用工具和 SQL 语句两种方法创建名为 MyDB 的数据库

5）维护数据库

（1）修改数据库名称

① 使用 ALTER DATABASE 语句。

```
ALTER DATABASE databaseName MODIFY NAME=newdatabaseName
```

② 使用存储过程。

```
EXEC sp_dboption 'databaseName','SINGLE',True     /*首先将数据库设置为单用户模式*/
EXEC sp_renamedb 'databaseName', 'newdatabaseName'    /*修改数据库名*/
EXEC sp_dboption 'newdatabaseName', 'SINGLE',False   /*取消单用户模式*/
```

③ 从资源管理器窗口修改数据库名。

（2）修改数据库大小

① 设置数据库文件为自动增长方式。

② 直接修改数据库文件的大小。

③ 增加辅助数据库文件。

④ 示例。

```
CREATE DATABASE Test1 ON
(NAME=Test1dat1,
 FILENAME='C:\Program Files\Microsoft SQL Server\MSSQL\Data\t1dat1.ndf',
 SIZE=5MB,
 MAXSIZE=100MB,
 FILEGROWTH=5MB )
GO
ALTER DATABASE Test1
ADD FILE
(NAME=Test1dat2,
 FILENAME='C:\Program Files\Microsoft SQL Server\MSSQL\Data\t1dat2.ndf',
 SIZE=5MB,
 MAXSIZE=100MB,
 FILEGROWTH=5MB)
```

⑤ 请参照示例用 SQL 语句为 MyDB 数据库增加辅助数据库文件 MyDB2,其大小为 3MB,最大为 10MB,按照 10%增长。

（3）收缩数据库

① 设置数据库为自动收缩。

② 手动收缩数据库。

③ 使用 DBCC SHRINKDATABASE 命令收缩数据库。

该命令是一种比自动收缩数据库更加灵活的收缩数据库方式,可以对整个数据库进行收缩。

示例:

```
DBCC SHRINKDATABASE (UserDB,10)
/*该命令将 UserDB 用户数据库中的文件减小,以使 UserDB 中的文件有 10% 的可用空间。*/
```

④ 请使用该命令将 MyDB 数据库收缩到有 10%的可用空间。

（4）删除数据库

① 使用管理工具。

② 使用 T-SQL 语句。

```
DROP DATABASE database_name [,...n]
```

（5）查看数据库状态

① 使用 DATABASEPROPERTYEX 函数。

```
DATABASEPROPERTYEX(database, property) /*property 是表明应返回的选项或属性设置
                                         的表达式*/
```

示例:

```
SELECT DATABASEPROPERTYEX('MyDB','status') AS '当前数据库状态'
```

② 使用 sys. database_files 查看有关数据库文件的信息。

③ 使用 sys. filegroups 查看数据库文件组的信息。

④ 使用 sys. maste_files 查看数据文件的基本信息和状态。

（6）分离数据库

分离数据库是指数据库从 SQL Server 实例上删除,但是数据文件、事务日志文件仍然保持不变。注意:分离数据库如果出现下列情况之一,就不允许分离。

①已复制并发数据库、②数据库中存在数据库快照、③数据库处于未知状态。

① 使用语句分离数据库。

示例:

```
EXEC sp_detach_db MyDB
```

② 可以使用工具。

（7）附加数据库

附加数据库时,所有的数据文件（. mdf 文件和. ndf 文件）都必须是可用的。如果任

何数据文件的路径和创建时或上次附加数据库时的路径不同,就必须指定文件的当前路径。在附加数据库的过程中,如果没有日志文件,系统将创建一个新的日志文件。

① 使用工具附加数据库。

② 使用 SQL 语句附加数据库。

示例:

```
CREATE DATABASE Sales
ON ( NAME='Sales_dat',
  FILENAME='C:\Program Files\Microsoft SQL Server\MSSQL\Data\saledat.mdf' )
LOG ON
( NAME='Sales_log',
  FILENAME='C:\Program Files\Microsoft SQL Server\MSSQL\Data\salelog.ldf')
FOR ATTACH
```

③ 请用上述两种方法将 MyDB 数据库附加到实例中。

5. 问题解答及实验结果

6. 实验体会和收获

12.1.2 表和表数据的操作

实验项目名称：二、表和表数据的操作_____ 实验学时：2

同组学生姓名：_____ 实验地点：_____

实验日期：_____ 实验成绩：_____

批改教师：_____ 批改时间：_____

1. 实验目的和要求

① 了解表的类型及创建方法；

② 熟悉各种数据类型；

③ 掌握列的各种属性；

④ 掌握自定义数据类型的创建方法；

⑤ 掌握用 T-SQL 语言和工具创建表的方法；

⑥ 掌握工具和 T-SQL 语言插入数据的方法。

2. 实验设备、环境

设备：奔腾 4 或奔腾 4 以上计算机。

环境：Windows 2000 Server 或 Windows 2003 Server、SQL Server 2005 中文版。

3. 实验步骤

① 根据题目要求熟悉 SQL Server 2005 的各种管理工具；

② 分析题意，重点分析题目要求并给出解决方法；

③ 按题目要求完成实际操作任务，并将相关文档资料保存在以自己学号命名的文件夹中；

④ 提交完成的实验结果。

4. 实验内容

1) 表的概述

(1) 表的概念

在关系数据库中每一个关系都体现为一张表。表用来存储数据和操作数据的逻辑结构，关系数据库中所有的数据都表现为表的形式。

(2) 表的类型

在 SQL Server 2005 中，可以把表分为 4 种类型，即普通表、分区表、临时表和系统表。每一种表都有其自身的作用和特点。

① 普通表。又称为标准表，就是通常所说的数据库中存储数据的表，是最常使用的表对象，是最重要和最基本的表。

② 分区表。分区表是将数据水平划分成多个单元的表，这些单元的表可以分散到数据库的多个文件组里，以实现对单元中数据的并行访问。其优点在于可以方便地管理大型表，提高对这些表中数据的使用效率。

③ 临时表。临时表是临时创建的、不能永久生存的表。又可以分为本地临时表和全

局临时表。本地临时表以♯打头,它们仅对当前的用户连接是可见的,当用户从 SQL Serve 2005 中断开连接时被删除;全局临时表以♯打头,创建后任何用户都是可见的,当所有引用该表的用户从 SQL Server 2005 中断开连接时被删除。

④ 系统表。系统表与普通表的区别在于,系统表存储了有关 SQL Server 2005 服务器的配置、数据库设置、用户和表对象的描述等信息。

2) 列

(1) 列数据类型

在设计表的时候,需要知道每列字段的数据类型。SQL Server 2005 系统提供了 28 种数据类型,主要分为 7 大类。

① 精确数字类型。

这些数据类型的数据可以参加各种数学运算,所有的数值都是有精度的,精度是指有效数字位数。如整数数据类型 Binint、Int、Smalling、Tinyint;位数据类型 bit;货币数据类型 Money、Smallmoney 等。

② 近似数字类型。

在现实计算中,还有一些数据没有精确数值,如 1/3,它无法用精确数字类型表示,需要由系统来定义精确到哪一位,这种类型就是近似数据类型,如 Decimal 和 Numeric;Float 和 Real 等。

③ 字符数据类型。

它用来存储各种字母、数字符号和特殊符号。在使用该数据类型时,需要用单引号或双引号括起来。SQL Server 2005 主要提供了 Char、Varchar、Text 三种数据类型。

④ Unicode 字符数据类型。

Unicode 是一种在计算机上使用的字符编码。它为每一种语言中的每个字符设定了统一并且唯一的二进制编码,以满足跨语言、跨平台进行文本转换、处理的要求。SQL Server 2005 主要有 Nchar、Nvarchar、Ntext 三种。

⑤ 二进制数据类型。

二进制数据类型可以用来存储二进制的数据,主要有 Binary、Varbinary、Image 三种类型。

⑥ 日期和时间数据类型。

在 SQL Server 2005 中,日期和时间类型主要包括 Datetime 和 Smalldatetime 两种。两者区别在于其表示的日期和时间的范围不同,时间的精确度也不同。

⑦ 其他数据类型。

SQL Server 2005 系统还提供了 Cursor、Sql_varant、Table、Timestamp、Uniqueidentifie、XML 这 6 种特殊用途的数据类型。

(2) 列的其他属性

① NULL 和 NOT NULL。

定义属性列时可以规定该列是否可以为空。

② 默认值。

当某个属性的值大部分的取值都是相同时,可以使用默认值来减少插入数据时的时间。

③ IDENTITY。

使用 IDENTITY 关键字定义的字段为标识字段,标识字段是唯一标识每条记录的特殊字段,当一条新记录添加时,这个字段就被自动赋予一个新值。默认情况下是按+1递增。

3) 创建表

① 使用 SQL Server Management Studio 工具在 MyDB 数据库中创建 Student 和 Class 表。

Student 表的结构如下。

字段名	类　型	中文名	备　　注
SNO	Char(8)	学号	主键
SName	Varchar(10)	姓名	
Sex	Char(2)	性别	男、女
ClsNO	Char(6)	班级	班级的编号,参照表 Class
StuAddr	Varchar(20)	住址	描述性说明
Birthday	SmallDate	出生年月	
Height	Numeric(4,2)	身高	以 m 为单位表示学生的身高
TotalCredit	Tinyint	总学分	

Class 表的结构如下。

字段名	类　型	中文名	备　　注
ClsNO	Char(6)	班号	主键
ClsName	Varchar(16)	班名	对班级的描述信息
Director	Varchar(10)	辅导员	班级的辅导员
Specialty	Varchar(30)	专业	

② 使用 T-SQL 语言在 MyDB 数据库中再创建 Course 和 Grade 表,为以后的实验做准备。

Course 表的结构如下。

字段名	类　型	中文名	备　　注
CNO	Char(4)	课程号	主键
CName	Varchar(16)	课程名	课程的名称
PCNO	Char(4)	先修课程	先修课程的课程号
Credit	Tinyint	学分	

Grade 表的结构如下。

字段名	类　型	中文名	备　　注
SNO	Char(8)	学号	学号,参照 Student,与 CNO 组成主键
CNO	Char(4)	课程号	课程号,参照 Course
Scorce	Numeric (4,1)	成绩	
Credit	Tinyint	学分	

4）自定义数据类型

① 使用 SQL Server Management Studio 工具创建用户自定义数据类型 studentNo，Char(8)。

② 系统存储过程 sp_addtype 创建用户自定义数据类型 courseNo，Char(4)。

③ 修改 MyDB 数据库中的各表，学号和课程号应用自定义的数据类型。

5）修改表结构

① 使用 Alter 修改 Student 表结构，使其增加一列 Department(系别)Char(12)。

② 使用 SQL Server Management Studio 工具删除刚刚增加的 Department。

6）插入数据

使用 SQL Server Management Studio 工具或 INSERT INTO 语句，分别向下列表格插入数据。

（1）向表(Student)中插入数据

SNO	SName	Sex	ClsNO	StuAddr	Birthday	Height	TotalCredit
19920101	王军	男	CS01	下关 40#	1976.12.21	1.76	10
19920102	李杰	男	CS01	江边路 96#	1974.5.24	1.72	9
19920306	王彤	女	MT04	中央路 94#	1977.3.18	1.65	9
19940106	吴杪	女	PH08	莲化小区 74#	1979.4.8	1.60	4

插入数据之后使用命令 SELECT * FROM Student；检查插入数据的正确性。

（2）向表(Class)中插入数据

ClsNO	ClsName	Director	Specialty
CS01	计算机一班	王宁	计算机应用
MT04	数学四班	陈晨	数学
PH08	物理八班	葛格	物理

插入数据之后使用命令 SELECT * FROM Class；检查插入数据的正确性。

（3）向表(Course)中插入数据

CNO	CName	PCNO	Credit
0001	数学	Null	6
0003	计算机基础	0001	3
0007	物理	0001	4

插入数据之后使用命令 SELECT * FROM Course；检查插入数据的正确性。

（4）向表(Grade)中插入数据

SNO	CNO	Score	Credit
19920101	0001	90	6
19920101	0007	86	4

续表

SNO	CNO	Score	Credit
19920102	0001	87	6
19920102	0003	76	3
19920306	0001	87	6
19920306	0003	93	3
19940106	0007	85	4

插入数据之后使用命令 SELECT * FROM Grade；检查插入数据的正确性。

7）删除表中的数据

① 使用 SQL Server Management Studio 工具删除课程号为 0001 的选课记录。

② 使用 T-SQL 语言删除 Grade 表中学号为 19920101 的数据。

8）删除表格

① 使用 SQL Server Management Studio 工具删除 Class 表。

② 使用 DROP TABLE 命令删除 Grade 表。

注意在删除之前，请将数据文件拷贝一个副本，以备以后实验使用。

5. 问题解答及实验结果

6. 实验体会和收获

12.1.3 关系、索引和视图

实验项目名称：三、关系、索引和视图 　　实验学时： 2

同组学生姓名： 　　实验地点：

实验日期： 　　实验成绩：

批改教师： 　　批改时间：

1. 实验目的和要求

① 理解关系图的含义及用途，掌握关系图的创建方法；

② 理解视图的基本概念、种类及利用视图修改数据时的限制，掌握视图的创建方法；

③ 理解索引的基本概念及其优缺点，掌握创建索引的方法。

2. 实验设备、环境

设备：奔腾 4 或奔腾 4 以上计算机。

环境：Windows 2000 Server 或 Windows 2003 Server、SQL Server 2005 中文版。

3. 实验步骤

① 根据题目要求熟悉 SQL Server 2005 的各种管理工具；

② 分析题意，重点分析题目要求并给出解决方法；

③ 按题目要求完成实际操作任务，并将相关文档资料保存在以自己学号命名的文件夹中；

④ 提交完成的实验结果。

4. 实验内容

1) 创建关系图

根据实际情况，为 MyDB 数据库创建关系图，其中包括 Student、Course、Grade、Class 4 张表格，选择表中相应的属性建立表间的关联。

2) 视图的创建、查询、修改和删除

① 创建一个名为 V_Student 的视图，以显示学生的学号、姓名、性别和出生年月等基本信息。

② 创建一个名为 V_Grade 的视图，以显示选修 0001 号课程的学生成绩信息，如学号、姓名、课程名称、成绩和学分等。

③ 分别利用视图 V_Student 和 V_Grade 做查询和更新操作。

④ 修改 V_Student 视图的定义，为其增加一个条件，使得该视图只显示 CS01 班学生的基本信息。

⑤ 删除名为 V_Student 的视图。

3) 索引的创建、查看和删除

① 为 Student 表创建一个基于总学分和学号的索引 idex_total_xh，其中总学分按降序排列，当总学分相同时，按学号升序排列，填充因子为 80%。

② 学生表创建一个基于班级和姓名的索引 idex_clas_name，其中班号按升序、学生

姓名按降序排列,填充因子为 70%。

③ 利用索引管理器查看索引。

④ 删除索引 idex_total_xh,再利用索引管理器查看索引。

注:以上 3 题除了第 1 题,其余各题均需要使用工具和 SQL 语言两种方法来完成。并将 SQL 语句按题号保存在自己的文件夹下的实验三目录中。

5. 问题解答及实验结果

6. 实验体会和收获

12.1.4 约束、默认和规则

实验项目名称：<u>四、约束、默认和规则</u>　　实验学时：<u>　2　</u>

同组学生姓名：<u>　　　　　　　　　　</u>　　实验地点：<u>　　　　</u>

实验日期：<u>　　　　　　　　　　　　</u>　　实验成绩：<u>　　　　</u>

批改教师：<u>　　　　　　　　　　　　</u>　　批改时间：<u>　　　　</u>

1. 实验目的和要求

① 理解数据库中的实体完整性约束，掌握 PRIMARY KEY、UNIQUE、NOT NULL 等约束的创建方法；

② 理解参照完整性约束的概念，掌握 FORENGN KEY 的创建方法；

③ 理解域完整性的概念，掌握 CHECK 及规则的创建方法；

④ 理解默认值的概念，掌握默认值和默认对象的创建方法。

2. 实验设备、环境

设备：奔腾 4 或奔腾 4 以上计算机。

环境：Windows 2000 Server 或 Windows 2003 Server、SQL Server 2005 中文版。

3. 实验步骤

① 根据题目要求熟悉 SQL Server 2005 的各种管理工具；

② 分析题意，重点分析题目要求并给出解决方法；

③ 按题目要求完成实际操作任务，并将相关文档资料保存在以自己学号命名的文件夹中；

④ 提交完成的实验结果。

4. 实验内容

1）约束在数据库中的应用

① 用系统存储过程 sp_helpconstraint 查看 Student 表的约束。

② 在新建查询中输入插入一个学生信息的命令。

```
INSERT INTO Student(SNO,Sname,Sex,ClsNo,StuAddr,Birthday,Height,TotalCredit)
VALUES('19920101','王军','男','CS01','下关#','1976.12.21',1.76,10),
```

观察其结果。

修改 SNO 的值，将其值修改为 19000001，其他值保持不变，再插入一次，观察其结果。

③ 修改 Student 表，增加 CHECK 约束，约束名为 check_sex，使性别列只能接受"男"或"女"，以强制执行域数据完整性。重做①，观察其结果。

④ 禁止 Student 表中的 Sex 列上的约束。ALTER TABLE student NOCHECK CONSTRAINT check_sex。

⑤ 删除约束。ALTER TABLE student DROP CONSTRAINT check_sex。重做①。

⑥ 利用关系图，建立 Student 表与 Course 表与 Grade 表的主外键约束。

2）默认的应用

① 创建默认对象。default_birthday，默认值为 1982-1-1。

② 利用系统存储过程 sp_bindefault 将 default_birthday 绑定到 Student 表的 Birthday 列上。

③ 利用系统存储过程 sp_unbindefault 解除 Student 表的 Birthday 列上的默认值绑定。

④ 删除默认值。

⑤ 定义一个默认值为 4 的 Default_Value，并将它绑定到 Course 表的 Credit 列上，绑定后给 Course 表插入数据行，观察默认值的设置情况，使用完毕后，解除并删除绑定。实现过程要求使用 SQL 语句完成。

3）规则的应用

① 利用企业管理器创建规则。规则名为 rule_credit_range，文本为@range＞＝1 and @range＜＝8。

② 绑定规则。将 rule_credit_range 绑定到 Course 表的 Credit 列上。

③ 解除②中设置的规则绑定，删除规则 rule_credit_range。

④ 定义一个规则 rule_Specialty，这个规则限制 Class 表中的 Specialty 列只能取以下的值。计算机应用、信息管理、数学、物理。将该规则绑定到 Class 表后，向 Class 表插入数据行，观察规则的设置情况，使用完毕后，解除并删除该规则。

5. 问题解答及实验结果

6. 实验体会和收获

12.1.5 T-SQL 程序设计

实验项目名称：<u>五、T-SQL 程序设计</u>　　　　实验学时：　<u>4</u>

同组学生姓名：<u>　　　　　　　　　　</u>　　实验地点：<u>　　　　</u>

实验日期：<u>　　　　　　　　　　　　</u>　　实验成绩：<u>　　　　</u>

批改教师：<u>　　　　　　　　　　　　</u>　　批改时间：<u>　　　　</u>

1. 实验目的和要求

① 掌握 T-SQL 中运算符和表达式的使用；

② 通过对 SELECT 的使用，掌握 SELECT 语句的结构及其应用；

③ 掌握 T-SQL 中几个常用流程控制语句的使用；

④ 掌握系统内置函数的概念及其应用；

⑤ 通过定义和使用用户自定义函数，掌握自定义函数的概念及其应用。

2. 实验设备、环境

设备：奔腾 4 或奔腾 4 以上计算机。

环境：Windows 2000 Server 或 Windows 2003 Server、SQL Server 2005 中文版。

3. 实验步骤

① 根据题目要求熟悉 SQL Server 2005 的各种管理工具；

② 分析题意，重点分析题目要求并给出解决方法；

③ 按题目要求完成实际操作任务，并将相关文档资料保存在以自己学号命名的文件夹中；

④ 提交完成的实验结果。

4. 实验内容

1) SQL 查询(使用 SQL Server 样例数据库 pubs 完成)

(1) 简单查询

① 查询所有作者的姓名和作者号信息，并在每个作者的作者号前面显示字符串"身份证号："表明显示信息是身份证信息(authors 表)。

② 改变显示列名。显示所有作者的姓名信息和作者号信息，要求用"名"和"姓"来区别 fname 和 lname，"作者编号"来区分作者号(authors 表)。

③ 查询所有书在价格提高 10% 后的价格和书名信息(titles 表)。

④ 查询所有书的书号和税后价格(titles 表，royalty 列表示税率)。

⑤ 查询所有作者的姓和"名的第一个字符"以及作者号(authors 表，SUBSTRING 函数)。

⑥ 查询邮政编码大于 9000 的作者姓名和电话信息(authors 表)。

⑦ 查询出版日期在 1/1/1991—12/31/1991 的书名(书名限制为 38 个字符)和出版日期(titles 表，SUBSTRING 函数)。

⑧ 查询书的类型是 mod_cook 或 trad_cook 的书名和它的类型(titles 表)。

⑨ 查询店名中包含 Book 的店的信息（stores 表）。

⑩ 查询书名以 T 开头或者出版号为 0877，且价格大于 16 美元的书的信息（titles 表）。

⑪ 查询所有作者的所在城市和州名，要求没有重复信息（authors 表）。

⑫ 按照类型的升序和价格的降序显示书的信息（titles 表）。

（2）生成汇总数据

① 计算多少种书已被定价（titles 表）。

② 计算每本书的书号及它的售书总量（sales 表）。

③ 求销售量大于 30 的书号及销售数量（sales 表）。

④ 显示在 1994 年 1 月 1 日—1994 年 10 月 31 日，每本书的销售总额（sales 表，titles 表）。

（3）连接查询

① 求每本杂志上刊登的文章（titles，publishers 表）。

② 求某书店销售某书的数量（titles，stores，sales 表）。

③ 查询所有合著的书及其作者。

④ 显示所有已销售的书的书名。

（4）子查询

① 查询有销售记录的所有书信息，包括书的编号、书名、类型和价格。

② 求已销售的书的信息。

2）函数

① 自定义一个名为 sage_func 函数，按出生年月计算年龄。然后从 Student 表中检索出含有年龄的学生信息。

② 定义一个名为 grade_func 的自定义函数，将成绩从百分制转化为五级记分制。将该用户定义函数用在查询每个学生的成绩中，给出五级记分制的成绩。

3）流程控制

① Student 表中若存在学号为 19920101 的学生，则显示已存在的信息，否则插入该学生的记录。然后从 Student 表中删除学号为 19920101 的学生记录，重新执行该程序，观察与上次有何不同。

② 使用 WHILE 语句求 1～100 的累加和，输出结果。

5．问题解答及实验结果

6．实验体会和收获

12.1.6 存储过程和触发器

实验项目名称：<u>六、存储过程和触发器</u>   实验学时：<u>2</u>
同组学生姓名：<u>　　　　　　　　　</u>   实验地点：<u>　　　</u>
实验日期：<u>　　　　　　　　　</u>   实验成绩：<u>　　　</u>
批改教师：<u>　　　　　　　　　</u>   批改时间：<u>　　　</u>

1. 实验目的和要求

① 通过对常用系统存储过程的使用，了解存储过程的类型；

② 通过创建和执行存储过程，了解存储过程的基本概念，掌握使用存储过程的操作技巧和方法；

③ 通过对已创建的存储过程的改变，掌握修改、删除存储过程的技巧；

④ 了解触发器的基本概念，理解触发器的功能；

⑤ 掌握创建、修改和删除和使用触发器的操作方法。

2. 实验设备、环境

设备：奔腾 4 或奔腾 4 以上计算机。

环境：Windows 2000 Server 或 Windows 2003 Server、SQL Server 2005 中文版。

3. 实验步骤

① 根据题目要求熟悉 SQL Server 2005 的各种管理工具；

② 分析题意，重点分析题目要求并给出解决方法；

③ 按题目要求完成实际操作任务，并将相关文档资料保存在以自己学号命名的文件夹中；

④ 提交完成的实验结果。

4. 实验内容

1）存储过程的类型

使用 sp_helptext 查看 byroyalty 存储过程的文本，该存储过程在数据库 pubs 中。

2）创建与执行存储过程

① 在 MyDB 中创建存储过程 proc_1，要求实现如下功能。产生学分为 4 的课程学生选课情况列表，其中包括课程号、课程名、学分、学号、姓名、专业、性别等，并调用此存储过程，显示执行结果。

② 在 MyDB 中创建存储过程 proc_2，要求实现如下功能。输入专业名称，产生该专业学生的选课情况列表，其中包括专业、学号、姓名、课程号、课程名、成绩、学分等，并调用此存储过程，显示"计算机应用"专业学生的选课情况列表。

③ 在 MyDB 中创建存储过程 proc_3，要求实现如下功能。输入学生学号，根据该学生所选课程的总学分显示提示信息，如果总学分＜9，则显示"此学生学分不足！"，否则显示"此学生学分已足！"，并调用此存储过程，显示 19920102 学生的总学分情况。

3）修改存储过程

① 对 MyDB 中已创建的存储过程 proc_1 进行修改，要求在显示列表中增加班级字段，即产生学分为"4"的课程学生选课情况列表，其中包括课程号、课程名、学分、学号、姓名、专业、班级、性别等。

② 对 MyDB 中创建的存储过程 proc_2 进行修改，要求实现如下功能。输入专业名称，产生该专业所有男生的选课情况列表，其中包括专业、学号、姓名、课程号、课程名、成绩、学分等，并调用修改后的存储过程，显示"计算机应用"专业男生的选课情况列表。

③ 对 MyDB 中已创建的存储过程 proc_3 进行修改，要求实现如下功能。输入学生学号，根据该学生所选课程的总学分显示提示信息，如果总学分<9，则显示"此学生所选总学分为 XXX，学分不足！"，否则显示"此学生所选总学分为 XXX，学分已足！"。并调用修改后的存储过程，显示 19920102 学生的总学分情况。

4）删除存储过程

删除 MyDB 中的存储过程 proc_1。

5）创建触发器

① 创建触发器 trigger_1，实现当修改学生表（Student）中的数据时，显示提示信息"学生情况表被修改了"。

② 在 MyDB 中创建触发器 trigger_2，实现如下功能。当在学生成绩表（Grade）中删除一条学生选课信息后，自动实现更新该学生在学生情况表（Student）中的总学分信息。

③ 创建触发器 trigger_3，实现当修改学生情况表（Student）中的某个学生的学号时，对应学生成绩表（Grade）中的学号也做修改。

6）修改触发器

对已创建的触发器 trigger_1 进行修改，实现当修改学生情况表（Student）中的数据时，显示提示信息"学生情况表中 XXX 号学生记录被修改了"。

7）删除触发器

删除学生情况表上的触发器 trigger_1。

5. 问题解答及实验结果

6. 实验体会和收获

12.1.7 数据库备份、恢复、安全管理

实验项目名称：<u>七、数据库备份、恢复、安全管理</u>　实验学时：<u>　2　</u>

同组学生姓名：<u>　　　　　　　　　　　　　</u>　实验地点：<u>　　　</u>

实验日期：<u>　　　　　　　　　　　　　　</u>　实验成绩：<u>　　　</u>

批改教师：<u>　　　　　　　　　　　　　　</u>　批改时间：<u>　　　</u>

1. 实验目的和要求

① 了解 SQL Server 2005 的数据备份机制，理解数据库备份的意义、数据库逻辑备份与物理备份的区别；

② 掌握磁盘备份设备的创建和管理，掌握各种备份数据库的方法，了解怎样制订备份计划；

③ 了解 SQL Server 2005 的数据恢复机制，掌握数据库恢复的方法；

④ 了解 SQL Server 2005 的身份验证模式，并学会如何改变身份验证模式；

⑤ 理解数据库用户账号的基本概念，掌握管理数据库用户账号技术；

⑥ 掌握删除登录账号和用户账号技术；

⑦ 理解角色的概念，掌握管理角色技术。

2. 实验设备、环境

设备：奔腾 4 或奔腾 4 以上计算机。

环境：Windows 2000 Server 或 Windows 2003 Server、SQL Server 2005 中文版。

3. 实验步骤

① 根据题目要求熟悉 SQL Server 2005 的各种管理工具；

② 分析题意，重点分析题目要求并给出解决方法；

③ 按题目要求完成实际操作任务，并将相关文档资料保存在以自己学号命名的文件夹中；

④ 提交完成的实验结果。

4. 实验内容

1) 定义备份设备

根据实际情况，创建一个备份设备，其逻辑设备名为 Student_back，物理设备名为 F:\×××\×××\DBbackup(注：要事先在 F 盘上建立文件夹 F:\×××\×××\，即 F:\班级\学号\)。

2) 备份数据库

① 为 MyDB 数据库创建完全数据库备份。

② 在 MyDB 数据库中插入两张表。new1、new2，使 Stuscore 数据库完全备份后发生了一些变化，然后分别在 SQL Server Management Studio 和查询分析器窗口中先后进行差异备份。

③ 使用同样的方法使数据库有些变化，即在 MyDB 数据库中插入两张表：new3、new4，然后分别在 SQL Server Management Studio 和查询分析器窗口中为该数据库先后

进行两次日志备份。

3）恢复数据库

在前面已经为 MyDB 数据库建立了一次完全备份,两次差异备份和两次日志备份,现在要求删除 MyDB 数据库,然后再将其恢复。

4）安全认证模式

① 使用 SQL Server 2005 直接创建一个 SQL Server 登录账号 aa,赋予其系统管理员角色。

② 先在服务器上创建一个 Windows 用户 bb,然后使用创建登录向导,将该用户赋予数据库 pubs 数据库 db_owener 访问权限。

③ 分别在 Management Studio 安全性项的登录账号子项和 pubs 数据库的用户子项中查看刚才所创建的登录账号 aa 和 bb。

5）管理数据库用户账号

① 使用 SQL Server Management Studio 为登录账号 loginT 创建一个数据库 Norhwind,用户账号为 userT,并赋予 db_owner 数据库角色。

② 利用系统存储过程,创建数据库 Norhwind 的用户账号 userC,其所对应的登录账号为 loginC。

6）删除登录账号和用户账号

① 直接在 Management Studio 中删除 Northwind 数据库的 userT 用户账号,然后删除 userT 所对应的登录账号 loginT。

② 利用系统存储过程 sp_revokelogin 删除 Northwind 数据库的 userC 用户账号,使用脚本如下。

```
Use Northwind
GO
sp_revokedbaccess 'userC'
GO
```

7）角色

① 利用系统存储过程为数据库 Northwind 创建一个数据库角色 myrole,并创建一个数据库用户 myuser,使其属于角色 myrole。

② 分别利用系统存储过程 sp_helplogins,sp_helpuser,sp_helprole 查看相关信息。

③ 将数据库用户 myuser 添加为数据库 Northwind 的 db_owner 角色。

5. 问题解答及实验结果

6. 实验体会和收获

12.2 "数据库系统原理"实验课程教案

12.2.1 教案1

第___1___次课　　　　　授课学时___2___

章、节	关系数据库
主要内容	检查学生预习情况(开始上课前要求学生对上课需要的知识提前进行预习) 熟悉 SQL Server 2005 环境及数据库文件管理
目的与要求	1. 熟悉 SQL Server 2005 工作环境,了解 SQL Server 2005 主要管理工具的用途,掌握登录 SQL Server 2005 的方法 2. 了解数据库对象及构成 3. 了解数据库快照的使用方法 4. 掌握创建、修改、删除数据库的方法 5. 熟悉如何查看数据库状态 6. 掌握分离数据库和附加数据库的方法
重点与难点	重点:熟悉 SQL Server 2005 工作环境,了解数据库对象及构成,创建、修改、删除数据库,查看数据库状态并能分离数据库和附加数据库 难点:数据库快照的使用方法
教学方法与手段	1. 教师示范讲解,引导学生熟悉环境,并提交完成的实验结果 2. 教师指导

授课内容

内　容	备　注
1. 熟悉 SQL Server 2005 管理工具,主要掌握的管理工具如下 　(1) SQL Server Management Studio 　(2) SQL Server Configuration(配置管理器) 　(3) SQL Server 外围应用配置 　(4) Database Engine Tuning Advisor(数据库引擎的优化顾问) 　(5) SQL Server 联机丛书 　(6) sqlcmd 提供了在命令提示符中输入 Transact-SQL 语句、系统过程和脚本文件的功能 2. 熟悉数据库的组成 　(1) 熟悉系统数据库 master、model、msdb、tempdb、resource 　(2) 熟悉数据库快照的创建、使用、删除 3. 数据库存储文件,包括主数据文件、辅助数据文件、事务日志文件、文件组 4. 创建数据库 　(1) 使用向导工具创建数据库 MyDB 　(2) 使用语句方式创建数据库 MyDB	举例演示 现场指导

续表

内　　容	备　注
创建数据库 MyDB 的命令为 ``` CREATE DATABASE MyDB ON (　NAME=MyDB_data, 　　FILENAME='D:\data\MyDB_data.mdf', 　　SIZE=3MB, 　　FILEGROWTH=1MB) LOG ON (　NAME=MyDB_log, 　FILENAME='D:\data\MyDB_log.ldf', 　SIZE=1MB, 　FILEGROWTH=10% ``` 5. 维护数据库 　(1) 使用 ALTER DATABASE 语句修改数据库名称为 MyDB1 ``` ALTER DATABASE MyDB MODIFY NAME=MyDB1 ``` 　(2) 使用存储过程修改数据库名称 ``` EXEC sp_dboption 'MyDB','SINGLE',True　　/*首先将数据库设置为单用 　　　　　　　　　　　　　　　　　　　　　　　户模式*/ EXEC sp_renamedb 'MyDB','MyDB1'　　　　　/*修改数据库名*/ EXEC sp_dboption 'MyDB','SINGLE',False /*取消单用户模式*/ ``` 　(3) 从资源管理器窗口修改数据库名称 　(4) 修改数据库大小 　　包括设置数据库文件为自动增长方式、直接修改数据库文件的大小、增加辅助 　　数据库文件 　　使用 SQL 语句为 MyDB 数据库增加一的辅助数据库文件 MyDB2,其大小为 　　3MB,最大为 10MB,按照 10% 增长 ``` ALTER DATABASE MyDB ADD FILE (NAME=MyDB2, 　FILENAME=' D:\data\MyDB2dat.ndf', 　SIZE=3MB, 　MAXSIZE=10MB, 　FILEGROWTH=10%) ``` 　(5) 收缩数据库 　　包括设置数据库为自动收缩、手动收缩数据库 　　例如:使用 DBCC SHRINKDATABASE 命令收缩数据库 DBCC SHRINKDATABASE 　　(MyDB,10)	教师举例 演示 现场指导

续表

内　　　容	备　注

（6）删除数据库
　　包括使用管理工具和使用 T-SQL 语句 DROP DATABASE　database_name[,...n]
（7）查看数据库 MyDB 状态
（8）分离数据库 MyDB
　　包括使用语句、使用工具分离 MyDB 数据库
（9）附加数据库
　　包括使用工具和 SQL 语句两种方式完成
　　使用 SQL 语句附加数据库 MyDB 到实例中
 	
`CREATE DATABASE MyDB`
`ON (NAME='MyDB_dat',`
`   FILENAME='D:\data\MyDB_data.mdf' )`
`LOG ON`
`( NAME= 'MyDB_log',`
`FILENAME= 'D:\data\MyDB_data.ldf')`
`FOR ATTACH`
	现场指导

教　案

本单元知识点归纳	根据题目要求熟悉 SQL Server 2005 的工作环境和各种管理工具，对数据库有一个初步的了解；学会如何使用数据库管理器来创建数据库，进行修改、删除数据库，查看数据库状态；掌握分离数据库和附加数据库的使用
思考题或作业题	在某些语句的使用上还不熟练的学生，希望能在以后的实验中加强语句使用的熟练度练习，在课后多加练习
本单元教学情况小结	本单元众多教学内容中，主要让学生熟悉 SQL Server 2005 的各种管理工具和集成环境，能够灵活运用 SQL 语句和窗口两种方式创建数据库对象，给出数据库增长步长、指定数据库对象的物理位置、对已存在的数据库的各种属性的修改，同时让学生了解到为了保证数据库的安全，一般将数据库文件和其对应的日志文件放在不同的存储位置
备注	将 SQL 语句按题号保存在自己的文件夹下的实验 1 目录中

12.2.2　教案 2

第　2　次课		授课学时　2
章、节		关系数据库标准语言 SQL
主要内容		表和表数据的操作
目的与要求		1. 了解表的类型及创建方法 2. 熟悉各种数据类型 3. 掌握列的各种属性 4. 掌握自定义数据类型的创建方法 5. 掌握用 T-SQL 语言和 SQL Server Management Studio 工具创建表的方法 6. 掌握用 T-SQL 语言和 SQL Server Management Studio 工具插入数据的方法

续表

章、节	关系数据库标准语言 SQL
重点与难点	重点：表的类型及创建方法，分别用 T-SQL 语言和 SQL Server Management Studio 工具创建表、插入表中数据的方法 难点：自定义数据类型的创建方法
教学方法与手段	1. 教师示范讲解并指导 2. 学生分组设计与讨论，并提交完成的实验结果

授课内容

内　　容	备注
1. 了解表的类型及创建方法、熟悉各种数据类型、掌握列的各种属性	教师演示
2. 使用 SQL Server Management Studio 工具在 MyDB 数据库中创建 Student、Class 表，使用 T-SQL 语言在 MyDB 数据库中创建 Course 和 Grade 表，见下面创建 Grade 表的引例 USE MyDB CREATE TABLE Grade (SNO Char(8) NOT NULL, CNO Char(4) NOT NULL, Scorce Numeric(4,1),PRIMARY KEY(SNO,CNO));	
3. 自定义数据类型 (1) 使用 Management Studio 工具创建用户自定义数据类型 StudentNo,Char(8) (2) 系统存储过程 sp_addtype 创建用户自定义数据类型 CourseNo,Char(4) 　USE MyDB 　EXEC sp_addtype studentNo,'Char(8)','NOT NULL'; 　EXEC sp_addtype courseNo,'Char(4)','NOT NULL'; (3) 修改 MyDB 数据库中的各表，学号和课程号，应用前面已经自定义的数据类型	现场指导
4. 修改表结构 (1) 使用 ALTER 修改 Student 表结构，使其增加一列 Department(系别)Char(12) 　ALTER TABLE Student ADD Department Char(12); (2) 使用 SQL Server Management Studio 工具删除刚刚增加的系别 Department	
5. 插入数据 使用 SQL Server Management Studio 工具或 INSERT INTO 语句，分别向 Student 等各表格插入数据。插入后使用命令 SELECT ＊ FROM Student;检查插入数据正确性 INSERT INTO Student VALUES('19920101','王军','男','CS01','下关#', '1976.12.21',1.76,10) INSERT INTO Student VALUES('19920102','李杰','男','CS01','江边路#', '1974.5.24',1.72,9) INSERT INTO Student VALUES('19920306','王彤','女','MT04','中央路#', '1977.3.18',1.65,9) SELECT ＊ FROM Student;	

续表

内　　容	备注
6. 删除表中的数据 　（1）使用 SQL Server Management Studio 工具删除课程号为 0001 的选课记录 　（2）使用 T-SQL 语言删除 Grade 表中学号为 19920101 的数据 　　　DELETE FROM Grade WHERE SNO='19920101' 7. 删除表格 　（1）使用 SQL Server Management Studio 工具删除 Student 表 　（2）使用 DROP TABLE 命令删除 Grade 表 　　　DROP TABLE Grade	

教　案

本单元知识点归纳	熟悉表的类型，掌握用 T-SQL 语言和 SQL Server Management Studio 工具创建表的方法，完成对学生、课程、成绩等各表中数据进行查询、增加、删除、修改等操作
思考题或作业题	课后预习下一次的实验知识 在工具和语句的使用上还不熟练的学生，希望能在以后的实验中加强语句使用的熟练度练习，在课后多加练习
本单元教学情况小结	本单元众多教学内容中，主要让学生掌握创建表的方法，在表中定义主键，完成对表中数据的查询、增加、删除、修改等操作
备注	建表时，要知道各表数据的属性，以及各数据之间的关系，设计各数据的属性的同时每个表中还应设一个主键。在表中定义主键，除了保证每条记录可以被唯一识别外，更重要的作用在于多个表间的连接，当数据库中包含多个表时，需要通过主键识别来建立表之间的关系，使各表协同工作。如果刚开始建表时并没设立主键，则接下来的好多操作都会遇到相当大的麻烦

12.2.3　教案 3

第　3　次课　　　　　　　　授课学时　2

章、节	关系数据库标准语言 SQL
主要内容	关系索引和视图
目的与要求	1. 理解关系图的含义及用途，掌握关系图的创建方法 2. 理解视图的基本概念、种类及利用视图修改数据时的限制，掌握视图的创建方法 3. 理解索引的基本概念及其优缺点，掌握创建索引的方法
重点与难点	重点：视图的创建方法，创建索引的方法 难点：关系图的创建方法

章、节	关系数据库标准语言 SQL
教学方法与手段	学生分组设计与讨论 教师指导

授课内容

内　　容	备注
1. 创建关系图 　根据实际情况,为 MyDB 数据库创建关系图,其中包括 Student、Course、Grade、Class 4 张表格,选择表中相应的属性建立表间的关联 2. 视图的创建、查询、修改和删除 　(1) 创建名为 V_Student 的视图以显示学生的学号、姓名、性别和出生年月等基本信息 　　CREATE VIEW V_Student AS SELECT SNO AS '学号',SName AS '姓名',Sex AS '性别',Birthday AS '出生年月' FROM Student 　(2) 创建一个名为 V_Grade 的视图,以显示 0001 号课程的学生成绩信息,如学号、姓名、课程名称、成绩和学分等 　　CREATE VIEW V_Grade AS SELECT Grade.SNO AS '学号',SName AS '姓名', 　　CName AS '课程名称',Scorce AS '成绩',Grade.Credit AS '学分' 　　FROM Student,Course,Grade WHERE Grade.CNO = '0001' AND Grade.SNO= 　　Student.SNO AND Grade.CNO=Course.CNO 　(3) 分别利用视图 V_Student 和 V_Grade 做查询和更新操作 　　SELECT * FROM V_Student 　　GO 　　SELECT * FROM V_Grade 　(4) 修改 V_Student 视图的定义,为其增加一个条件,使得该视图只显示 CS01 班学生的基本信息 　　ALTER VIEW V_Student 　　AS SELECT SNO AS '学号',SName AS '姓名',Sex AS '性别',Birthday AS 　　'出生年月' FROM Student WHERE Student.ClsNO='CS01' 　(5) 删除名为 V_Student 的视图 DROP VIEW V_Student 3. 索引的创建、查看和删除 　(1) 为 Student 表创建一个基于总学分和学号的索引 idex_total_xh,其中总学分按降序排列,当总学分相同时,按学号升序排列,填充因子为 80% 　　CREATE INDEX idex_total_xh 　　ON Student(TotalCredit DESC,SNO) WITH(fillfactor=80) 　(2) 学生表创建一个基于班级和姓名的索引 idex_clas_name,其中班号按升序、学生姓名按降序排列,填充因子为 70% 　　CREATE INDEX idex_clas_name 　　ON Student(ClsNO,SName DESC) WITH(fillfactor=70)	教师演示 现场指导

续表

内　　容	备注
（3）利用索引管理器查看索引 　EXEC sp_helpindex Student （4）删除索引 idex_total_xh，再利用索引管理器查看索引 　DROP INDEX idex_total_xh ON Student 　DROP INDEX idex_clas_name ON Student	

教　案

本单元知识点归纳	具体了解和掌握视图、索引、关系的使用。掌握关系图的创建方法，掌握视图的创建方法，掌握创建索引的方法
思考题或作业题	1. 视图的特点及作用 2. 索引的优点、缺点 3. 关系图的创建方法
本单元教学情况小结	本单元众多教学内容中，主要让学生掌握视图及其使用，通过视图访问的数据不作为独立对象存储在数据库内。使用视图可以完成下列任务：将用户限定在表的特定列上和特定行上；将用户限定在特定表上。 索引的特点是：索引是数据库程序，无须对整个表进行扫描就可以在其中找到所需数据。查询效率虽高，但在表中插入或更新数据时，将有额外的操作来维护索引，降低了效率而且占用存储空间。
备注	注：以上三题除了第一题，其余各题均需要使用 SQL Server Management Studio 工具和 SQL 语言两种方法来完成。并将 SQL 语句按题号保存在自己的文件夹下的实验3目录中

12.2.4　教案4

第　4　次课　　　　授课学时　2

章、节	数据库完整性
主要内容	约束、默认和规则的使用及方法
目的与要求	1. 理解数据库中的实体完整性约束，掌握 PRIMARY KEY、UNIQUE、NOT NULL 等约束的创建方法 2. 理解参照完整性约束的概念，掌握 FORENGN KEY 的创建方法 3. 理解域完整性的概念，掌握 CHECK 及规则的创建方法 4. 理解默认值的概念，掌握默认值和默认对象的创建方法
重点与难点	重点：掌握实体完整性约束、参照完整性约束、用户定义域完整性的处理及应用 难点：掌握默认值和默认对象的创建方法
教学方法与手段	1. 学生分组设计与讨论 2. 教师指导

授课内容

内　　容	备注
1. 约束在数据库中的应用	教师演示
（1）用系统存储过程 sp_helpconstraint 查看 Student 表的约束	
EXEC sp_helpconstraint Student	
（2）在新建查询中输入插入一个学生信息的命令 INSERT INTO Student（SNO，SName，Sex，ClsNO，StuAddr，Birthday，Height，TotalCredit）VALUES('19920101','王军','男','CS01','下关 # ','1976.12.21',1.76,10)，观察结果 修改 SNO 的值，将其值修改为 19000001，其他的值保持不变，再插入一次，观察结果	
（3）修改 Student 表，增加 CHECK 约束，约束名为 check_sex，使性别列只能接受"男"或"女"，以强制执行域数据完整性。重做（1），观察其结果	现场指导
ALTER TABLE Student WITH NOCHECK ADD CONSTRAINT check_sex CHECK (Sex BETWEEN '男' AND '女')	
（4）禁止 Student 表中的 Sex 列上的约束	
ALTER TABLE Student NOCHECK CONSTRAINT check_sex	
（5）删除约束，ALTER TABLE Student DROP CONSTRAINT check_sex，重做（1）	
（6）利用关系图，建立 Student 表、Course 表与 Grade 表的主外键约束	

/*创建主键*/
  ALTER TABLE Student ADD CONSTRAINT pk_sno PRIMARY KEY(SNO);
  ALTER TABLE Class ADD CONSTRAINT pk_clsno PRIMARY KEY(ClsNO);
  ALTER TABLE Course ADD CONSTRAINT pk_cno PRIMARY KEY(CNO);
  /*创建组合主键*/
  ALTER TABLE Grade ADD CONSTRAINT pk_group PRIMARY KEY (SNO,CNO);
  /*创建外键*/
  ALTER TABLE Student ADD CONSTRAINT fk_clsno
  FOREIGN KEY (ClsNO) REFERENCES Class(ClsNO);	

2. 默认的应用	
（1）创建默认对象 default_birthday，默认值为 1982-1-1。	
CREATE DEFAULT default_birthday AS '1982-01-01'	
（2）利用系统存储过程 sp_bindefault 将 default_birthday 绑定到 Student 表的 Birthday 列上	
EXEC sp_bindefault 'default_birthday','Student.birthday'	
（3）利用系统存储过程 sp_unbindefault 解除 Student 表的 Birthday 列上的默认值绑定	
EXEC sp_unbindefault 'Student.birthday'	
（4）删除默认值	
DROP DEFAULT default_birthday	
（5）定义一个默认值为 4 的 Default_Value，并将它绑定到 Course 表的 Credit 列上，绑定后给 Course 插入数据行，观察默认值的设置情况，使用完毕后，解除并删除绑定。实现过程要求使用 SQL 语句完成	

续表

内　　容	备注
CREATE DEFAULT Default_Value AS 4 EXEC sp_bindefault 'Default_Value','Course.Credit' INSERT INTO Course(CNO,CName,PCNO) VALUES('0002','文学','') EXEC sp_unbindefault 'Course.Credit' DROP DEFAULT Default_Value	

3. 规则的应用

(1) 利用企业管理器创建规则,规则名为 rule_credit_range,文本为@range>=1 and @range<=8;

```
CREATE RULE rule_credit_range
AS @range BETWEEN 1 AND 8
```

(2) 绑定规则,将 rule_credit_range 绑定到 Class 表的 Course 列上

```
EXEC sp_bindrule 'rule_credit_range','Course.Credit'
```

(3) 解除(2)中设置的规则绑定,删除规则 rule_ credit _range

```
EXEC sp_unbindrule 'Course.Credit'
```

(4) 定义一个规则 rule_Specialty,这个规则限制 Class 表中的 Specialty 列只能取以下的值:计算机应用、信息管理、数学、物理。将该规则绑定到 Class 表后,向 Class 表插入数据行,观察规则的设置情况,使用完毕后,解除并删除该规则

```
CREATE RULE rule_Specialty
AS @Specialty IN ('计算机应用','信息管理','数学','物理')
EXEC sp_bindrule 'rule_Specialty','Class.Specialty'
INSERT INTO Class VALUES('PH09','物理八班','葛格','化学')
EXEC sp_unbindrule 'Class.Specialty'
```

教　案

本单元知识点归纳	1. 理解数据库中的实体完整性约束。PRIMARY KEY 约束用于定义基本表的主键,它是唯一确定表中每一条记录的标识符,其值不能为 NULL,也不能重复,以此来保证实体的完整性。PRIMARY KEY 与 UNIQUE 约束类似,通过建立唯一索引来保证基本表在主键列取值的唯一性,但它们之间存在着很大的区别。唯一性约束用于指定一个或者多个列的组合值具有唯一性,以防止在列中输入重复的值。定义了 UNIQUE 约束的那些列称为唯一键,系统自动为唯一键建立唯一索引,从而保证了唯一键的唯一性 2. 理解参照完整性约束的概念 3. 理解域完整性的概念,掌握 CHECK 及规则的创建方法 4. 理解默认值的概念,默认约束指定在插入操作中如果没有提供输入值时,则系统自动指定值。默认约束可以包括常量、函数、不带变元的内建函数或者空值
思考题或作业题	
本单元教学情况小结	本单元众多教学实验内容中,主要让学生掌握实体完整性约束、参照完整性约束、用户定义域完整性的处理及应用,掌握默认值和默认对象的创建方法
备注	将 SQL 语句按题号保存在自己的文件夹下的实验 4 目录中

12.2.5　教案 5

第　5　次课		授课学时　2	
章、节		关系数据库标准语言 SQL	
主要内容		T-SQL 程序设计应用 1	
目的与要求		1. 掌握 T-SQL 中运算符和表达式的使用 2. 通过对 SELECT 的使用，掌握 SELECT 语句的结构及其应用	
重点与难点		掌握 T-SQL 中的 SELECT 语句的结构及其应用；灵活掌握各种查询方法的使用	
教学方法与手段		1. 学生分组设计与讨论 2. 教师指导	

授课内容

内　　　　容	备注
SQL 查询（使用 SQL Server 样例数据库 pubs 完成） 1. 简单查询 　（1）查询所有作者的姓名和作者号信息，并在每个作者的作者号前面显示字符串"身份证号："表明显示信息是身份证信息（authors 表） 　（2）改变显示列名。显示所有作者的姓名信息和作者号信息，要求用"名"和"姓"来区别 fname 和 lname，用"作者编号"来区分作者号（authors 表） 　（3）查询所有书在价格提高 10% 后的价格和书名信息（titles 表） 　（4）查询所有书的书号和税后价格（titles 表，royalty 列表示税率） 　（5）查询所有作者的姓和"名的第一个字符"以及作者号（authors 表，SUBSTRING 函数） 　（6）查询邮政编码大于 9000 的作者姓名和电话信息（authors 表） 　（7）查询出版日期在 1/1/1991～12/31/1991 的书名（书名限制为 38 个字符）和出版日期（titles 表，SUBSTRING 函数） 　（8）查询书的类型是 mod_cook 或 trad_cook 的书名和它的类型（titles 表） 　（9）查询店名中包含 Book 的店的信息（stores 表） 　（10）查询书名以 T 开头或者出版号为 0877，且价格大于 16 美元的书的信息（titles 表） 　（11）查询所有作者的所在城市和州名，要求没有重复信息（authors 表） 　（12）按照类型的升序和价格的降序显示书的信息（titles 表） 2. 生成汇总数据 　（1）计算多少种书已被定价（titles 表） 　（2）计算每本书的书号及它的售书总量（sales 表） 　（3）求销售量大于 30 的书号及销售数量（sales 表） 　（4）显示在 1994 年 1 月 1 日～1994 年 10 月 31 日，每本书的销售总额（sales 表，titles 表） 3. 连接查询 　（1）求每本杂志上刊登的文章（titles，publishers 表） 　（2）求某书店销售某书的数量（titles，stores，sales 表） 　（3）查询所有合著的书及其作者 　（4）显示所有已销售的书的书名 4. 子查询 　（1）查询有销售记录的所有书信息，包括书的编号、书名、类型和价格 　（2）求已销售的书的信息	教师演示

续表

内　　容	备注
解答 SQL 查询 1. 简单查询 1.1 SELECT '身份证号：'+au_id au_id,au_lname,au_fname FROM authors 1.2 SELECT au_id '作者编号',au_lname '姓',au_fname '名' FROM authors 1.3 SELECT title,price * 1.1 newprice FROM titles 1.4 SELECT title_id,price * (1+royalty) newprice FROM titles 1.5 SELECT au_id,au_lname,SUBSTRING(au_fname,1,1) au_fname 　　FROM authors 1.6 SELECT au_lname,au_fname,phone FROM authors WHERE zip>9000 1.7 SELECT substring(title,1,38) title,pubdate 　　FROM titles WHERE pubdate BETWEEN '1/1/1991' AND '12/31/1991' 1.8 SELECT title,[type] FROM titles 　　WHERE [type] IN ('mod_cook','trad_cook') 1.9 SELECT * FROM stores WHERE stor_name LIKE '%Book%' 1.10 SELECT * FROM titles WHERE (title like 'T%' or pub_id='0877') AND 　　price>16 1.11 SELECT DISTINCT(city),state FROM authors 1.12 SELECT [type],price FROM titles ORDER BY [type],price DESC 2. 生成汇总数据 2.1 SELECT count(title_id) num FROM titles WHERE price IS NOT NULL 2.2 SELECT title_id,sum(qty) qty FROM sales GROUP BY title_id 2.3 SELECT title_id,sum(qty) qty FROM sales 　　GROUP BY title_id HAVING (sum(qty)>30) 2.4 SELECT titles.title_id, sum(sales.qty) * titles.price totalmoney 　　FROM sales,titles WHERE titles.pubdate BETWEEN '1994/1/1' AND '1994/ 　　10/31' GROUP BY sales.title_id,titles.price,titles.title_id 　　HAVING(sales.title_id=titles.title_id) 3. 连接查询 3.1 SELECT titles.title,publishers.pub_name FROM titles,publishers 　　WHERE titles.pub_id=publishers.pub_id 3.2 SELECT a.title,b.stor_name,c.qty FROM titles a,stores b,sales c 　　WHERE a.title_id=c.title_id AND b.stor_id=c.stor_id 3.3 SELECT DISTINCT(a.title_id),b.au_id,a.au_id 　　FROM titleauthor a,titleauthor b WHERE a.title_id=b.title_id 3.4 SELECT title,sum(qty) qty FROM sales,titles 　　WHERE sales.title_id=titles.title_id GROUP BY title 4. 子查询 4.1 SELECT sales.title_id,titles.title,titles.[type],titles.price 　　FROM titles,sales WHERE sales.title_id=titles.title_id 4.2 SELECT * FROM titles,sales WHERE sales.title_id=titles.title_id	现场指导

教　案

本单元知识点归纳	数据库查询是普通用户用得最多的功能，也是学会数据库最基本的知识。掌握 T-SQL 中运算符和表达式的使用；掌握 SELECT 语句的结构及其灵活应用
思考题或作业题	课后强化复习并练习教材中的各种查询命令

续表

本单元教学情况小结	在设计查询语句时只要保持清晰的思维和宽阔的视野,即使最复杂的查询也不会是问题。通过连接运算符可以实现多个表查询。连接是关系数据库模型的主要特点,也是它区别于其他类型数据库管理系统的一个标志 在关系数据库管理系统中,表建立时各数据之间的关系不必确定,常把一个实体的所有信息存放在一个表中。当检索数据时,通过连接操作查询出存放在多个表中的不同实体的信息。连接操作给用户带来很大的灵活性,他们可以在任何时候增加新的数据类型
备注	将 SQL 语句按题号保存在自己的文件夹下的实验 5 目录中

12.2.6　教案 6

第　6　次课　　　　　　　授课学时　2

章、节	关系数据库标准语言 SQL
主要内容	T-SQL 程序设计 2
目的与要求	1. 掌握 T-SQL 中几个常用流程控制语句的使用 2. 掌握系统内置函数的概念及其应用 3. 通过定义和使用用户自定义函数,掌握自定义函数的概念及其应用
重点与难点	重点:掌握 T-SQL 中常用流程控制语句的使用,掌握系统内置函数和用户自定义函数 难点:用户自定义函数的应用
教学方法与手段	1. 教师示范讲解 2. 学生分组设计与讨论 3. 教师现场指导

授课内容

内　　　容	备注
1. 流程控制 　(1) Student 表中若存在学号为 19920101 的学生,则显示已存在的信息,否则插入该学生的记录。然后从 Student 表中删除学号为 19920101 的学生记录,重新执行该程序,观察与上次有何不同。流程控制语句为 　IF EXISTS (SELECT * FROM Student WHERE SNO='19920101') 　BEGIN SELECT * FROM Student WHERE SNO='19920101' END 　ELSE BEGIN 　INSERT INTO Student VALUES ('19920101','王军','男','CS01','下关# ', 　'1976-12-21 00: 00: 00',1.82,10) END 　DELETE FROM Student WHERE SNO='19920101' 　(2) 使用 WHILE 语句求 1～100 的累加和,输出结果。流程控制语句为 　DECLARE @sum Int, @start Int 　　SET @start=1 　　SET @sum=0 　BEGIN	教师示范讲解

续表

内　　容	备注

WHILE(@start<101)
BEGIN
　SET @sum=@sum+@start
　SET @start=@start+1
END
PRINT @sum
END
	教师现场
	指导

2. 函数

(1) 自定义一个名为 sage_func 函数，按出生年月计算年龄。然后从 Student 表中检索出含有年龄的学生信息

```
CREATE FUNCTION sage_func ( @vardate Datetime,@curdate Datetime)
RETURNS Tinyint
AS BEGIN
RETURN datediff ( yy,@vardate,@curdate ) END
SELECT SNO AS 学号, SName AS 姓名,dbo.Sage_func(Birthday,getdate())
AS 年龄 FROM Student
```

(2) 定义一个名为 grade_func 的自定义函数，将成绩从百分制转化为五级记分制。将该用户定义函数用在查询每个学生的成绩中，给出五级记分制的成绩

```
CREATE FUNCTION grade_func (@Scorce Int)
RETURNS tinyint
AS BEGIN RETURN @Scorce/20 end
SELECT SName AS 姓名, dbo.grade_func(Scorce) AS 五级分制
FROM Grade,Student WHERE Grade.SNO=Student.SNO
```

教　　案

本单元知识点归纳	1. 掌握 T-SQL 中几个常用流程控制语句的使用 2. 掌握系统内置函数和用户自定义函数的概念及其应用
思考题或作业题	课后强化练习教材中的各种查询命令
本单元教学情况小结	本单元众多教学内容中，主要让学生掌握流程控制语句、系统内置函数和用户自定义函数的相关内容
备注	将 SQL 语句按题号保存在自己的文件夹下的实验6目录中

12.2.7　教案7

第___7___次课	授课学时　__2__
章、节	数据库编程
主要内容	存储过程和触发器知识及应用
目的与要求	1. 通过对常用系统存储过程的使用，了解存储过程的类型 2. 通过创建和执行存储过程，了解存储过程的基本概念，掌握使用存储过程的操作技巧和方法

续表

章、节	数据库编程
目的与要求	3. 通过对已创建的存储过程的改变，掌握修改、删除存储过程的技巧 4. 了解触发器的基本概念，理解触发器的功能 5. 掌握创建、修改和删除和使用触发器的操作方法
重点与难点	重点：掌握使用存储过程的操作技巧和方法 难点：掌握创建、修改和删除和使用触发器的操作方法
教学方法与手段	1. 教师示范讲解 2. 学生分组设计与讨论 3. 教师现场指导

授课内容

内　　容	备注
1. 存储过程的类型 　　使用 sp_helptext 查看 byroyalty 存储过程的文本，该存储过程在数据库 pubs 中 　　　EXEC sp_helptext byroyalty 2. 创建与执行存储过程 　(1) 在 MyDB 中创建存储过程 proc_1，要求实现如下功能：产生学分为 4 的课程学生选课情况列表，其中包括课程号、课程名、学分、学号、姓名、专业、性别等，并调用此存储过程，显示执行结果 　　　CREATE PROCEDURE proc_1 AS SELECT Course.CNO,Course.CName,Grade. 　　　Credit,Student.SNO,Student.SName, 　　　Class.Specialty,Student.Sex from Course,Class,Student,Grade 　　　WHERE Grade.Credit='4' AND Student.SNO=Grade.SNO and Course.CNO 　　　=Grade.CNO; 　　　EXEC proc_1; 　(2) 在 MyDB 中创建存储过程 proc_2，要求实现如下功能：输入专业名称，产生该专业学生的选课情况列表，其中包括专业、学号、姓名、课程号、课程名、成绩、学分等，并调用此存储过程，显示"计算机应用"专业学生的选课情况列表 　　　CREATE PROCEDURE proc_2 @Specialty Varchar(16) 　　　AS SELECT Class.Specialty,Student.SNO,Student.SName,Course.CNO, 　　　Course.CName, 　　　Grade.Scorce,Grade.Credit FROM Course,Class,Student,Grade 　　　WHERE Class.Specialty=@Specialty AND Student.SNO=Grade.SNO AND 　　　Course.CNO=Grade.CNO AND Class.ClsNO=Student.ClsNO; 　　　EXEC proc_2 @Specialty='计算机应用'; 　(3) 在 MyDB 中创建存储过程 proc_3，要求实现如下功能：输入学生学号，根据该学生所选课程的总学分显示提示信息，如果总学分＜9，则显示"此学生学分不足！"，否则显示"此学生学分已足！"，并调用此存储过程，显示 19920102 学生的总学分情况 　　　CREATE PROCEDURE proc_3 @SNO Varchar(16) 　　　AS BEGIN 　　　IF (SELECT sum(cast(Credit AS INT)) GRADE FROM Grade WHERE SNO= 　　　@SNO)＜9	

内　　　容	备注

PRINT '此学生学分不足！'
 ELSE
 　　　PRINT '此学生学分已足！'
 END;
 EXEC proc_3 '19920102'; 或者写成 EXEC proc_3 @SNO=19920102;
 	
 　显示结果：此学生学分已足！；
 3. 修改存储过程
 （1）对 MyDB 中已创建的存储过程 proc_1 进行修改，要求在显示列表中增加班级字
 　　段，即产生学分为 4 的课程学生选课情况列表，其中包括课程号、课程名、学分、学
 　　号、姓名、专业、班级、性别等
 	
 　　ALTER PROCEDURE proc_1
 　　AS SELECT
 　　Course.CNO,Course.CName,Grade.Credit,Student.SNO,Student.SName,
 　　Class.ClsName, Class. Specialty, Student. Sex FROM Course, Class,
 　　Student,Grade WHERE Grade.Credit='4' and Student.SNO=Grade.SNO
 　　AND Course.CNO=Grade.CNO
 　　EXEC proc_1;
 	
 （2）在 MyDB 中创建的存储过程 proc_2 进行修改，要求实现如下功能：输入专业名
 　　称，产生该专业所有男生的选课情况列表，其中包括专业、学号、姓名、课程号、课
 　　程名、成绩、学分等。并调用修改后的存储过程，显示"计算机应用"专业男生的选
 　　课情况列表
 	
 　　ALTER PROCEDURE proc_2 @Specialty Varchar(16)
 　　AS SELECT
 　　Class.Specialty,Student.SNO,Student.SName,Course.CNO,Course.CName,
 　　Grade.Scorce,Grade.Credit FROM Course,Class,Student,Grade
 　　WHERE Class. Specialty = @ Specialty AND Student. Sex = ' 男 ' AND
 　　Student.SNO=Grade.SNO AND Course.CNO=Grade.CNO AND Class.ClsNO=
 　　Student.ClsNO;
 　　EXEC proc_2 @Specialty='计算机应用';
 	
 （3）对 MyDB 中已创建的存储过程 proc_3 进行修改，要求实现如下功能：输入学生学
 　　号，根据该学生所选课程的总学分显示提示信息，如果总学分＜9，则显示"此学生
 　　所选总学分为 XXX，学分不足！"，否则显示"此学生所选总学分为 XXX，学分已
 　　足！"。并调用修改后的存储过程，显示 19920102 学生的总学分情况
 	
 　　ALTER PROCEDURE proc_3 (@SNO Varchar(16),@SumCredit Int)
 　　AS SELECT @SumCredit=sum(Credit)
 　　　FROM Grade WHERE SNO=@SNO
 　　　IF (@SumCredit<9)
 　　　　PRINT '此学生学所选总学分为：'+str(@SumCredit)+'，学分不足！'
 　　　ELSE
 　　　PRINT '此学生学所选总学分为：'+str(@SumCredit)+'，学分已足！';
 　　SELECT sum(Credit) FROM Grade WHERE SNO='19920102';
 　　EXEC proc_3 @SNO='19920102',@SumCredit=9;	

内　　容	备注

4. 删除存储过程

删除 MyDB 中的存储过程 proc_1

```
DROP PROCEDURE proc_1
```

5. 创建触发器

(1) 创建触发器 trigger_1，实现当修改学生表(Student)中的数据时，显示提示信息"学生情况表被修改了"

```
CREATE TRIGGER trigger_1
ON Student FOR UPDATE AS PRINT '学生情况表被修改了'
```

(2) 在 MyDB 中创建触发器 trigger_2，实现如下功能：当在学生成绩表(Grade)中删除一条学生选课信息后，自动实现更新该学生在学生情况表(Student)中的总学分信息

```
CREATE TRIGGER trigger_2
ON Grade
FOR DELETE
AS
UPDATE Student
SET TotalCredit=(SELECT sum(Credit)
                 FROM Grade
                 WHERE Student.SNO=(SELECT SNO FROM deleted))
```

(3) 创建触发器 trigger_3，实现当修改学生情况表(Student)中的某个学生的学号时，对应学生成绩表(Grade)中的学号也做修改

```
CREATE TRIGGER trigger_3
ON Student AFTER UPDATE
AS UPDATE Grade SET SNO=deleted.SNO FROM updated
```

6. 修改触发器

对已创建的触发器 trigger_1 进行修改，实现当修改学生情况表(Student)中的数据时，显示提示信息"学生情况表中 XXX 号学生记录被修改了"

```
ALTER TRIGGER trigger_1
ON Student AFTER UPDATE
AS
BEGIN
    DECLARE @SNO Varchar(8)
    SELECT @SNO=SNO FROM updated
    PRINT '学生情况表中'+@SNO+'号学生记录被修改'
END
```

7. 删除触发器

删除学生情况表上的触发器 trigger_1

```
DROP TRIGGER trigger_1
```

教　案

本单元知识点归纳	充分理解并掌握系统存储过程和触发器的创建、执行和删除操作。了解存储过程的类型和基本概念,了解触发器的基本概念,掌握存储过程和触发器的操作技巧和方法
思考题或作业题	
本单元教学情况小结	本单元众多教学内容中,主要让学生掌握系统存储过程和触发器的创建、执行和删除操作并进行灵活运用
备注	将 SQL 语句按题号保存在自己的文件夹下的实验 7 目录中

12.2.8　教案 8

第　8　次课　　　　　　授课学时　2

章、节	数据库安全性、数据库恢复技术
主要内容	数据库备份、恢复、安全管理
目的与要求	1. 了解 SQL Server 2005 的数据备份机制,理解数据库备份的意义、数据库逻辑备份与物理备份的区别 2. 掌握磁盘备份设备的创建和管理,掌握各种备份数据库的方法,了解怎样制订备份计划 3. 了解 SQL Server 2005 的数据恢复机制,掌握数据库恢复的方法 4. 了解 SQL Server 2005 的身份验证模式,并学会如何改变身份验证模式 5. 理解数据库用户账号的基本概念,掌握管理数据库用户账号技术 6. 掌握删除登录账号和用户账号技术 7. 理解角色的概念,掌握管理角色技术
重点与难点	重点:掌握各种备份数据库的方法,掌握数据库恢复的方法;掌握管理数据库用户账号技术 难点:管理角色技术
教学方法与手段	1. 教师示范讲解 2. 学生分组设计与讨论 3. 教师现场指导

授课内容

内　　容	备注
1. 定义备份设备 　根据实际情况,创建一个备份设备,其逻辑设备名为 Student_back,物理设备名为 F:\×××\×××\DBbackup(注:\×××\×××\为\班级\学号\) EXEC sp_addumpdevice 'disk','Student_back','F: \计算机科学与技术\1021413036\DBbackup.bak' 2. 备份数据库 (1) 为 MyDB 数据库创建完全数据库备份 　　BACKUP DATABASE MyDB TO Student_back WITH Init	

内　　容	备注

（2）在 MyDB 数据库中插入两张表 new1、new2，使 Stuscore 数据库完全备份后发生了一些变化，然后分别在 SQL Server Management Studio 和查询分析器窗口中先后进行差异备份
 	
`CREATE TABLE new1`
`( SNO Char(8) NOT NULL,)`
`CREATE TABLE new2`
`( SNO Char(8) NOT NULL,)`
`BACKUP DATABASE MyDB TO Student_back WITH DIFFERENTIAL`
 	
（3）使用同样的方法使数据库有些变化，即在 MyDB 数据库中插入两张表 new3、new4，然后分别在 SQL Server Management Studio 和查询分析器窗口中为该数据库先后进行两次日志备份
 	
`BACKUP LOG MyDB TO Student_back`	

3. 恢复数据库 　在前面已经为 MyDB 数据库建立了一次完全备份，两次差异备份和两次日志备份，现在要求删除 MyDB 数据库，然后再将其恢复 `RESTORE DATABASE MyDB FROM Student_back WITH NORECOVERY`	

4. 安全认证模式
（1）使用 SQL Server 2005 直接创建一个 SQL Server 登录账号 aa，赋予其系统管理员角色
（2）先在服务器上创建一个 Windows 用户 bb，然后使用创建登录向导，将该用户赋予数据库 pubs 数据库 db_owener 访问权限
（3）分别在 Management Studio 安全项的登录账号子项和 pubs 数据库的用户子项中查看刚才所创建的登录账号 aa 和 bb
 	
`USE master`
`GO`
`CREATE LOGIN aa WITH PASSWORD=N'12' MUST_CHANGE, DEFAULT_DATABASE`
`=master, CHECK_EXPIRATION=ON, CHECK_POLICY=ON`
`GO`
`  EXEC master..sp_addsrvrolemember @loginame=N'aa', @rolename=N`
`'sysadmin'`	

5. 管理数据库用户账号
（1）使用 SQL Server Management Studio 为登录账号 loginT 创建一个数据库 Norhwind 用户账号 userT，并赋予 db_owner 数据库角色
 	
`sp_addlogin 'loginT','T'`
`GO`
`USE Northwind`
`GO`
`sp_grantdbaccess 'loginT','userT'`
`GO`
 	
（2）利用系统存储过程，创建数据库 Norhwind 的用户账号 userC，其所对应的登录账号为 loginC	

内　　容	备注

`sp_addlogin 'loginC','C'`
`GO`
`USE Northwind`
`GO`
`sp_adduser 'loginC','userC'`
`GO`	

6. 删除登录账号和用户账号

(1) 直接在 Management Studio 中删除 Northwind 数据库的 userT 用户账号,然后删除 userT 所对应的登录账号 loginT

```
USE Northwind
GO
sp_revokedbaccess 'userT'
GO
sp_revokelogin 'loginT'
```

(2) 利用系统存储过程 sp_revokelogin 删除 Northwind 数据库的 userC 用户账号,使用脚本

```
USE Northwind
GO
sp_revokedbaccess 'userC'
GO
```

(3) 在服务器上创建一个 Windows 用户组 gg,接着创建 Windows 用户 cc,并使 cc 隶属于组 gg 和 cc 授权登录和访问 SQL Server 系统。依次利用此账号做测试登录。测试成功后运行脚本

`sp_revokelogin 'cc'`
然后以 cc 登录 SQL Server 系统,能否成功
运行脚本
`sp_grantlogin 'cc','cc'`
`GO`
`sp_denylogin 'cc','cc'`
`GO`
再以 cc 登录 SQL Server 系统,测试能否成功	

`USE Northwind`
`GO`
`sp_revokedbaccess 'userC'`
`GO`
`sp_revokelogin 'loginC'`	

7. 角色

(1) 利用系统存储过程为数据库 Northwind 创建一个数据库角色 myrole,并创建一个数据库用户 myuser,使其属于角色 myrole

```
sp_addlogin 'myrole'
GO
```

续表

内　　容	备注
USE Northwind GO sp_addrolemember 'myrole','myuser' GO （2）分别利用系统存储过程 sp_helplogins,sp_helpuser,sp_helprole 查看相关信息 sp_helplogins GO sp_helpuser GO sp_helprole GO （3）将数据库用户 myuser 添加为数据库 Northwind 的 db_owner 角色 USE Northwind GO sp_addrolemember 'db_owner','myuser' GO GRANT SELECT ON PRODUCTS TO roleN GO GRANT INSERT,UPDATE,DELETE ON products TO myuser GO GRANT CREATE TABLE TO myuser	

教　　案

本单元知识点归纳	通过本次实验对数据库的一般操作如备份、还原等都有了深入的理解,但在本次实验的后几个实验中遇到了许多困难,由于系统的缘故,许多操作并不能顺利地完成,如账号和用户的创建,花费了大量的时间,因此在实验中只是将理想的代码写上去
思考题或作业题	复课迎接考试,递交实验报告
本单元教学情况小结	本单元众多教学内容中,主要让学生掌握备份、还原等操作,以及账号和用户创建的操作
备注	将 SQL 语句按题号保存在自己的文件夹下的实验 8 目录中

第13章 习题答案

习题 1

一、单项选择题

1. A   2. B   3. A   4. B   5. A

6. C   7. B   8. B B   9. C   10. A

二、填空题

1. 人工管理　文件系统　数据库系统

2. 组织　共享

3. 数据库管理系统　应用系统　数据库管理员

4. 数据库管理员　系统分析员　应用程序员

5. 数据库管理员

6. 用户的应用程序　存储在外存上的数据库中的数据

7. 逻辑数据独立性　物理数据独立性

8. 物理独立性

9. 概念模型　数据模型

10. 数据结构　数据操作　完整性约束

11. 层次模型　网状模型　关系模型

12. 数据操作

13. 模式　外模式　内模式

14. 相应硬件　软件　相关的各类人员

15. $1:1$　$1:m$　$m:n$

三、简答题

1.【答】

(1) 文件系统和数据库系统之间的区别如下。

文件系统	数据库系统
用文件将数据长期保存在外存上	用数据库统一存储数据
程序和数据有一定的联系	程序和数据分离
用操作系统中的存取方法对数据进行管理	用 DBMS 统一管理和控制数据
实现以文件为单位的数据共享	实现以记录和字段为单位的数据共享

（2）文件系统和数据库系统之间的联系如下。

均为数据组织的管理技术；均由数据管理软件管理数据，程序与数据之间用存取方法进行转换；数据库系统是在文件系统的基础上发展而来的。

2.【答】 数据库是长期存储在计算机内、有组织的、可共享的数据集合。数据库是按某种数据模型进行组织的，它存放在外存储器上，且可被多个用户同时使用。因此，数据库具有较小的冗余度，较高的数据独立性和易扩展性。

3.【答】 数据冗余是指各个数据文件中存在重复的数据。

在文件管理系统中，数据被组织在一个个独立的数据文件中，每个文件都有完整的体系结构，对数据的操作是按文件名访问的。数据文件之间没有联系，数据文件是面向应用程序的。每个应用都拥有并使用自己的数据文件，各数据文件中难免有许多数据重复，数据的冗余度比较大。

数据库系统以数据库方式管理大量共享的数据。数据库系统由许多单独文件组成，文件内部具有完整的结构，但它更注重文件之间的联系。数据库系统中的数据具有共享性。数据库系统是面向整个系统的数据共享而建立的，各个应用的数据集中存储，共同使用，数据库文件之间联系密切，因而尽可能地避免了数据的重复存储，减少和控制了数据的冗余。

4.【答】 数据独立性表示应用程序与数据库中存储的数据不存在连带关系，包括逻辑数据独立性和物理数据独立性。

逻辑数据独立性是指局部逻辑数据结构（外视图即用户的逻辑文件）与全局逻辑数据结构（概念视图）之间的独立性。当数据库的全局逻辑数据结构（概念视图）发生变化（数据定义的修改、数据之间联系的变更或增加新的数据类型等）时，它不影响某些局部的逻辑结构的性质，应用程序不必修改。

物理数据独立性是指数据的存储结构与存取方法（内视图）改变时，对数据库的全局逻辑结构（概念视图）和应用程序不必做修改的一种特性，也就是说，数据库数据的存储结构与存取方法独立。

数据独立性的好处是，数据的物理存储设备更新了，物理表示及存取方法改变了，但数据的逻辑模式可以不改变。数据的逻辑模式改变了，但用户的模式可以不改变，因此应用程序也可以不变。这将使程序维护容易，另外，对同一数据库的逻辑模式，可以建立不同的用户模式，从而提高数据共享性，使数据库系统有较好的可扩充性，给 DBA 维护、改变数据库的物理存储提供了方便。

5.【答】 数据库管理系统（DBMS）是位于操作系统与用户之间的一个数据管理软件，它的主要功能包括以下几个方面。

数据定义功能。DBMS 提供数据描述语言（DDL），用户可通过它来定义数据。

数据操纵功能。DBMS 还提供数据操纵语言（DML），实现对数据库的基本操作，即插入、删除和修改。

数据库的运行管理。这是 DBMS 运行时的核心部分，它包括开发控制，安全性检查，文件的检查和执行，数据库的内容维护等。

数据库的建立和维护功能。它包括数据库初始数据的输入及转换，数据库的转储与恢复,数据库的重组功能和性能的监视与分析功能等。

6.【答】　DBA的职责如下。

决定DB中的信息内容和结构;决定DB的存储结构和存取策略;定义数据的安全性要求和完整性约束条件;监控数据库的使用和运行。

习题2

一、单项选择题

1. B　　　　2. C　　　　3. A　　　　4. A　　　　5. B

6. BCD　　7. BAC　　8. A　　　　9. C　　　　10. DB

二、填空题

1. 集合

2. 关系名(属性名1,属性名2,…,属性名n)

3. 关系名　属性名　属性类型　属性长度　关键字

4. 属性名

5. 能唯一标识实体的属性或属性组

6. 笛卡儿积　并　交　差

7. 并　差　笛卡儿积　投影　选择

8. 选择　投影　连接

9. 属性个数　相对应的属性值

10. 系编号　无　学号　系编号

三、综合题

1.【解】　本题各小题的结果如下所示。

R−S

A	B	C
a	b	c
c	b	d

R∪S

A	B	C
a	b	c
b	a	f
c	b	d
d	a	d

R∩S

A	B	C
b	a	f

R×S

A	B	C	A'	B'	C'
a	b	c	b	a	f
a	b	c	d	a	d
b	a	f	b	a	f
b	a	f	d	a	d
c	b	d	b	a	f
c	b	d	d	a	d

2.【解】　本题各小题的结果如下所示。

R1

A	B	C
a1	b1	c1

R2

A	B	C
a1	b1	c1
a1	b2	c2
a2	b2	c1
a1	b3	c2

R3

A	B	C
a1	b2	c2
a2	b2	c1

R4

A	B
a1	b1

3.【解】

$$R1 = \prod_{2,6,7} (\sigma_{籍贯="上海"} (S |\times| SC))$$

$$R2 = \prod_{2,9,8} (S |\times| SC |\times| \sigma_{课程名="操作系统"} (C))$$

$$R3 = \prod_{2,3} (S |\times| (\prod_{1,2} (SC) \div \prod_{1} (C)))$$

习题 3

一、选择题

1. C   2. D   3. A   4. B   5. A

6. A   7. A   8. A   9. B   10. A

二、填空题

1. ADD 或 ADD COLUMN

2. DISTINCT

3. GROUP BY

4. NULL

5. NOT EXISTS

6. WHERE

7. 插入   修改   删除

8. ASC   DESC

9. LIKE   %   _

三、简答题

1.【答】   基本表是本身独立存在的表,在 SQL 中一个关系就对应一个表。视图是从一个或几个基本表导出的表。视图本身不独立存储在数据库中,是一个虚表。即数据库中只存放视图的定义而不存放视图对应的数据,这些数据仍存放在导出视图的基本表中。视图在概念上与基本表等同,用户可以如同使用基本表那样使用视图,可以在视图上再定义视图。

2.【答】   视图的优点如下。

(1) 视图能够简化用户的操作。

(2) 视图使用户能从多种角度看待同一数据。

(3) 视图对重构数据库提供了一定程度的逻辑独立性。

(4) 视图能够对机密数据提供安全性。

【答】   不是。视图是不实际存储数据的虚表,因此对视图的更新,最终要转换为对[基本表]的更新。因为有些视图的更新不能唯一有意义地转换成对相应基本表的更新,[并不是]所有的视图都是可更新的。如对视图学生平均成绩 XS_CJ(包括学生的学[号和平]均成绩)而言,用户仅仅通过此视图修改平均成绩是无法实现实际的数据[更新,数据]库系统无法把对平均成绩的修改转换落实为对具体课程成绩的修改,系统无法知道哪些课程成绩的变化导致了平均成绩的变化。

```
CREATE VIEW S_G(SNO,Gavg)
AS SELECT SNO,AVG(Grade) FROM SC GROUP BY SNO
```

四、综合应用题

1.【答】

(1) SELECT A FROM R

(2) SELECT ＊ FROM R WHERE B='17'

(3) SELECT A,B,C,D,E,F FROM R,S

(4) SELECT A,F FROM R,S WHERE R.C＝S.D

2.【答】

(1)

```
SELECT A,B,C FROM R
    UNION
    SELECT A,B,C FROM S
```

(2)

```
SELECT A,B,C FROM R
    INTERSECT
    SELECT A,B,C FROM S
```

(3)

```
SELECT A,B,C FROM R
    WHERE NOT EXISTS
    (SELECT A,B,C FROM S WHERE R.A=S.A AND R.B=S.B AND R.C=S.C)
```

(4)

```
SELECT R.A,R.B,S.C FROM R,S WHERE R.B=S.B
```

3.【答】

(1)

```
SELECT ＊ FROM 商品表1
WHERE 数量 BETWEEN 10 AND 20
```

(2)

```
SELECT 分类名,sum(数量) AS 总数量 FROM 商品表1
GROUP BY 分类名
```

(3)

```
SELECT ＊ FROM 商品表1
WHERE 单价< (SELECT avg(单价) FROM 商品表1)
```

(4)

```
SELECT count(DISTINCT 产地) AS 产地数 FROM 商品表2
```

4.【答】

(1)

```
SELECT C#,CName FROM C WHERE TEACHER='LIU'
```

(2)

```
SELECT S#,SName FROM S WHERE (AGE>23) AND (Sex='M')
```

(3)

```
SELECT SName FROM S WHERE Sex='F' AND S# IN
    (SELECT S# FROM SC WHERE C# IN
        (SELECT C# FROM C WHERE TEACHER='LIU')
```

(4)

```
SELECT C# FROM C WHERE C# NOT IN
    (SELECT C# FROM SC WHERE S# IN
        (SELECT S# FROM S WHERE SName='WANG'))
```

(5)

```
SELECT DISTINCT X.SNO FROM SC X,SC Y WHERE X.SNO=Y.SNO
    AND X.CNO<>Y.CNO
```

(6)

```
SELECT C#,CName FROM C WHERE NOT EXISTS
    (SELECT * FROM S WHERE S# NOT IN
        (SELECT * FROM SC WHERE SC.C#=C.C#))
```

(7)

```
SELECT DISTINCT S# FROM SC WHERE C# IN
    (SELECT C# FROM C WHERE TEACHER='LIU')
```

5.【答】

(1) CREATE TABLE 教师(教师编号 Int NOT NULL,教师姓名 Char(4),职称 ·(10),PRIMARY KEY(教师编号))

) CREATE VIEW 讲师 AS SELECT * FROM 教师 WHERE 职称='讲师'
专询讲课效果不低于 8.5 分的教师姓名和职称信息。
ECT count(*) FROM 教师
TE 课程 SET 课程名称='多媒体技术' WHERE 课程名称='多媒体'
FROM 课程 WHERE 课程名称='多媒体'.

习题 4

1.【答】 所谓数据库安全性,是指通过各种技术或非技术手段保证数据安全,防止因用户非法使用数据库造成数据泄露、更改或破坏。

2.【答】 安全性问题并非数据库系统所独有,而存在于所有计算机系统中。只是数据库信息储存方式的集中性、共享性,数据本身的重要性,使得数据库安全性问题尤为突出。数据库安全是计算机系统安全的重要组成部分,对计算机系统安全性的研究和评估对数据库系统同样适用。

3.【答】 对数据库安全的威胁分为两种情况,一种情况是非授权访问,另一种情况是合法访问得不到满足。所有对数据库中存储数据的非授权访问,包括读取和写入(增加、删除、修改),都可认为是对数据库的数据安全造成了威胁或破坏。而授权用户访问数据库却不能得到数据库的正常服务时,也被认为是数据库的安全受到了威胁或破坏。

4.【答】 数据库系统安全技术不仅涉及数据库管理系统层次,还包括操作系统层次,以及网络层次、物理层次和人员层次。

5.【答】 自主存取控制中授权和回收分别由 GRANT 和 REVOKE 语句来实现。

6.【答】

(1)

GRANT SELECT ON 职工,部门 TO 王明;

(2)

GRANT INSERT,DELETE ON 职工,部门 TO 李勇;

(3)

GRANT SELECT ON 职工
WHEN USER()=NAME
TO ALL;

(4)

GRANT SELECT,UPDATE(工资) ON 职工 TO 刘星;

(5)

GRANT ALTER TABLE ON 职工,部门 TO 张新;

(6)

GRANT ALL PRIVILIGES ON 职工,部门
TO 周平
WITH GRANT OPTION;

(7)

CREATE VIEW 部门工资 AS

```
SELECT 部门.名称,MAX(工资),MIN(工资),AVG(工资)
FROM 职工,部门
WHERE 职工.部门号=部门.部门号
GROUP BY 职工.部门号
GRANT SELECT ON 部门工资
TO 杨兰;
```

7. 【答】

(1)

```
REVOKE SELECT ON 职工,部门 FROM 王明;
```

(2)

```
REVOKE INSERT,DELETE ON 职工,部门 FROM 李勇;
```

(3)

```
REOVKE SELECT ON 职工
WHEN USER()=NAME
FROM ALI;
```

(4)

```
REVOKE SELECT,UPDATE ON 职工 FROM 刘星;
```

(5)

```
REVOKE ALTER TABLE ON 职工,部门 FROM 张新;
```

(6)

```
REVOKE ALL PRIVILIGES ON 职工,部门 FROM 周平;
```

(7)

```
REVOKE SELECT ON 部门工资
FROM 杨兰;
DROP VIEW 部门工资;
```

8. 【答】 自主存取控制(DAC)是指同一用户对于不同的数据对象有不同的存取权限,不同的用户对同一对象也有不同的权限,用户还可将其拥有的存取权限转授给其他用户。

强制存取控制(MAC)是系统为保证更高程度的安全性,按照 TDI/TCSEC 标准中安全策略的要求,所采取的强制存取检查手段。MAC 适用于那些对数据有严格而固定密级分类的部门,例如军事部门或政府部门。

习题 5

1. 【答】 数据库的完整性是指为维护数据库输入数据的正确性、有效性和一致性,防止数据库中存在不符合语义规定的数据和防止因错误数据的输入输出造成无效操作或错误信息,而对数据做的必要检验。

2.【答】 完整性与安全性是两个不同的概念。数据的完整性是为了防止数据库中存在不符合语义的数据,也就是防止数据库中存在不正确的数据,从而也就避免了错误信息的输出,即所谓垃圾进垃圾出(Garbage In Garbage Out)所造成的无效操作和错误结果。而安全性则是为了防范非法用户和非法操作,防止非法用户对数据库数据的非法存取。

3.【答】 ①提供定义完整性约束条件的机制。完整性约束条件也称为完整性规则,是数据库中的数据必须满足的语义约束条件。②提供完整性检查的方法。DBMS 中检查数据是否满足完整性约束条件的机制称为完整性检查,该机制用于检查用户操作执行后数据库中的数据是否违背了完整性约束条件。③违约处理。DBMS 若发现用户的操作违背了完整性约束条件,就会采取一定的动作,即进行违约处理以保证数据的完整性。

4.【答】

(1) 在参照表中增加一个元组,该元组的外码属性的值在被参照表中找不到任何一个元组,使得主码属性的值与参照表中新增元组的外码属性的值相等。此种情况的违约处理是拒绝插入元组。

(2) 修改参照表中的一个元组,修改后该元组的外码属性的值在被参照表中找不到一个元组,使得其主码属性的值与之相等。此种情况的违约处理是拒绝修改元组。

(3) 从被参照表中删除一个元组,造成参照表中某些元组的外码属性的值在被参照表中找不到一个对应的元组,使其主码属性的值与这些元组的外码属性值相等。此种情况的违约处理可以在"拒绝、级联删除、设置为空值"三种情况中三选一。

(4) 修改被参照表中一个元组的主码属性值,造成参照表中某些元组的外码属性的值在被参照表中找不到一个对应的元组,使其主码属性的值与这些元组的外码属性的值相等。此种情况的违约处理可以在"拒绝、级联修改、设置为空值"三种情况中三选一。

4 种情况的简述,可参见下表。

序号	被参照表(例如 spxx)	参照表(例如 xsqk)	违 约 处 理
1	可能破坏参照完整性 ←	插入元组	拒绝
2	可能破坏参照完整性 ←	修改外码值	拒绝
3	删除元组 →	可能破坏参照完整性	拒绝/级联删除/设置为空值
4	修改主码值 →	可能破坏参照完整性	拒绝/级联修改/设置为空值

5.【答】

(1) 拒绝执行。就是不允许该操作执行。该策略一般设置为默认策略。

(2) 级联操作。当删除或修改被参照表的一个元组造成与参照表的不一致时,则删除或修改参照表中的所有造成不一致的元组。

(3) 设置为空值。当删除或修改被参照表中的一个元组造成参照表中出现孤立记录(即在被参照表中找不到主码值与该记录外码值相等的对应记录)时,则将参照表中所有造成不一致的记录的外码属性设置为空值。

6.【答】 RDBMS 在实现参照完整性时需要考虑以下几个方面。

(1) 区分好参照关系及被参照关系。

(2) 删除被参照关系的元组时的考虑,这时系统可能采取的做法有三种。①级联删除(CASCADES);②受限删除(RESTRICTED);③置空值删除(NULLIFIES)。

(3) 修改被参照关系中主码值的问题。一般是不能用 UPDATE 语句修改被参照关系的主码值的。如果需要修改主码值,只能先删除该元组,然后再把具有新主码值的元组插入被参照关系中。如果允许修改被参照关系中的主码,首先要保证主码值的唯一性和非空,否则拒绝修改。

(4) 在参照关系中插入元组或修改元组导致与被参照关系数据不一致时,系统一般采取拒绝执行策略。

(5) 外码是否可以接受空值。

7.【答】

```
CREATE TABLE DEPT
   (Deptno NUMERIC(4),
    Deptname Varchar(10),
    Manager Varchar(10),
    PhoneNumber Char(12)
    CONSTRAINT PK_DEPT PRIMARY KEY(Deptno)
   );
CREATE TABLE EMP
   (Empno Numeric(6)CONSTRAINT PK_EMP PRIMARY KEY,
    Ename Varchar(10),
    Age Numeric(2) CONSTRAINT C1 CHECK ( Age<=60),
    Job Varchar(9),
    Sal Numeric(8,2),
    Deptno Numeric(4),
    CONSTRAINT FK_DEPTNO FOREIGN KEY(Deptno)
                   REFERENCES DEPT(Deptno)
   );
```

8.【答】 对于违反实体完整性和用户定义的完整性的操作一般都采用拒绝执行的方式进行处理。

一般地,对于违反参照完整性的操作,系统选用默认策略,即拒绝执行。如果想让系统采用其他策略则必须在创建表的时候显式地加以说明。

9.【答】

(1)

```
CREATE TABLE dbo.xsqk(
     xib nchar(10) NULL,
     bj nchar(12) NULL,
     zy nvarchar(30) NULL,
     xh nchar(8) NOT NULL,
```

```
    xm nchar(8) NOT NULL,
    xb nchar(2) DEFAULT N'男',
    csrq datetime NULL,
    zxf int NULL,
    bz text NULL,
    PRIMARY KEY(xh)
)
CREATE TABLE dbo.xskc(
    kch nchar(3) NOT NULL PRIMARY KEY,
    kcm nvarchar(30) NOT NULL,
    kkxq tinyint NULL CHECK(kkxq>=1 and kkxq<=8),
    xs tinyint NULL,
    xf tinyint NULL
)
CREATE TABLE dbo.xscj(
    xh nchar(8) NOT NULL,
    kch nchar(3) NOT NULL,
    cj tinyint NULL,
    PRIMARY KEY(xh,kch)
)
```

(2)

--向 xsqk 表插入记录

insert into xsqk values(N'计算机',N'计算机',N'计算机应用与维护','02020101',N'王玲玲',N'女','1981-08-26',9,NULL)

insert into xsqk values(N'计算机',N'计算机',N'计算机应用与维护','02020102',N'张燕红',N'女',1981-10-20,9,NULL)

insert into xsqk values(N'计算机',N'计算机',N'计算机应用与维护','02020103',N'杨勇',N'男','1982-03-15',NULL,NULL)

insert into xsqk values(N'计算机',N'计算机',N'计算机应用与维护','02020104',N'王洪庆',N'男','1983-05-17',NULL,NULL)

insert into xsqk values(N'计算机',N'计算机',N'计算机应用与维护','02020105',N'陈园',N'女','1982-04-15',NULL,NULL)

insert into xsqk values(N'计算机',N'信息管理',N'信息管理','02020201',N'黄薇娜',N'女','1983-08-19',8,NULL)

insert into xsqk values(N'计算机',N'信息管理',N'信息管理','02020202',N'沈昊',N'男','1982-03-18',8,NULL)

insert into xsqk values(N'计算机',N'信息管理',N'信息管理','02020203',N'傅亮达',N'男','1983-01-22',NULL,NULL)

insert into xsqk values(N'计算机',N'信息管理',N'信息管理','02020204',N'任建刚',N'男','1981-12-21',NULL,NULL)

insert into xsqk values(N'计算机',N'信息管理',N'信息管理','02020205',N'叶小红',N'女','1983-07-16', NULL,NULL)

--向 xskc 表插入记录

```
insert into xskc values('101',N'计算机文化基础',1,86,4)
insert into xskc values('102',N'Qbasic',1,68,4)
insert into xskc values('205',N'离散数学',3,64,4)
insert into xskc values('206',N'VC',2,68,4)
insert into xskc values('208',N'数据结构',2,68,4)
insert into xskc values('210',N'操作系统',3,64,4)
insert into xskc values('212',N'计算机组成',4,86,5)
insert into xskc values('216',N'数据库原理',2,68,4)
insert into xskc values('301',N'计算机网络',5,56,3)
--向 xscj 表插入记录
insert into xscj values('02020101','101',85)
insert into xscj values('02020101','212',70)
insert into xscj values('02020102','101',90)
insert into xscj values('02020102','102',80)
insert into xscj values('02020201','101',86)
insert into xscj values('02020201','208',80)
insert into xscj values('02020202','208',50)
insert into xscj values('02020202','216',60)
```

(3)

```
use stuscore
go
create trigger tri_ins_xscj on xscj
for insert
as
    --定义局部变量,用于存放学号及学分
    declare @mxh nchar(8) , @mxf int
    --从 inserted 表中取出新插入的学生选课记录的学号与学分,分别赋给变量@mxh 和@mxf
    select @mxh=xh , @mxf=xf from inserted
    --更新 xsqk 表中指定学号 xh 的学生的总学分 zxf,其中 ISNULL 为函数
    --下面的 ISNULL 函数功能是:用 0 替换原总学分中的空值,如果总学分不为 0,则使用原值
    update xsqk
    set zxf=isnull(zxf,0)+ @mxf
    where xh=@mxh
go
--在学生成绩表中插入一条新记录
insert xscj values('02020103','101',80,4)
--经 Select 查询会发现 xsqk 表"02020103"学生的"zxf"列发生了自动更新
Select * from xsqk
```

(4)

```
create trigger tri_del_xskc on xskc
for delete
as
```

```
    delete xscj from xscj,deleted
    where xscj.kch=deleted.kch
go
```
--在学生课程表 xskc 中删除一条记录
--注意：若想 delete 语句起作用，必须先删除成绩表 xscj 表中对 xskc 表的外键约束
--因为外键约束优先于触发器起作用。有了
```
delete from xskc where kch='216'
```
--经 Select 查询会发现 xscj 表中"216"号课程的相关记录也已被删除了
```
Select * from xscj
```

（5）说明：当修改 xskc 表中记录时，相当于删除一条旧记录并插入一条新记录，删除的旧记录在 deleted 临时表中，插入的新记录在 inserted 临时表中。

```
create trigger tri_upd_xskc on xskc
after update
as
if update(kch)
begin
    update xscj
    set kch=(select kch from inserted)
    from xscj,deleted
    where xscj.kch=deleted.kch
end
go
```
--修改 xskc 表中的某门课的课程号时，将激活触发器，修改完 xskc 表后将修改 xscj 表
```
update xskc set kch='111'
where kch='101'
```

（6）

```
use stuscore
go
create trigger tri_del_xscj on xscj
for delete
as
```
--定义局部变量，用于存放学号及学分
```
declare @mxh nchar(8),@mxf int
```
-- 从 deleted 表中取出刚删除的学生选课记录的学号与学分
--分别赋给变量@mxh 和@mxf
```
select @mxh=xh,@mxf=xf from deleted
```
--更新 xsqk 表中指定学号的学生的总学分，其中 ISNULL 为函数
--下面的 ISNULL 函数功能是：替换原总学分中的空值，如果总学分不为 0，则使用原值
```
update xsqk
set zxf=isnull(zxf,0)-@mxf
where xh=@mxh
go
```

--在学生成绩表 xscj 中删除一条新记录

delete from xscj where xh='02020103'

--经 Select 查询会发现 xsqk 表""学生的"总学分"列发生了自动更新

Select * from xsqk

注意：创建本触发器后，在删除 xscj 表中记录时，将会激活本触发器，使 xscj 表中被删除记录所对应的学生在 xsqk 表中的"zxf"字段的值同步进行修改。但要注意，此时 xscj 表中不要有前面创建好的触发器 tri_ins_xscj，否则，两个触发器将会产生冲突，使 zxf 字段无法出现变化。

习题 6

一、单项选择题

1. A   2. C   3. D   4. B   5. B

6. A   7. D   8. D   9. B   10. C

11. B   12. B   13. C   14. A

二、填空题

1. 超码（或超键）

2. 外码（或外键）

3. 函数依赖集 F 的闭包 F^+

4. 平凡函数依赖

5. 2NF   3NF   BCNF

6. AB BC BD

7. $B \rightarrow C$ $A \rightarrow D$ $D \rightarrow C$

8. AB 1NF

9. AD 3NF

10. 将包含非原子项的属性域变为只包含原子项的简单域

    消除非主属性对码的部分函数依赖

    消除非主属性对码的传递函数依赖

11. 无损连接性

三、简答题

1.【答】 关系规范化中的操作异常有插入异常、更新异常和删除异常，这些异常是由于关系中存在不好的函数依赖关系引起的。消除不良函数依赖的办法是进行模式分解，即将一个关系模式分解为多个关系模式。

2.【答】 函数依赖定义。设 $R(U)$ 是属性集 U 上的关系模式。X,Y 是属性集 U 的子集。若对于 $R(U)$ 的任意一个可能的关系 r，r 中不可能存在两个元组在 X 上的属性值相等，而在 Y 上的属性值不等，则称 X 函数确定 Y 或 Y 函数依赖于 X，记作 $X \rightarrow Y$（即只要 X 上的属性值相等，Y 上的值一定相等）。

术语和记号如下。

$X \rightarrow Y$，但 Y 不是 X 的子集，则称 $X \rightarrow Y$ 是非平凡的函数依赖。若不特别声明，总是讨论非平凡的函数依赖。

$X \to Y$,但 Y 是 X 的子集,则称 $X \to Y$ 是平凡的函数依赖。

若 $X \to Y$,则 X 叫做决定因素(Determinant)。

若 $X \to Y$,$Y \to X$,则记作 $X \longleftrightarrow Y$。

若 Y 不函数依赖于 X,则记作 $X \not\rightarrow Y$。

完全函数依赖定义。在 $R(U)$ 中,如果 $X \to Y$,并且对于 X 的任何一个真子集 X',都有 $X' \not\rightarrow Y$,则称 Y 对 X 完全函数依赖,记为 $X \xrightarrow{f} Y$。

完全函数依赖的形式化定义。设 $R(U)$ 是属性集 U 上的关系模式。X,Y 是属性集 U 的子集。若 Y 函数依赖于 X,但不依赖于 X 的任何子集 X',即满足

$$(X \to Y) \wedge \forall X'(X' \subseteq X \Rightarrow \neg(X' \to Y))$$

则称 Y 完全函数依赖(Fully Dependency)于 X,记为 $X \xrightarrow{f} Y$。

部分函数依赖定义。若 $X \to Y$,但 Y 不完全函数依赖于 X,则称 Y 对 X 部分函数依赖。

部分函数依赖的形式化定义如下。

若 Y 函数依赖于 X,但并非完全函数依赖于 X,即满足

$$(X \to Y) \wedge \exists X'(X' \subset X \wedge X' \to Y)$$

则称 Y 部分函数依赖(Partially Dependency)于 X,记为 $X \xrightarrow{P} Y$。

例如对关系:学生选课(学号,姓名,课程号,成绩),此关系的主键是(学号,课程号),而"姓名"列只由"学号"决定,与"课程号"无关,这就是部分函数依赖关系。

传递函数依赖的形式化定义。在关系模式 $R(U)$ 中,设 $X,Z \subseteq U$,且满足

$$\exists Y(Y \subseteq U \wedge (X \to Y \wedge \neg(Y \subseteq X) \wedge \neg(Y \to X) \wedge (Y \to Z)))$$

则称 Z 传递依赖于 X,否则,称为非传递函数依赖。

上述定义也可表述为:在 $R(U)$ 中,如果 $X \to Y(Y \not\subseteq X)$,$Y \not\rightarrow X$,$Y \to Z$,则称 Z 对 X 传递函数依赖,记作 $X \xrightarrow{传递} Z$。

例如对关系:学生(学号、姓名、所在系,系主任),此关系的主键为(学号),而"系主任"由"所在系"决定,"所在系"又由"学号"决定,因此"系主任"对"学号"是传递函数依赖关系。

多值依赖定义。给定关系模式 $R(U)$ 及其属性 X,Y,Z,对于一给定的 X 值,就有一组 Y 属性值(其个数可以为 $0 \sim n$)与之对应,而与其他的属性 $Z = (U - X - Y)$ 没有关系,则称"Y 多值依赖于 X"或"X 多值决定 Y",记作 $X \to\to Y$。

3.【答】 范式。满足某一级别约束条件的关系模式的集合称为范式,是衡量关系模式规范化程度的标准。根据满足约束条件的级别不同,范式由低到高分为 1NF,2NF,3NF,BCNF,4NF,5NF 等。

不包含非原子项属性的关系就是第一范式的关系;对于第一范式的关系,如果此关系中的每个非主属性都完全函数依赖于主键,则此关系属于第二范式;对于第二范式的关系,如果所有的非主属性都不传递依赖于主键,则此关系就是第三范式的。

1NF 定义。若关系模式 R 的每一个分量是不可再分的数据项,则关系模式 R 属于第一范式(1NF)。

2NF 定义。如果关系模式 $R \in 1NF$,且它的任一非主属性都完全函数依赖于任一候选码,则称 R 满足第二范式,记为 $R \in 2NF$(即 1NF 消除了非主属性对码的部分函数依赖则成为 2NF)。

3NF 定义。关系模式 $R(U,F)$ 中若不存在这样的码 X,属性组 Y 及非主属性 $Z(Z \nsubseteq Y)$ 使得 $X \rightarrow Y$,$Y \rightarrow Z$ 成立,$Y \nrightarrow X$,则称 $R(U,F) \in 3NF$。

BCNF 的定义。关系模式 $R(U,F) \in 1NF$。若 $X \rightarrow Y$ 且 $Y \nsubseteq X$,X 必含有 R 的一个候选码,则 $R(U,F) \in BCNF$。也就是说,关系模式 $R(U,F)$,若 F 中的每一个决定因素都包含 R 的某一个候选码,则 $R(U,F) \in BCNF$。

4NF 定义。设有一关系模式 $R(U)$,U 是其属性全集,X,Y 是 U 的子集,D 是 R 上的数据依赖集。如果对于任一多值依赖 $X \rightarrow\rightarrow Y$,此多值依赖是平凡的,或者 X 包含了 R 的一个候选码,则称 R 是第四范式的关系模式,记为 $R \in 4NF$。

4.【答】 如果 $K \rightarrow U$ 在 R 上成立,但对 K 的任一真子集 K' 都有 $K' \rightarrow U$ 不成立(即 $K' \rightarrow U$ 不在 F^+ 中),或者说若 $K \xrightarrow{f} U$,则称 K 为 R 的一个候选码(Candidate Key)。若候选码多于一个,则选定其中的一个为主码(Primary Key)。

包含在任何一个候选码中的属性,称为主属性(Prime Attribute)。不包含在任何码中的属性称为非主属性(Nonprime Attribute)或非码属性(Non-key Attribute)。最简单的情况,某一个属性是码。最极端的情况,整个属性组是码,称为全码(All-Key)。

关系模式 R 中属性或属性组 X 并非 R 的码,但 X 是另一个关系模式的码,则称 X 是 R 的外部码(Foreign Key),也称外码。

5.【答】 是的。因为如果一个关系的主键只由一个属性组成,则此关系中一定不会存在部分依赖关系。

6.【答】 无损连接分解。如果将从一个关系模式中投影分解出来的两个或多个关系模式经过自然连接能够恢复到原先的关系模式,则称这种投影分解具有无损连接性。

形式化定义为。设有关系模式 R,F 是 R 上的函数依赖集,R 分解为数据库模式 $\rho = \{R_1, R_2, \cdots, R_k\}$。如果对 R 中满足 F 的每一个关系 r,有 $r = \prod_{R_1}(r) \bowtie \prod_{R_2}(r) \bowtie \cdots \bowtie \prod_{R_k}(r)$,那么就称分解 ρ 相对于 F 是"无损连接分解"(Lossless Join Decomposition)的,简称"无损分解"。

保持函数依赖分解。在对关系模式进行规范化分解时,分解后的关系模式保持了原关系模式中的函数依赖关系,称这种性质为依赖保持性。

形式化定义为:设有关系模式 $R(U)$,F 是 $R(U)$ 上的函数依赖集,Z 是属性集 U 上的一个子集,$\rho = \{R_1, R_2, \cdots, R_k\}$ 是 R 的一个分解。

F 在 Z 上的一个投影用 $\prod_Z(F)$ 表示为 $\prod_Z(F) = \{X \rightarrow Y \mid X \rightarrow Y \in F^+ \wedge XY \subseteq Z\}$;

F 在 R_i 上的一个投影用 $\prod_{R_i}(F)$ 表示为 $\bigcup_{i=1}^{k} \prod_{R_i}(F) = \prod_{R_1}(F) \cup \prod_{R_2}(F) \cup \cdots \cup \prod_{R_k}(F)$;

如果有 $F^+ = \left(\bigcup_{i=1}^{k} \prod_{R_i}(F) \right)^+$,则称 ρ 是保持函数依赖集 F 的分解。

7.【答】 候选键为(学号,课程号),它也是此关系模式的主键。由于存在函数依赖
学号 $\rightarrow$ 姓名,课程号 $\rightarrow$ 课程名

因此,存在非主属性(例如姓名、课程号)对主键的部分函数依赖关系,因此它不是第二范式的表,分解如下。

学生表(学号,姓名,所在系,性别),主键为"学号",已属于第三范式。

课程表(课程号,课程名,学分),主键为"课程号",已属于第三范式。

选课表(学号,课程号,成绩),主键为(学号,课程号),同时,单一的学号及课程号属性只能作为外键,与学生表及课程表建立参照完整性关联。本关系已属于第三范式。

8.【答】 候选键为学号,它也是此关系模式的主键。

由于不存在非主键属性对主键的部分依赖关系,因此,此关系模式属于第二范式,但由于存在如下函数依赖。

学号 → 班号,班号 → 班主任,因此,存在非主键属性对码的传递依赖关系。

同样还存在如下函数依赖。

学号 → 所在系,所在系 → 系主任,因此,此关系模式不是第三范式的。

对其分解后的结果为

学生基本表(学号,姓名,所在系,班号),主键为"学号","班号"为引用班级表表的"班号"的外键,"所在系"为引用系表表的"系名"的外键。

班级表(班号,班主任),主键为"班号"。

系表(系名,系主任),主键为"系名"。

9.【答】 此关系模式的候选键为(课程号,授课教师号),它们也是主键。由于存在函数依赖

课程号 → 课程名,授课教师号 → 教师名

因此,存在非主属性对主键的部分函数依赖关系,因此它不是第二范式的表,分解如下。

课程表(课程号,课程名,学分),主键为"课程号",已属于第三范式。

教师表(教师号,教师名),主键为"教师号",已属于第三范式。

授课表(课程号,授课教师号,授课时数),主键为(课程号,教师号),已属于第三范式。

10.【答】

(1) 关系模式如下。

学生 S(SNO,SName,SBirth,Dept,Class,RNO)

班级 C(Class,PName,Dept,CNum,CYear)

系 D(Dept,DNO,Office,DNum)

学会 M(MName,MYear,MAddr,MNum)

参加学会 SM(SNO,MBame,SMYear)

(2) 每个关系模式的函数依赖集如下。

A. 学生 S(SNO,SName,SBirth,Dept,Class,RNO) 的基本函数依赖集如下。

SNO→SName,SNO→SBirth,SNO→Class,Class→Dept,Dept→RNO

传递函数依赖如下。

① 由于 SNO→Dept,而 Dept↛SNO,Dept→RNO(宿舍区),所以 SNO 与 RNO 之间存在着传递函数依赖。

② 由于 Class→Dept, Dept↛Class, Dept→RNO,

所以 Class 与 RNO 之间存在着传递函数依赖。

③ 由于 SNO→Class, Class↛SNO, Class→Dept,

所以 SNO 与 Dept 之间存在着传递函数依赖。

B. 班级 C(Class, PName, Dept, CNum, CYear)的基本函数依赖集如下。

Class→PName, Class→CNum, Class→CYear, PName→Dept

由于 Class→PName, PName↛Class, PName→Dept,

所以 Class 与 Dept 之间存在着传递函数依赖。

C. 系 D(Dept, DNO, Office, DNum)的基本函数依赖集如下。

Dept→DNO, DNO→Dept, DNO→Office, DNO→DNum

根据上述函数依赖可知, Dept 与 Office, Dept 与 DNum 之间不存在传递依赖。

D. 学会 M(MName, MYear, MAddr, MNum)的基本函数依赖集如下。

MName→MYear, MName→MAddr, MName→MNum

该模式不存在传递依赖。

E. 参加学会 SM(SNO, MName, SMYear)的基本函数依赖集如下。

(SNO, MName)→SMYear 该模式不存在传递依赖。

(3) 各关系模式的候选码、外部码、全码如下。

A. 学生 S 候选码为 SNO;外部码为 Dept、Class;无全码。

B. 班级 C 候选码为 Class;外部码为 Dept;无全码。

C. 系 D 候选码为 Dept 或 DNO;无外部码;无全码。

D. 学会 M 候选码为 MName;无外部码;无全码。

11.【答】

(1) 关系模式 R 的主关键字是{运动员编号,项目号}。

(2) R 最高属于第一范式。

因为存在着姓名、性别、班级和项目名对主关键字{运动员编号,项目号}的部分函数依赖,故没有达到 2NF。

(3) 首先分解为 2NF。

$R1$(运动员编号,姓名,性别,班级,班主任), $R2$(项目号,项目名), $R3$(运动员编号,项目号,成绩)。

因为 $R1$ 存在班主任对运动员编号的传递函数依赖,所以没有达到 3NF。

再分解为 3NF, $R1$ 分解为 $R1$(运动员编号,姓名,性别,班级)和 $R4$(班级,班主任)。

12.【答】

(1) 关系模式 S 的基本函数依赖如下。

SNO→SName, SD→SDName, SNO→SD, (SNO, Course)→Grade

关系模式 S 的码为(SNO, Course)。

(2) 原关系模式 S 是属于 1NF 的,码为(SNO, Course),非主属性中的成绩完全依赖于码,而其他非主属性对码的函数依赖为部分函数依赖,所以不属于 2NF。

消除非主属性对码的函数依赖为部分函数依赖,将关系模式分解成 2NF 如下。

$S1$(SNO,SName,SD,SDName)

$S2$(SNO,Course,Grade)

（3）将上述关系模式分解成 3NF 如下。

关系模式 $S1$ 中存在 SNO→SD，SD→SDName，即非主属性 SDName 传递依赖于 SNO，所以 $S1$ 不是 3NF。进一步分解如下。

$S11$(SNO,SName,SD)　　　$S12$(SD,SDName)

分解后的关系模式 $S11$、$S12$ 满足 3NF。

对关系模式 $S2$ 不存在非主属性对码的传递依赖，故属于 3NF。所以，原模式 S(SNO,SName,SD,SDName,Course,Grade)按如下分解满足 3NF。

$S11$(SNO,SName,SD)

$S12$(SD,SDName)

$S2$(SNO,Course,Grade)

13.【答】

（1）关系模式 R 的主关键字是(职工号,日期)。

（2）R 最高属于第一范式。

因为存在着部门名对主关键字(职工号,日期)的部分函数依赖,故没有达到 2NF。

（3）首先分解为 2NF。$R1$(职工号,部门名,部门经理),$R2$(职工号,日期,日营业额)。

因为 $R1$ 存在部门经理对职工号的传递函数依赖,所以没有达到 3NF,再分解为 3NF,$R1$ 分解为 $R1$(职工号,部门名)和 $R3$(部门名,部门经理)。

14.【答】

（1）关系模式 S 的基本函数依赖如下：(商店编号,商品编号)→部门编号,(商店编号,部门编号)→负责人,(商店编号,商品编号)→数量。

（2）关系模式 R 的码为(商店编号,商品编号,部门编号)。

（3）原关系模式 R 是属于 1NF 的,码为(商店编号,商品编号,部门编号),非主属性对码的函数依赖全为部分函数依赖,所以不属于 2NF。

消除非主属性对码的函数依赖为部分函数依赖,将关系模式分解成 2NF 如下。

$R1$(商店编号,商品编号,部门编号,数量)

$R2$(商店编号,部门编号,负责人)

（4）将 R 分解为

$R1$(商店编号,商品编号,部门编号,数量)

$R2$(商店编号,部门编号,负责人)

分解后的 R 不存在传递的函数依赖,所以分解后的 R 已经是 3NF 了。

15.【答】

（1）正确。因为关系模式中只有两个属性,所以无传递。

（2）正确。按 BCNF 的定义,若 X→Y,且 Y 不是 X 的子集时,每个决定因素都包含码,对于二目关系决定因素必然包含码。详细证明见定理 6.1(任何二元关系模式必定是 BCNF)。

（3）正确。因为只有两个属性,所以无非平凡的多值依赖。

16.【答】

(1) 关系模式 $MSC(M,S,C)$ 中，M 表示专业，S 表示学生，C 表示该专业的必修课。假设每个专业有多个学生，有一组必修课。设同专业内所有学生选修的必修课相同，实例关系如下。按照语义对于 M 的每一个值 M_i，S 都有一个完整的集合与之对应而不管 C 取何值，所以 $M \twoheadrightarrow S$。由于 C 与 S 的完全对称性，必然有 $M \twoheadrightarrow C$ 成立。

(2) 关系模式 $ISA(I,S,A)$ 中，I 表示学生兴趣小组，S 表示学生，A 表示某兴趣小组的活动项目。假设每个兴趣小组有多个学生，有若干活动项目。每个学生必须参加所在兴趣小组的所有活动项目，每个活动项目要求该兴趣小组的所有学生参加。

按照语义有 $I \twoheadrightarrow S, I \twoheadrightarrow A$ 成立。

(3) 关系模式 $RDP(R,D,P)$ 中，R 表示医院的病房，D 表示责任医务人员，P 表示病人。假设每个病房住有多个病人，有多个责任医务人员负责医治和护理该病房的所有病人。

习题 7

一、单项选择题

1. B   2. C   3. D   4. B   5. B
6. A   7. B   8. C   9. D   10. C
11. B   12. C   13. C   14. A   15. B
16. D   17. C   18. C   19. D   20. D
21. A   22. D   23. D   24. B   25. A
26. C   27. B   28. B

二、填空题

1. 技术 管理 基础数据
2. 组织数据入库 编码 调试
3. 一对一 一对多 多对多
4. 三 m、n 端实体的码的组合
5. 实体 属性
6. 数据流图 数据字典
7. 数据项 数据结构 数据流
8. 属性冲突 命名冲突 结构冲突

三、综合题

1.【答】 这里只概要列出数据库设计过程的 6 个阶段：①需求分析；②概念结构设计；③逻辑结构设计；④数据库物理设计；⑤数据库实施；⑥数据库运行和维护。这是一个完整的实际数据库及其应用系统的设计过程。不仅包括设计数据库本身，还包括数据库的实施、运行和维护。设计一个完善的数据库应用系统往往是上述 6 个阶段的不断反复。

2.【答】 各阶段的设计要点如下。①需求分析。准确了解与分析用户需求（包括数据与处理）。②概念结构设计。通过对用户需求进行综合、归纳与抽象，形成一个独立于具体 DBMS 的概念模型。③逻辑结构设计。将概念结构转换为某个 DBMS 所支持的数

据模型,并对其进行优化。④数据库物理设计。为逻辑数据模型选取一个最适合应用环境的物理结构(包括存储结构和存取方法)。⑤数据库实施。设计人员运用 DBMS 提供的数据语言、工具及宿主语言,根据逻辑设计和物理设计的结果建立数据库,编制与调试应用程序,组织数据入库,并进行试运行。⑥数据库运行和维护。在数据库系统运行过程中对其进行评价、调整与修改。

3.【答】 数据字典是系统中各类数据描述的集合。数据字典的内容通常包括①数据项;②数据结构;③数据流;④数据存储;⑤处理过程这 5 个部分。其中数据项是数据的最小组成单位,若干个数据项可以组成一个数据结构。数据字典通过对数据项和数据结构的定义来描述数据流和数据存储的逻辑内容。数据字典的作用是:数据字典是关于数据库中数据的描述,在需求分析阶段建立,是下一步进行概念设计的基础,并在数据库设计过程中不断修改、充实、完善。

4.【答】 重要性。数据库概念设计是整个数据库设计的关键,将在需求分析阶段所得到的应用需求首先抽象为概念结构,以此作为各种数据模型的共同基础,从而能更好地、更准确地用某一 DBMS 实现这些需求。设计步骤如下。概念结构的设计方法有多种,其中最经常采用的策略是自底向上方法,该方法的设计步骤通常分为两步。第一步是抽象数据并设计局部视图,第二步是集成局部视图,得到全局的概念结构。

5.【答】 在对数据库系统进行概念结构设计时一般采用自底向上的设计方法,把繁杂的大系统分解成子系统。首先设计各个子系统的局部视图,然后通过视图集成的方式将各子系统有机地融合起来,综合成一个系统的总视图。这样,设计清晰,由简到繁。由于数据库系统是从整体角度看待和描述数据的,因此数据不再面向某个应用而是整个系统。因此必须进行视图集成,使得数据库能被全系统的多个用户、多个应用共享使用。一般说来,视图集成可以有两种方式。①多个部分 E-R 图一次集成;②逐步集成,用累加的方式一次集成两个部分 E-R 图。无论采用哪种方式,每次集成局部 E-R 图时都需要分两步走。①合并,解决各分 E-R 图之间的冲突,将各分 E-R 图合并起来生成初步 E-R 图;②修改和重构,消除不必要的冗余,生成基本 E-R 图。

6.【答】 数据库的逻辑结构设计就是把概念结构设计阶段设计好的基本 E-R 图转换为与选用的 DBMS 产品所支持的数据模型相符合的逻辑结构。设计步骤为①将概念结构转换为一般的关系、网状、层次模型;②将转换来的关系、网状、层次模型向特定 DBMS 支持下的数据模型转换;③对数据模型进行优化。

7.【答】 规范化理论为数据库设计人员判断关系模式的优劣提供了理论标准,可用以指导关系数据模型的优化,用来预测模式可能出现的问题,为设计人员提供了自动产生各种模式的算法工具,使数据库设计工作有了严格的理论基础。

8.【答】 数据库在物理设备上的存储结构与存取方法称为数据库的物理结构,它依赖于给定的 DBMS。为一个给定的逻辑数据模型选取一个最适合应用要求的物理结构,就是数据库物理设计的主要内容。数据库的物理设计步骤通常分为两步。①确定数据库的物理结构,在关系数据库中主要指存取方法和存储结构;②对物理结构进行评价,评价的重点是时间效率和空间效率。

9.【答】 数据库的再组织是指按原设计要求重新安排存储位置、回收垃圾、减少指针链等,以提高系统性能。数据库的重构造则是指部分修改数据库的模式和内模式,即修改原设计的逻辑和物理结构。数据库的再组织是不修改数据库的模式和内模式的。进行数据库的再组织和重构造的原因是:数据库运行一段时间后,由于记录不断增、删、改,会使数据库的物理存储情况变坏,降低数据的存取效率,使数据库性能下降,这时 DBA 就要对数据库进行重组织。DBMS 一般都提供用于数据重组织的实用程序。数据库应用环境常常发生变化,如增加新的应用或新的实体,取消某些应用,有的实体与实体间的联系也发生了变化等,使原有的数据库设计不能满足新的需求,需要调整数据库的模式和内模式。这就要进行数据库重构造。

10.【答】 E-R 图如下。

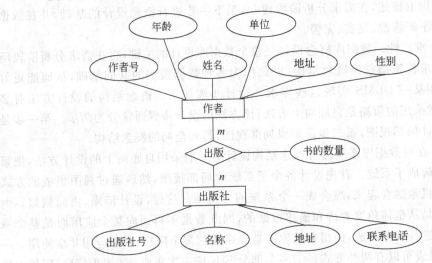

关系模型为作者(作者号,姓名,年龄,性别,电话,地址),出版社(出版社号,名称,地址,联系电话),出版(作者号,出版社号,书的数量),出版关系的主码是作者号,出版社号分别参照作者关系的主码作者号和出版社关系的主码出版社号。

11.【答】

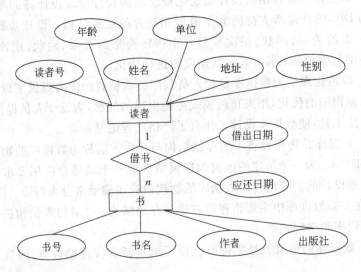

关系模型为读者(<u>读者号</u>,姓名,地址,性别,年龄,单位)

书(<u>书号</u>,书名,作者,出版社)

借书(<u>读者号</u>,<u>书号</u>,借出日期,应还日期)

12.【答】

(1)

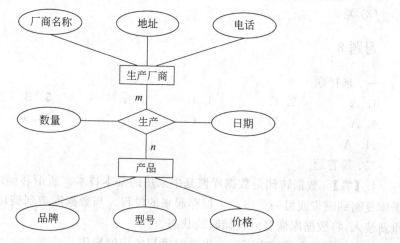

(2) 生产厂商(<u>厂商名称</u>,地址,电话)

产品(<u>品牌</u>,<u>型号</u>,价格)

生产(<u>厂商名称</u>,<u>品牌</u>,<u>型号</u>,数量,日期)

生产关系的主码厂商名称、品牌、型号,分别参照生产厂商关系的主码厂商名称和产品关系的主码品牌、型号。

13.【答】

(1) E-R 图设计如下。

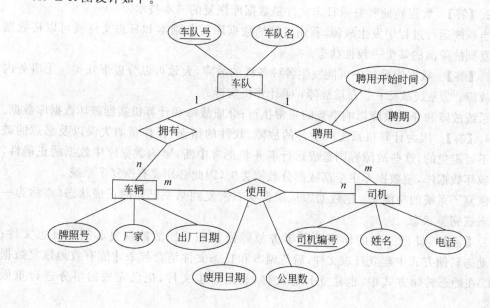

（2）转换成的关系模型应具有 4 个关系模式如下。

车队(<u>车队号</u>,车队名)

车辆(<u>车牌照号</u>,厂家,生产日期,<u>车队号</u>)

司机(<u>司机编号</u>,姓名,电话,<u>车队号</u>,聘用开始时间,聘期)

使用(<u>司机编号</u>,<u>车辆号</u>,使用日期,公里数)

（3）略。

习题 8

一、选择题

1. A　　　2. C　　　3. B　　　4. C　　　5. B

6. A　　　7. D　　　8. C　　　9. C　　　10. C

11. A

二、简答题

1.【答】 数据转储是数据库恢复中采用的基本技术。所谓转储即 DBA 定期地将数据库复制到磁带或另一个磁盘上保存起来的过程。当数据库遭到破坏后可以将后备副本重新装入,将数据库恢复到转储时的状态。

静态转储指在系统中无运行事务时进行的转储操作。

动态转储指转储期间允许对数据库进行存取或修改。动态转储可克服静态转储的缺点,它不用等待正在运行的用户事务结束,也不会影响新事务的运行。

海量转储是指每次转储全部数据库。

增量转储则指每次只转储上一次转储后更新过的数据。从恢复角度看,使用海量转储得到的后备副本进行恢复一般来说更简单些。但如果数据库很大,事务处理又十分频繁,则增量转储方式更实用更有效。

2.【答】 数据转储和登录日志文件是数据库恢复的基本技术。

当系统运行过程中发生故障,利用转储的数据库后备副本和日志文件就可以将数据库恢复到故障前的某个一致性状态。

3.【答】 数据库系统中可能发生各种各样的故障,大致可以分以下几类。①事务内部的故障;②系统故障;③介质故障;④计算机病毒。

系统故障和介质故障影响事务的正常执行;介质故障和计算机病毒破坏数据库数据。

4.【答】 因为计算机系统中硬件的故障、软件的错误、操作员的失误以及恶意的破坏是不可避免的,这些故障轻则造成运行事务非正常中断,影响数据库中数据的正确性,重则破坏数据库,使数据库中全部或部分数据丢失,因此必须要有恢复子系统。

恢复子系统的功能是:把数据库从错误状态恢复到某一已知的正确状态(亦称为一致状态或完整状态)。

5.【答】 日记文件的作用是①事务故障恢复和系统故障恢复必须用日志文件;②在动态转储方式中建立日志文件,后备副本和日志文件结合起来才能有效地恢复数据库;③在静态转储方式中,也建立日志文件,利用日志文件,把已完成的事务进行重做处理。

为保证数据库是可恢复的,登记日记文件必须遵循两条原则。①登记的次序严格按并发事务执行的时间顺序;②必须先写日志文件,后写数据库。

6.【答】 所谓事务是指数据库系统中执行的一个工作单位,它是由用户定义的一组操作序列。一个事务可以是一组 SQL 语句、一条 SQL 语句或整个程序,一个应用程序可以包括多个事务。

事务的开始与结束可以由用户显式控制。如果用户没有显式地定义事务,则由 DBMS 按照缺省规定自动划分事务。在 SQL 语言中,定义事务的语句有以下三条。

```
BEGIN TRANSACTION
COMMIT
ROLLBACK
```

习题 9

1.【答】 当多个用户并发地访问数据库时可能会出现多个事务同时存取同一数据的情况。若对并发操作不进行适当的控制就可能会导致读取或保存不正确数据的情况,破坏数据的一致性。为此数据库管理系统必须提供并发控制机制来协调并发用户的并发操作以保证并发事务的隔离性,保证数据库的一致性。

2.【答】 并发操作可能带来的数据不一致性包括三类:丢失更新、不可重复读和读脏数据。

当两个事务 $T1$ 和 $T2$ 读取同一数据,并发地执行更新操作时,$T2$ 把 $T1$ 或 $T1$ 把 $T2$ 的更新结果覆盖掉了,就会出现数据更新丢失的问题,导致数据的不一致。

两个事务 $T1$ 和 $T2$ 并发访问同一数据,事务 $T1$ 更新了数据 R,事务 $T2$ 读取了更新后的数据 R,但后来事务 $T1$ 由于某种原因被撤销,$T1$ 对数据 R 的修改无效,数据 R 恢复原值。这将导致事务 $T2$ 读取的数据 R 与数据库中 R 的真实内容不一致,这种情况称为"读脏数据"或者"污读"。

两个事务 $T1$ 和 $T2$ 并发访问同一数据,事务 $T1$ 读取了数据 R,事务 $T2$ 读取并更新了数据 R,当事务 $T1$ 再读取数据 R 以进行核对时,发现两次得到的 R 值不一致,这种情况称为"不可重读"。

3.【答】 封锁是实现并发控制的一个非常重要的技术。所谓封锁就是事务 T 在对某个数据对象例如表、记录等操作之前,先向系统发出请求,对其加锁。加锁后事务 T 就对该数据对象有了一定的控制,在事务 T 释放它的锁之前,其他的事务不能更新此数据对象。

封锁对数据的控制程度由封锁的类型决定。基本的封锁类型有两种:排他锁(Exclusive Locks,X 锁)和共享锁(Share Locks,S 锁)。

排他锁又称为写锁。若事务 T 对数据对象 A 加上 X 锁,则只允许事务 T 读取和修改 A,而其他任何事务都不能再对 A 加任何类型的锁,直到事务 T 释放 A 上的锁。这就保证了其他事务在事务 T 释放 A 上的锁之前不能再读取和修改数据对象 A。

共享锁又称为读锁。若事务 T 对数据对象 A 加上 S 锁,则事务 T 可以读 A 但不能

修改 A，其他事务只能再对 A 加 S 锁，而不能加 X 锁，直到 T 释放 A 上的 S 锁。这就保证了其他事务可以读 A，但在事务 T 释放 A 上的 S 锁之前不能对数据对象 A 做任何修改。

4. 【答】 当某个事务请求对某一数据进行排他性封锁时，由于其他事务对该数据的操作而使这个事务处于永久的等待状态，这种状态称为活锁。

在同时处于等待状态的两个或多个事务中，其中的每一个在它能够进行之前，都等待着某个数据，而这个数据已被它们中的某个事务所封锁，这种状态称为死锁。

预防死锁有一次封锁法和顺序封锁法。一次封锁法要求每个事务必须一次将所有要使用的数据全部加锁，否则就不能继续执行。顺序封锁法是预先对数据对象规定一个封锁顺序，所有事务都按这个顺序实行封锁。

诊断死锁的方法有超时法和事务等待图法。超时法是指如果一个事务的等待时间超过了规定的时限，就认为发生了死锁。事务等待图法是指利用事务等待图来检测死锁的方法。事务等待图动态地反映了所有事务的等待情况。并发控制子系统周期性地(比如每隔 1min)生成事务等待图，如果发现图中存在回路，则表示系统中出现了死锁。

解除死锁通常采用的方法是选择一个处理死锁代价最小的事务，将其撤销，释放此事务占有的所有资源，使其他事务得以继续运行下去。当然，对撤销的事务所执行的数据修改操作必须加以恢复。

5. 【答】 两段锁协议(Two-Phase Locking,2PL)是最常用的一种封锁协议，指所有事务必须分两个阶段对数据项加锁和解锁。

- 在对任何数据进行读、写操作之前，首先要申请并获得对该数据的封锁；
- 在释放一个封锁之后，事务不再申请和获得任何其他封锁。

6. 【答】 意向锁的含义是，对任一结点加锁时，必须先对它的上层结点加意向锁。

引进意向锁是为了提高封锁子系统的效率。在多粒度封锁方法中，一个数据对象可能以两种方式加锁——显式封锁和隐式封锁。因此系统在对某一数据对象加锁时，不仅要检查该数据对象上有无显式或隐式封锁与之冲突，还要检查所有上级结点和下级结点，看所申请的封锁是否与这些结点上的封锁相冲突。显然，这样的检查方法执行效率很低，所以有必要引进意向锁。

参 考 文 献

[1] 王珊,萨师煊.数据库系统概论[M].4 版.北京:高等教育出版社,2006.

[2] 李春葆,曾慧.数据库原理习题与解析[M].2 版.北京:清华大学出版社,2004.

[3] 刘方鑫等.数据库原理与技术[M].北京:北京希望电子出版社,2003 周峰.

[4] 何玉洁.数据库原理与应用教程[M].北京:机械工业出版社,2003.

[5] 王丽君.数据库的安全性比较[M].北京:电子工业出版社,2005.

[6] 钱雪忠.数据库与 SQL Server 2005 教程[M].北京:清华大学出版社,2007.

[7] 陈志泊,王春玲.数据库原理及应用教程[M].2 版.北京:人民邮电出版社,2008.

[8] 闪四清.数据库系统原理与应用教程[M].2 版.北京:清华大学出版社,2004.

[9] 肖慎勇.SQL Server 数据库管理和开发[M].北京:清华大学出版社,2006.

[10] 罗福强,杨剑.C♯程序设计经典教程[M].北京:清华大学出版社,2012.

[11] 肖来元,吴涛.软件项目管理与案例分析[M].北京:清华大学出版社,2009.

[12] 宋晓蜂.SQL 2005 基础培训教程[M].北京:人民邮电出版社,2007.

[13] 李丹,赵占坤.SQL Server 2005 数据库管理与开发实用教程[M].北京:机械工业出版社,2011.

[14] 钱雪忠,罗海池,陈国俊.数据库系统原理及技术课程设计.北京:清华大学出版社,2008.

[15] 王智钢.数据库管理系统"查询"部分教学重点难点分析及讲解方法探讨[J].金陵科技学院学报,2007,23(3):34-38.

[16] SQL Server 2005 经典案例设计与实现[M].北京:电子工业出版社,2006.

[17] 王晟.Visual C♯.NET 数据库开发经典案例解析[M].北京:清华大学出版社,2005.

[18] 郭睿志,张学志.C♯ + SQL Server 项目开发实践[M].北京:中国铁道出版社,2007.

[19] 李春葆.C♯程序设计教程[M].北京:清华大学出版社,2010.

[20] 明日科技,张跃廷,韩阳.C♯数据库系统开发案例精选.北京:人民邮电出版社,2007.

[21] 鲁宇红,樊静,王智钢.Visual Foxpro 数据库管理系统应用教程[M].北京:清华大学出版社,2004.

[22] 张浩军,张凤玲,毋建军,等.数据库设计开发技术案例教程[M].北京:清华大学出版社,2012.

[23] 王能斌.数据库系统原理[M].北京:电子工业出版社,2000.